国家出版基金项目
NATIONAL PUBLICATION FOUNDATION

国家社科基金重大项目
"十四五"国家重点图书出版规划项目

中国乡村
伦理研究
丛书

王露璐
总主编

中国乡村道德调查

上卷

王露璐 等 著

南京师范大学出版社

图书在版编目(CIP)数据

中国乡村道德调查：上、下卷 / 王露璐等著.
南京：南京师范大学出版社，2023.9
（中国乡村伦理研究丛书/王露璐总主编）
ISBN 978-7-5651-5697-7

Ⅰ. ①中… Ⅱ. ①王… Ⅲ. ①乡村-道德社会学-研究-中国 Ⅳ. ①B82-052

中国国家版本馆CIP数据核字(2023)第129404号

中国乡村道德调查：上、下卷
ZHONGGUO XIANGCUN DIAODE DIAOCHA：SHANG、XIA JUAN

总主编	王露璐
著　者	王露璐 等
丛书策划	徐 蕾 崔 兰
责任编辑	杨佳宜
出版发行	南京师范大学出版社
地　址	江苏省南京市玄武区后宰门西村9号(邮编：210016)
电　话	(025)83598919(总编办)　83598412(营销部)　83371351(编辑部)
网　址	http：//press.njnu.edu.cn
电子信箱	nspzbb@njnu.edu.cn
印　刷	上海雅昌艺术印刷有限公司
开　本	700毫米×1000毫米　1/16
印　张	40
插　页	24
字　数	564千
版　次	2023年9月第1版
印　次	2023年9月第1次印刷
书　号	ISBN 978-7-5651-5697-7
定　价	980.00元(全七卷)

出版人　张　鹏

南京师大版图书若有印装问题请与销售商调换
版权所有　侵犯必究

总　序

乡村是中国社会的基础,从一定意义上说,20世纪的中国研究始终贯穿着对中国乡村社会和乡村经济发展的关注。乡村也是中国伦理文化孕育的根基。因此,尽管这一时期学者们对中国乡村的研究大多是从社会学、人类学、经济学角度进行的,但他们在研究的过程中也开始认识到中国乡村社会独特的伦理文化对其经济和社会发展所产生的重大影响。

20世纪上半叶,一些国外学者和机构在中国不同区域进行了一些农村调查和农民研究,国内一些知识分子也开始意识到,要想改变国家内忧外患的现状,首先必须改变国人的观念,这就需要从占中国绝大多数人口的乡村做起。他们纷纷走向乡村,从农民运动、乡村建设及乡村教育等方面入手,对我国乡村伦理进行理论探究和实践改造。其中具有代表性的是李大钊和毛泽东等进行的农民运动研究和实践、梁漱溟的乡村建设理论和实践、晏阳初的平民教育理论和实践以及费孝通和陶行知等学者的相关研究。20世纪中期至80年代,一批学者相继在国外出版了关于中国乡村研究的成果。20世纪90年代后,尽管西方学术界的乡村研究因乡村的萎缩及"农民的终结"(孟德拉斯语)而呈趋冷之势,但有关中国农村和农民问题的研究仍然是国内学术界的研究热点,一些学者开始尝试从村落文化、社会心理等新的视角来透视乡村社会的发展。

总体上看,乡村研究在整个20世纪始终是我国学界的中心课题,社会学、经济学、人类学、历史学等学科对乡村问题给予了大量的学术关注,也吸引了众多国外学者的关注和探讨。比较而言,伦理视角下的乡村研究无论从深度和广度上说都显得相当薄弱,几近阙如。从一定意义上说,在整个20世纪,乡村似乎成了我国伦理学研究中"被遗忘的角落"。以至于从一定程度上说,在众多学科纷纷走进"乡土"的时候,与中国乡村社会本应有着最密切学术关联的伦理学却选择了一条离弃"乡土"的"现代化之路"。

自21世纪起,我国乡村伦理研究进入快速发展的阶段。大体而言,中国乡村伦理研究的进展和成就主要体现在两个方面。一是研究内容不断丰富,研究成果逐渐显现。在不同历史时期,我国乡村伦理的研究有着不同的侧重点。民国时期学者们针对当时中国内忧外患、积贫积弱的国情,将乡村研究的重点放在了农民运动、乡村建设以及乡村教育上。新中国成立后,尤其是改革开放以来,我国乡村面貌焕然一新,农村经济、政治、文化等都发生了巨大变化,与此同时,乡村伦理关系和道德规范也出现很多新的问题。在这一背景下,学者们开始更多地关注乡村经济伦理、政治伦理、文化伦理、法律伦理以及日常道德生活。一些学者还对国外乡村伦理和农村道德建设问题进行了研究。从研究涉及的内容、深度和成果的数量上看,21世纪以来中国乡村伦理都进入了一个快速发展的新时期。二是研究队伍趋于多元,研究方法不断完善。从当前乡村伦理研究队伍来看,研究人员主要包括以下两个部分:一是高等院校及各类科研院所中从事伦理学、经济学、政治学、社会学、历史学等研究的学者;二是从事一线实践的乡村工作者。前者大多拥有比较深厚的理论素养,后者则能够从长期的实际工作中积累大量一手资料。研究队伍的多元必然带动研究方法的不断完善。近年来的乡村伦理研究不再是单单从某一学科切入,跨学科的研究方法越来越受到重视。学者们从自身学科特色出发,在研究过程中融合其他学科的研究方法,从而以更加全面的角度来分析、解决问题。不过,总体来看,有关中国乡村伦理的研究尚处于起步状态,关于中国乡村伦理的研究在研究领域的拓展、理论体系的构建、研究成果的系统化及实证研究的规范性等方面有待进一步发展并取得突破。

自2004年起,我开始聚焦于伦理视角下的中国乡村研究,并在2008年出版了第一部专著《乡土伦理——一种跨学科视野中的"地方性道德知识"探究》

（人民出版社，2008年版）。在该书中，我以苏南这一独特的区域为典型，管窥中国乡村社会独特的伦理关系和道德生活样式。借用费孝通先生对中国社会的"乡土性"概括，我将这种具有"乡土"特色的中国乡村伦理称为"乡土伦理"。在研究和写作过程中，我也日渐感受到中国乡村在市场经济和全球化背景下发生的巨大变化，并在一种强烈的学术兴奋感驱使下确定了自己的后续研究——将视线转向更加广阔的空间，探究转型期的中国乡村伦理问题。2011年，我以"社会转型期的中国乡村伦理问题研究"为选题，申报国家社会科学基金重点项目并获得立项。这一课题的重点放在转型期中国乡村伦理的"问题"及这些问题的解决路径的探究上，立足于对"什么问题""问题何以产生""问题如何解决"的思考和分析，讨论转型期中国乡村伦理关系和道德生活变化中若干值得关注的重点问题，如：乡村伦理共同体的式微与重建、农民行为选择的伦理冲突与化解、乡村分配伦理问题、乡村人际信任问题、乡村道德权威问题、乡村礼治秩序和法治秩序的关系问题、城乡公平问题等。作为课题的结项成果，2016年，我出版了《新乡土伦理——社会转型期的中国乡村伦理问题研究》（人民出版社，2016年版）。在上述问题的研究和写作中，我也萌生了一个更加宏大的研究计划：系统、全面地研究中国乡村伦理的传统特色、历史变迁和现代转型，深入探讨中国乡村伦理的历史传统和当代问题，构建具有中国特色的乡村伦理学理论体系。2015年，我以"中国乡村伦理研究"为题申报国家社科基金重大项目并获得立项。

在项目申报和研究中，我们一以贯之的基本思路是，以"中国乡村伦理"为研究对象，全面考察中国乡村社会的伦理关系、道德原则、道德规范及其在经济发展、社会治理、生态保护及日常生活中的体现，阐释中国乡村社会发展中的伦理变迁及道德在其中的重要作用。在研究思路上，我们以"中国乡村伦理的历史传统与现代建构"为总体问题，通过对中国乡村伦理的系统研究，并以乡村家庭伦理、经济伦理、生态伦理、治理伦理为重点，概括中国乡村伦理的传统特色、历史变迁和现代转型，厘清中国传统乡村伦理与现代乡村伦理的关系，把握中国乡村伦理发展的历史脉络和一般规律。在此基础上，探讨中国乡村伦理的理论和实践特质，构建既传承中国传统乡村伦理又契合当代市场经济发展要求的现代乡村伦理观念和道德规范,重塑能够促进乡村发展并回应农民诉求的乡村伦理秩序。

在课题研究的具体框架和安排上,总课题以史论结合的方式,分析中国乡村伦理发展的基本规律,同时,课题以乡村家庭关系、经济发展、生态保护及乡村治理中的伦理问题为研究重点,并与此相对应,设置了中国乡村家庭伦理、中国乡村经济伦理、中国乡村生态伦理和中国乡村治理伦理四个子课题。四个子课题研究,既是总课题研究中的四个基本方面,又始终贯彻着总课题研究的基本理路。同时,中国乡村社会的家庭关系、经济发展、生态保护和社会治理不可分割且有着密切的内在关系,这也使四个子课题的研究有着内在的逻辑关联。中国传统乡村社会的生产、生活方式,使其家庭伦理、经济伦理、生态伦理和治理伦理呈现出典型的"乡土"特色,并相互间产生密切关系。伴随着转型期乡村工业化、城市化和农民市民化、流动性的加强,传统的乡村生产、生活方式发生了巨大变化,乡村家庭结构、关系、功能的变化,乡村分配模式的改变和农民经济价值观的变化,乡村生态环境与经济发展之间的冲突,乡村秩序维系方式的改变,既是生产、生活方式变化的结果,又相互之间产生密切的关联和紧张,既带来一定的冲突与矛盾,又由此产生推动乡村发展的某种张力。因此,四个子课题在设置上的分离,并不意味着在研究中可以截然分开。相反,无论是在总论的写作还是四个子课题的研究成果中,这种内在逻辑关系都是始终强调并希望得以反映的。

课题立项以后,课题组主要从三个方面开展工作:

一是开展田野调查工作。走进乡村,贴近农民,是本课题获取真实数据和资料并据此了解和分析当前中国乡村伦理状况的基本路径,也是培养青年学者和学生的问题意识和分析能力的重要方法。2017年7月—2018年8月,课题组先后对湖南郴州西岭村、湖北黄冈赵家湾村、甘肃定西辘轳村、江西抚州下聂村、江苏无锡华宏村、山东济宁王杰村、广东湛江林屋村等七个典型村庄先后进行了田野调查,共收回有效问卷805份,并与74位村民进行了深度访谈。七个村庄位于我国不同区域,具备一定的典型意义。其中,江苏无锡华宏村为2007年首访和2017年再访,具有个案对比价值。田野调查分为问卷调查的定量研究和深度访谈的定性研究两个部分。问卷调查按照系统抽样方式,根据抽样比例抽取样本,采用面对面问卷访问方式,回收问卷指定专人录入并复核后,使用SPSS统计分析软件进行分析。深度访谈以半结构式的访谈方式进行,所有访谈均现场录音后整理为文字材料。参与课题调研的年轻学者和博士、硕士研究生大部分是第一次走进基层村庄,并从事规范的田野调查工作。课题组成员不仅通过田野工作获取了大量鲜活的数据和案例,更在实践中碰撞出大量的思想火花,提升了学术研究的问题意识和探究能力。正是由于课题田野调查工作的重要性,课题研究中在原有四个子课题的基础上增设了子课题"中国乡村伦理实证研究"。

二是凝聚伦理学、社会学、政治学等多学科的研究力量,吸引一批青年学者(博士、博士生)从事中国乡村伦理研究,形成一支高水平、有层次的中国乡村伦理的研究队伍,打造中国乡村伦理研究的最高学术平台。课题组与教育部人文社会科学百所重点研究基地中国人民大学伦理学与道德建设研究中心合作成立"乡村道德与文化振兴研究所",整合校内外研究力量建立的"乡村文化振兴研究中心"获批江苏省高校哲学社会科学重点研究基地。总体上看,课题组顺利达到了通过项目研究加强团队建设的目标,形成了高水平、有特色的研究平台和研究队伍。

三是产出了一系列的研究成果。包括《中国乡村伦理的历史传统与现代建构》《中国乡村家庭伦理》《中国乡村经济伦理》《中国乡村生态伦理》《中国乡村治理伦理》《中国乡村道德调查(上、下)》在内的六部七卷本《中国乡村伦理研究丛书》,正是本课题产生的标志性成果。以上六部各有侧重又有内在逻辑关系的研究成果,初步形成较为系统的中国乡村伦理理论体系,并通过系列研究成果的展现弥补当前伦理学领域关于中国乡村伦理研究的不足。此外,在研究过程中,课题组成员公开发表系列论文60余篇,其中多篇被《新华文摘》《中国社会科学文摘》转载,并形成总课题调研报告一份、子课题调研报告四份。

在课题研究中,我们尝试并初步在以下几个方面实现了一定的突破与创新:

一是伦理学的学科视角及研究方法的创新。尽管国内乡村问题的研究成果十分丰富,但是,伦理视角下的乡村研究相对薄弱,在某些领域和具体问题上,伦理学还处于"尚未进入"或"准备进入"的前理论状态。本课题试图从伦理学的学科视角对中国乡村伦理的传统特色、历史变迁、现实问题及现代乡村伦理的构建做出系统、全面的理论阐释和分析。本课题的研究以伦理学作为基本研究视角,同时以跨学科的多维视角透视和基于道德生活史的基本立场,将传统伦理学"自上而下"的、从理论出发的严密逻辑推演和论证与"自下而上"的道德社会学研究方法相结合。该成果对中国乡村伦理的现状、问题及原因的分析将基于对若干典型村庄田野调查的一手资料基础之上,从而使成果具有较高的真实性和可信度。

二是初步形成中国乡村伦理研究的理论体系,打造体现"中国特色"的伦理学研究之"中国话语"。课题研究力图通过对中国乡村伦理全面、系统和深入的研究,全面地概括中国乡村伦理的传统特色、历史变迁和现代转型,深化对中国乡村伦理的传统、发展、嬗变和转型的研究,从而初步形成一个比较全面系统的中国乡村伦理研究体系。因此,从学术思想的理论层面上说,作为课题研究成果的本丛书具有一定的开创性价值,能够打造体现"中国特色"的伦理学研究的"中国话语"。

三是在建构具有中国特色的现代乡村道德规范体系和伦理秩序上提出具有实践操作价值的对策思路。乡村是中国社会的基础,也是中国伦理文化的重要源泉。探究并努力建构具有中国特色的现代乡村道德规范体系和伦理秩序,是实施乡村振兴战略的题中应有之义,也是一项具有国家战略意义的宏伟工程。本丛书在中国乡村伦理的现代建构问题上提出总体思路,并着力在乡村家庭关系、经济发展、生态保护及乡村治理等方面提出具有实践操作性的对策,以更好地体现中国伦理学学科建设面向实践、服务社会的基本路向。

当然,在研究中,我们也遇到了一些困难和问题。一是学术资源梳理和整合工作的繁杂。课题的研究内容时间跨度大,涉及领域和问题多,关于中国乡村研究的文献资料散见于社会学、政治学、民俗学、历史学、经济学、伦理学等学科领域,因此,全面掌握、细致梳理、正确使用和有效整合相关学术资源,一直是课题研究中一个技术操作性的难点。二是田野调查的个案选择和样本配合。中国乡村伦理研究应选择地处不同区域的多个不同规模、类型的村庄开展田野调查，并在此基础上进行比较研究。但是，考虑到实地调查工作在时间、人员、精力等各方面的可行性，课题研究只能选择具有代表性的典型村庄为研究个案。同时，在选择个案后的田野调查实施过程中，也遇到了包括抽样操作、样本配合、访谈语言等技术性困难。三是现代乡村伦理建构的实践操作性。实现中国乡村伦理的现代转型，建构具有中国特色的现代乡村伦理，关键在于在"历史之根"与"现代之源"、"地方性知识"与"普适性价值"两对冲突中找到平衡点。然而，由于中国不同地区乡村在地理位置、生产方式、经济水平、文化传统、基层治理等方面存在的差异性，无论是乡村伦理的"历史之根"与"现代之源"的成功嫁接，还是"地方性知识"与"普适性价值"的有效整合，在实践操作层面都存在着诸多困难。

鉴于此，作为国家社科基金重大项目结项成果的七卷本《中国乡村伦理研究丛书》，与其说是课题的完成，毋宁说是我们在课题研究进行到预定时间时的一个阶段性总结。2020 年 12 月底，课题组向国家哲学社会科学规划办公室提交了结项材料，并于 2021 年 3 月接受会议鉴定，2021 年 5 月顺利结项。结项后，课题组根据专家意见对书稿内容再次进行了修改，并提交南京师范大学出版社申报国家出版基金项目。在此，特别感谢南京师范大学出版社张志刚社长、徐蕾总编辑和崔兰主任在申报国家出版基金过程中付出的心血。坦率地说，没有他们的策划、运作和不断联络、催促，此套七卷本丛书难以成功入选国家出版基金项目，也不会这么快呈现在专家和读者面前。

丛书是重大项目课题组全体成员的集体智慧结晶和成果，衷心感谢子课题负责人和主要成员们。五年来，我们共同分享了田野工作的辛苦与忙碌、研究写作的紧张与焦虑、成果完成的喜悦和快乐，感谢他们宽容我"黄世仁"般的不断催促和逼迫，感谢所有人"杨白劳"似的辛苦与努力。我也要特别感谢田野工作中的所有问卷样本和访谈对象，感谢协助我们完成田野工作的当地联系人和村干部。我记得辘辘村村委会办公室对面山头上那片麦田的风吹麦浪，记得村主任儿媳妇挺着大肚子给我们做的手擀面；我记得 40℃高温的下聂村,记得大伙伴和小伙伴全体"湿身"却依然投入地坚持工作的样子;我记得十年后再访华宏村时的相同与不同,记得小伙伴被熟悉的面孔认出时的激动;我记得王杰村每一户村民门口堆成小山等待着被以几毛钱一斤的价钱收走的蒜头,记得一位受访大爷送了几粒蒜头给我并拉着我的手说:"不值钱,但我挑了几个最好的给你"……每一次田野工作,我都觉得他们给了我们很多,问卷的数据、访谈的资料、思想的火花,以及无数感动的瞬间。有时,我甚至困惑,我们的研究成果又能带给他们什么呢?但无论如何,我会永远记得,我们会一直努力!

王露璐

2022年6月7日于南师茶苑

总目录

总　序　　　　　　　　　　　　　　　　　　　　　　　　／001

上　卷

第一章　调研报告　　　　　　　　　　　　　　　　　　／001

第二章　调研方案与组织实施　　　　　　　　　　　　　／091

第三章　调研问卷与基本数据　　　　　　　　　　　　　／109

下　卷

第四章　访谈记录　　　　　　　　　　　　　　　　　　／287

第五章　田野日志　　　　　　　　　　　　　　　　　　／469

后　记　　　　　　　　　　　　　　　　　　　　　　　／622

上卷目录

总　序 /001

第一章　调研报告 /001

第一节　总报告：中国乡村伦理研究调研报告 /003
　　一、改革开放以来中国乡村道德的基本状况 /003
　　二、乡村道德图景的成因分析 /012
　　三、加强乡村道德建设的路径 /018

第二节　专题一：中国乡村家庭伦理研究调研报告 /023
　　一、当代中国乡村家庭伦理现状 /024
　　二、影响当代乡村家庭伦理的成因 /036
　　三、完善乡村家庭伦理的道德实践 /038

第三节　专题二：中国乡村经济伦理研究调研报告 /042
　　一、田野调查的基本情况 /042
　　二、乡村经济及其伦理困境 /043
　　三、乡村经济现状的伦理成因 /047
　　四、完善乡村经济的道德实践 /052

第四节　专题三：中国乡村生态伦理研究调研报告 /057
　　一、七个乡村生态伦理实践现状 /058

二、调研中发现的主要问题　　/062

　　三、完善乡村生态文明建设的伦理实践　　/065

第五节　专题四：中国乡村治理伦理研究调研报告　　/073

　　一、乡村治理实践及其伦理困境　　/073

　　二、乡村治理现状的伦理成因　　/080

　　三、完善乡村治理的道德实践　　/085

第二章　调研方案与组织实施　　/091

　　一、方案制订及问卷设计　　/093

　　二、田野调查的实地实施　　/095

　　三、访谈资料整理和问卷数据处理与统计分析　　/106

　　四、质量控制　　/107

第三章　调研问卷与基本数据　　/109

第一节　调研问卷　　/111

第二节　问卷基本数据　　/123

　　一、西岭村问卷调查基本数据　　/123

　　二、赵家湾村问卷调查基本数据　　/146

　　三、辘辘村问卷调查基本数据　　/169

　　四、下聂村问卷调查基本数据　　/193

　　五、华宏村问卷调查基本数据　　/216

　　六、王杰村问卷调查基本数据　　/239

　　七、林屋村问卷调查基本数据　　/263

第一章 调研报告

第一节
总报告：中国乡村伦理研究调研报告

乡村是中华文化的主要发源地，承载着中华民族的道德情感、风俗惯习、价值规范等精神内核。在中国传统社会，"所有文化，多半是从乡村而来，又为乡村而设"①。传统村庄以自给自足的生产方式和相对封闭的生活方式为基础，孕育出独特的乡土文化。伴随近代以来西方工业文明的入侵和乡村工业化、城市化的发展进程，乡村社会进入从"传统"到"现代"的转型期。在此过程中，乡村社会的伦理关系和农民的道德观念也发生了相应变化。

一、改革开放以来中国乡村道德的基本状况

我国的改革发端于乡村并率先在乡村取得突破。十一届三中全会以来，我国乡村社会发生了翻天覆地的变化。就乡村道德的总体发展而言，乡村社会文明程度逐渐提升，农民道德素养不断改善。与此同时，传统道德观念与现代道德意识相互交织，村庄人际交往范围与交往关系呈现出新的特征。

（一）文明乡村建设成效凸显，农民道德素质整体向好

文明乡村建设是社会主义精神文明建设在农村的具体化，也是落实乡村振兴战略、实现乡村现代化的应有之义。乡村的现代化不仅体现在基础设施的更新、物质财富的增加，更应该表现为文明程度的提升、精神文化的发展。

---

① 梁漱溟：《乡村建设理论》，上海人民出版社2011年版，第10-11页。

在调研过程中，面对"您认为这些年来，村里人变得如何？"这一问题，7个村庄中选择"心里全装着乡亲们，没有私心杂念""为村里事和大伙着想的人越来越多，为大家想就是为自己想""主要为自己着想，但也能适当为村里事和邻里乡亲着想"选项的居多数（详见表1-1-1），反映出村民对村庄人际关系的基本道德认同。还应看到，尽管一些村民在日常生产、生活和交往中会追求并优先考虑自身利益，但并不意味着这种行为可以与片面追求个人利益甚至损害集体利益和他人正当利益的行为画上等号。对个人合法利益的正当追求，不能成为否定其道德素质的理由，相反，追求个人正当利益的主体道德自觉，可以促进农民更好地关心村庄共同体和村庄成员的利益，这恰恰是提升道德素质、培育文明乡风的必要前提。

表1-1-1　您认为这些年来，村里人变得如何？

	选项	西岭村	赵家湾村	辘辘村	下聂村	华宏村	王杰村	林屋村
有效百分比/%	越来越会为自己算计，各家自扫门前雪	17.8	19.6	24.8	14.0	21.9	22.1	21.5
	主要为自己着想，但也能适当为村里事和邻里乡亲着想	20.0	36.4	29.5	20.4	32.8	15.0	20.2
	为村里事和大伙着想的人越来越多，为大家想就是为自己想	28.9	25.2	11.4	37.6	18.0	29.2	19.0
	心里全装着乡亲们，没有私心杂念	11.1	7.5	8.6	8.6	7.0	8.8	10.4
	没什么太大变化	11.1	4.7	20.0	6.5	11.7	16.9	21.5
	不知道/说不清	11.1	6.6	5.7	12.9	8.6	8.0	7.4
	总计	100.0	100.0	100.0	100.0	100.0	100.0	100.0

与此同时，在子女教育方面，父母也更加关心对子女的思想道德教育，注重良好家风的养成。关于"您认为农村小孩的家庭教育应重视哪些方面的内容？"这一问题，7个村庄的大部分村民将家庭教育的重点落脚在"思想品德教育，懂道理孝敬父母"这一选项（详见表1-1-2）。

表 1-1-2　您认为农村小孩的家庭教育应重视哪些方面的内容?

	选项	西岭村	赵家湾村	辘辘村	下聂村	华宏村	王杰村	林屋村
有效百分比/%	思想品德教育,懂道理孝敬父母	34.5	35.5	35.4	39.0	30.9	31.0	40.4
	学习习惯培养,爱学习	15.0	14.1	23.6	18.5	11.3	15.5	13.7
	生活技能教育,自立自强	19.4	23.5	17.0	15.9	21.6	19.0	19.9
	安全教育,不做危险事	13.1	9.0	8.5	8.7	8.8	15.5	6.2
	心理情感教育,培养好性格好心态	7.3	9.4	5.2	8.2	12.7	8.6	10.2
	生活行为习惯培养,没有恶习和不良嗜好	10.7	8.1	9.4	7.7	14.7	10.4	7.1
	不知道/说不清	0	0.4	0.9	2.0	0	0	2.5
	总计	100.0	100.0	100.0	100.0	100.0	100.0	100.0

此外,在职业生活领域,村民也表现出强烈的责任感,体现了淳朴的民风。当被问及"您对工作的基本态度是什么?"时,超过半数的村民选择了"既然做了,就要认认真真做好"这一选项,明显高于选择"得过且过,混口饭吃而已""单位有纪律,想不认真也不行"等消极、被动的选项的人数(详见表 1-1-3)。

表 1-1-3　您对工作的基本态度是什么?

	选项	西岭村	赵家湾村	辘辘村	下聂村	华宏村	王杰村	林屋村
有效百分比/%	得过且过,混口饭吃而已	6.7	9.4	23.8	15.6	3.9	10.0	6.7
	既然做了,就要认认真真做好	58.4	55.7	52.4	52.1	56.7	67.3	45.1
	单位有纪律,想不认真也不行	2.2	4.7	2.9	1.0	2.4	0.9	7.9
	工作让人感觉充实,是一件很快乐的事	11.2	10.4	5.7	13.5	13.4	8.2	17.1
	认真工作就能取得成绩,从中可以获得成就感	10.1	15.1	8.6	5.2	15.0	9.1	16.5
	其他	2.2	0.9	1.9	2.2	3.1	2.7	3.0
	不知道/说不清	9.2	3.8	4.7	10.4	5.5	1.8	3.7
	总计	100.0	100.0	100.0	100.0	100.0	100.0	100.0

在访谈过程中，人们也对近年来村庄精神文明建设、村民道德素养的提升表示了肯定：

> 不仅物质生活方面提高了，精神风貌也有很大变化。以前的时候，邻里之间经常会因为一些琐碎的事情发生摩擦，甚至吵架，房屋地界谁多了、谁少了，粮食谁掉了、谁捡了，等等；婆媳关系也处理不好，经常听到哪家媳妇儿又被打了，哪家婆婆又骂人了，等等。这些状况现在很少见了，我觉得首先是大家的生活水平都提高了，很多事情都不那么计较了，再就是精神文明建设也越来越受重视，电视、电影等各种教育宣传形式也多了，人们素质自然也提高了，广场舞等一些娱乐活动也能增加人与人之间的感情交流，生活都充实了，自然也就没那么多心思了。
>
> ——2018年6月1日 14：54—15：36 在王杰村村委会图书室与原村书记WZW的访谈

（二）传统道德观念得到一定传承，现代道德意识日渐增强

乡村能够"保存国家和民族自己源远流长的优良传统、习俗人文和历史文化，具有文明传承的功能"[①]。在乡村社会转型过程中，尽管农民的生产和生活条件发生了改变，但根植于乡土社会的道德观念仍在一定程度上得以传承。与此同时，和市场经济相契合的现代道德意识日渐生成并不断增强。由此，乡村社会呈现出传统道德观念和现代道德意识共同对农民家庭生活、经济行为、生态活动、治理习惯等产生影响的基本态势。

基于"恋土重农"的价值倾向和"熟人社会"的生产生活环境，"勤劳"和"诚信"成为传统乡土社会的重要道德规范。一方面，在农耕社会，依靠土地的辛勤劳作是农民获取生活资料的主要来源，"这种'劳'与'得'之间的直接对应关系，使勤劳被视为农民应具备的基本素质。"[②]另一方面，乡土社会因熟悉而对

[①] 陈锡文、罗丹、张征：《中国农村改革40年》，人民出版社2018年版，第487页。
[②] 王露璐：《新乡土伦理——社会转型期的中国乡村伦理问题研究》，人民出版社2016年版，第5页。

诚信尤为看重,人与人之间的信任"发生于对一种行为的规矩熟悉到不假思索时的可靠性"①,是一种由内而外的价值表现。通过调研发现,传统乡土社会"勤劳"和"诚信"的道德观念在当代获得了良好传承。当前,地处不同区域、发展状况迥异的受访者,都在众多选项中将"勤劳"和"诚信"视为最重要的美德(详见表1-1-4)。

表1-1-4　在下面的几种美德中,您认为哪个最为重要?

	选项	西岭村	赵家湾村	辘辘村	下聂村	华宏村	王杰村	林屋村
有效百分比/%	勤劳	33.3	48.6	37.5	37.5	21.1	26.4	34.1
	节俭	2.2	7.5	11.5	11.5	6.3	6.4	5.5
	诚信	32.2	18.7	23.1	25.0	50.0	47.3	39.6
	宽容	4.4	2.8	3.8	2.1	4.7	10.9	6.7
	公正	7.8	4.7	8.7	9.4	7.8	3.6	6.1
	无私	0	0	1.0	0	0.8	0	1.2
	其他	1.1	0.9	1.0	2.1	0.8	1.8	0.6
	不知道/说不清	19.0	16.8	13.4	12.4	8.5	3.6	6.2
	总计	100.0	100.0	100.0	100.0	100.0	100.0	100.0

与此同时,农民思想观念也不断受到乡村现代化进程的影响,权利意识、契约意识、法律意识等现代道德意识不断彰显。调研中,对于"当村干部的决策损害您和大多数村民利益时,您通常会怎样?"这一问题,7个村庄中分别有55.2%、60.8%、32.7%、29.7%、44.9%、64.9%、42.5%的村民选择"直接向村干部提出",位居各选项之首,展现了强烈的权利意识(详见表1-1-5)。与此同时,村民的日常生产和生活也更加注重契约意识。当被问及"如果急需数目较大的一笔钱,您会怎么办?"时,仅有少数村民表示会"向亲戚朋友借,不打欠条,不付利息",大多数村民选择了"向亲戚朋友借,打欠条,付利息""向农村信用社或银行借贷"等具有契约意识的选项(详见表1-1-6)。此外,在上述问题中,选择"借高利贷"这一不受法律保护的选项的村民寥寥无几。有村干

---

① 费孝通:《乡土中国》,人民出版社2015年版,第7页。

部在访谈中表示:

> 法律在地方基层有很大影响,人们有权利意识,法律意识也强了,讲究人人平等。以前弱的被强的欺负,人们会认为正常,现在就算再弱,别人也不敢欺负,都要摆着公正、公平的态度。
>
> ——2017 年 7 月 26 日 20:45—21:42 在下聂村聂氏宗祠与村主任 NYB 的访谈

表 1-1-5　当村干部的决策损害您和大多数村民利益时,您通常会怎样?

	选项	西岭村	赵家湾村	辘辘村	下聂村	华宏村	王杰村	林屋村
有效百分比/%	主动联合其他村民,制造舆论给村干部施压	16.1	10.8	7.7	23.4	6.3	3.5	23.9
	观望一段时间,有人反对就一起加入,没人反对就默默忍受	17.2	22.5	27.9	18.1	22.0	14.0	15.3
	上访	1.1	0	6.7	12.8	4.7	1.8	6.1
	向新闻媒体反映	2.3	2.0	5.8	4.3	4.7	3.5	5.5
	始终不管不问	6.9	3.9	17.3	11.7	17.4	12.3	6.7
	直接向村干部提出	55.2	60.8	32.7	29.7	44.9	64.9	42.5
	不知道/说不清	1.2	0	1.9	0	0	0	0
	总计	100.0	100.0	100.0	100.0	100.0	100.0	100.0

表 1-1-6　如果急需数目较大的一笔钱,您会怎么办?

	选项	西岭村	赵家湾村	辘辘村	下聂村	华宏村	王杰村	林屋村
有效百分比/%	向亲戚朋友借,不打欠条,不付利息	16.1	16.2	24.8	30.2	18.1	23.9	15.3
	向亲戚朋友借,打欠条,不付利息	21.8	16.2	24.8	8.3	6.3	8.8	15.3
	向亲戚朋友借,打欠条,付利息	16.1	24.8	12.4	20.8	33.9	13.3	17.8

(续表)

	选项	西岭村	赵家湾村	辘辘村	下聂村	华宏村	王杰村	林屋村
有效百分比/%	借高利贷	0	1.0	0	5.2	0	0	0.6
	向农村信用社或银行借贷	25.3	37.1	24.8	16.7	22.8	38.1	22.1
	其他	3.4	1.0	6.6	12.5	10.2	9.7	13.5
	不知道/说不清	17.3	3.7	6.6	6.3	8.7	6.2	15.4
	总计	100.0	100.0	100.0	100.0	100.0	100.0	100.0

(三)农民交往范围逐渐扩大,村庄伦理关系日趋复杂

在传统乡村社会,"世代定居是常态,迁移是变态"①,人们大多终老是乡,缺少流动。在这种背景下,农民的交往范围和交往关系都相对固定且简单。伴随着乡村工业化和市场化进程的加快,人们的流动性大大增强,越来越多的村民走出村庄,其交易、交往范围日益突破以往的地域限制,不断在空间上获得延展。这一过程中,农民逐渐萌生了公共领域与私人领域的边界意识,并在不同领域中依据不同价值标准维系人际关系,乡村伦理关系呈现出更加复杂的状况。

从调研结果来看,当前村庄中仅有少数村民没有出村经历,大部分村民都有过镇外、市外的出村经历,甚至有不少村民有省外和国外的出村经历(详见表1-1-7)。

表1-1-7 您是否有出村的经历?

		选项	西岭村	赵家湾村	辘辘村	下聂村	华宏村	王杰村	林屋村
有效百分比/%	村外	从来没有	2.2	9.3	12.5	9.3	3.9	4.4	3.7
		偶尔有	37.8	21.5	36.5	27.8	24.4	28.9	29.9
		经常有	58.9	69.2	50.0	58.8	71.7	66.7	62.8
		将来会有	1.1	0	1.0	1.0	0	0	2.4
		说不清	0	0	0	3.1	0	0	1.2
		总计	100.0	100.0	100.0	100.0	100.0	100.0	100.0

---

① 费孝通:《乡土中国》,人民出版社2015年版,第3页。

(续表)

	选项		西岭村	赵家湾村	辘辘村	下聂村	华宏村	王杰村	林屋村
有效百分比/%	镇外	从来没有	3.4	10.3	21.9	12.4	2.4	7.9	2.4
		偶尔有	55.1	35.5	49.5	34.0	38.6	42.1	34.8
		经常有	41.5	53.3	26.7	51.6	59.0	49.1	57.9
		将来会有	0	0.9	1.9	1.0	0	0.9	2.4
		说不清	0	0	0	1.0	0	0	2.5
		总计	100.0	100.0	100.0	100.0	100.0	100.0	100.0
	市外	从来没有	14.4	19.6	46.7	16.5	7.1	14.9	5.6
		偶尔有	67.8	54.2	42.9	45.4	48.0	61.4	46.9
		经常有	10.0	24.3	5.7	33.0	44.1	21.1	43.2
		将来会有	4.4	0.9	4.7	3.1	0.8	1.8	1.9
		说不清	3.4	1.0	0	2.0	0	0.8	2.4
		总计	100.0	100.0	100.0	100.0	100.0	100.0	100.0
	省外	从来没有	30.0	36.4	61.2	21.9	17.3	35.1	19.8
		偶尔有	55.6	42.1	28.2	45.8	54.3	51.8	50.6
		经常有	7.8	19.6	1.0	28.2	26.0	9.6	18.5
		将来会有	3.3	0.9	6.8	3.1	2.4	2.6	8.6
		说不清	3.3	1.0	2.8	1.0	0	0.9	2.5
		总计	100.0	100.0	100.0	100.0	100.0	100.0	100.0
	国外	从来没有	80.0	92.3	90.3	69.9	62.2	82.3	60.7
		偶尔有	1.1	0	1.0	1.1	14.2	1.8	10.4
		经常有	1.1	1.9	0	4.3	0.8	0	4.9
		将来会有	10.0	1.0	5.8	14.0	18.1	12.4	17.2
		说不清	7.8	4.8	2.9	10.7	4.7	3.5	6.8
		总计	100.0	100.0	100.0	100.0	100.0	100.0	100.0

伴随着农民交易、交往范围的不断扩大,村庄伦理关系也日趋复杂。在私人生活领域,村民将他人"人品如何"作为是否与其交往的准则,而在公共生活领域,则更多地关心其能否给自身带来经济利益。例如,在调研中,当村民回答"您与他人交往时最看重的是什么?"时,大部分村民都选择"看他的人品如何"(详见表1-1-8)。然而,当评价"您认为一个好的村干部在哪个方面最重要?"时,村民又将标准着重放在"能带动村里的经济发展,带领村民致富",而

不是"工作热情卖力,勤勤恳恳""为人正直,大公无私,乐于奉献"等道德品质(详见表1-1-9)。甚至有村民在访谈中坦言,村干部只要能够带领村民致富,即便道德上存在瑕疵也是可以容忍的。

> 我希望我们的村干部能够更好地带我们致富,只要他们能带我们致富,他们从中捞一点儿钱也是无所谓的。
> ——2017年7月20日15:00—15:50在辘辘村村委会会议室与普通村民BHZ的访谈

表1-1-8 您与他人交往时最看重的是什么?

	选项	西岭村	赵家湾村	辘辘村	下聂村	华宏村	王杰村	林屋村
有效百分比/%	看他的人品如何	77.5	75.2	58.1	46.8	75.6	86.8	74.4
	看他是否和自己投缘	2.2	13.3	17.1	33.0	11.8	7.0	11.3
	看他是否有权有势	1.1	1.0	2.9	0	0	0	3.8
	看他是否很有钱	0	1.0	1.9	1.1	0.8	1.8	0.6
	看他今后是否对自己有用	0	0	4.8	1.1	3.1	0	1.3
	是不是对自己好	6.7	1.0	8.6	5.3	1.6	1.8	1.9
	其他	1.1	1.0	0	1.0	0	0.9	1.9
	不知道/说不清	11.4	7.5	6.6	11.7	7.1	1.7	4.8
	总计	100.0	100.0	100.0	100.0	100.0	100.0	100.0

表1-1-9 您认为一个好的村干部在哪个方面最重要?

	选项	西岭村	赵家湾村	辘辘村	下聂村	华宏村	王杰村	林屋村
有效百分比/%	能带动村里的经济发展,带领村民致富	64.4	47.6	44.8	46.4	55.1	66.7	57.1
	工作热情卖力,勤勤恳恳	4.4	10.5	6.7	7.2	3.9	6.3	4.3
	为人正直,大公无私,乐于奉献	22.2	38.1	33.3	32.0	22.8	23.4	27.0
	能协调好上下级的关系	0	1.9	1.9	0	4.0	0.9	0.6
	不知道/说不清	9.0	1.9	13.3	14.4	14.2	2.7	11.0
	总计	100.0	100.0	100.0	100.0	100.0	100.0	100.0

二、乡村道德图景的成因分析

改革开放 40 多年来,我国乡村道德在整体上不断发展进步,村庄精神风貌逐渐改善,农民道德素质显著提升。与此同时,传统规范与现代价值之间的矛盾在乡村社会开始显现,农民在道德评价、道德判断等方面也存在着一些矛盾和冲突。基于伦理视角,当前乡村道德状况可以从顶层设计的价值引领、乡土文化的道德蕴涵、"现代性"的伦理冲突等方面进行分析。

(一)顶层设计的价值引领

习近平总书记强调:"办好农村的事情,关键在党。党管农村工作是我们的传统。"①中国共产党从顶层设计的高度进行价值引领,是乡村道德建设不断推进的关键。具体而言,党的价值引领主要体现在以下三个方面:

第一,保护农民创造性,激发内生动力。农民是乡村的主体,只有充分发挥农民主体的首创精神,不断激发其内生动力,乡村道德建设才会产生持久成效。农村改革之所以能够在全局改革中率先取得突破,正是得益于党对农民"包产到户"行为采取"不争论、允许试、让实践来检验"的原则,保护农民的创造性,最大限度地激发农民内生动力。"政社分开""村民委员会"等来自基层农民群众的创举,在得到党中央肯定后逐渐在全国范围内推广,有效缓解了当时基层组织涣散、村庄公共事务无人负责的尴尬处境,为提升乡村文明、缓和村庄矛盾奠定了基础。实践证明,在党的领导下,农民的智慧和创新得到了最大限度的保护,他们为乡村道德建设不断注入鲜活的实践创造能量。

第二,改善农村民生,尊重农民切身利益。改善农村民生是党领导乡村道德建设的重点。改革开放以来,党中央多次以农村工作为中心发布中央一号文件,尤其 2004 年以来,连续 17 年将"三农"工作作为中央一号文件的主题,"中央一号文件"已然成为我们党重视农村问题的专有名词。从历年中央一号文件的内容来看,党中央始终"着力强化强农惠农富农政策,着力提升农村民

---

① 习近平:《在农村改革座谈会上的讲话》(2016 年 4 月 25 日),《论坚持全面深化改革》,中央文献出版社 2018 年版,第 264 页。

生保障能力,着力办一些顺民意、惠民生的好事实事,为农民群众带来实实在在的利益和实惠,使发展成果更多更好更公平地惠及农民群众"[1]。在这期间,农村基础设施的更新换代、农村电网改造升级、"两不愁三保障"的有序推进等工作,都将维护农民利益放在首位,决战决胜脱贫攻坚,为文明乡村建设提供了坚实的物质基础。在党的领导下,村党支部(党委)和村民委员会得到了村民的广泛认可,日益成为解决村民矛盾、维护村民利益的关键力量。调研中,当被问及"如果与他人发生了经济纠纷,您会怎么办?"时,7个村的受访对象中选择"找村委员或村党支部解决"的比例均为各选项中最高(详见表1-1-10)。

表 1-1-10 如果与他人发生了经济纠纷,您会怎么办?

	选项	西岭村	赵家湾村	辘辘村	下聂村	华宏村	王杰村	林屋村
有效百分比/%	忍了算了	21.1	27.1	19.0	26.3	15.6	20.9	20.7
	托熟人解决	7.8	13.1	16.2	14.7	10.9	10.0	6.7
	通过打官司解决	11.1	5.6	11.4	12.6	25.8	11.8	19.5
	找村委员或村党支部解决	36.7	50.5	34.3	29.5	25.8	42.8	31.1
	带上一帮人来硬的	1.1	0.9	1.0	2.1	0.8	0	1.2
	上访	1.1	0	0	1.1	0	0	1.2
	其他	3.3	0.9	3.8	2.1	9.4	2.7	7.3
	不知道/说不清	17.8	1.9	14.3	11.6	11.7	11.8	12.3
	总计	100.0	100.0	100.0	100.0	100.0	100.0	100.0

第三,移风易俗,倡导乡村社会新风尚。风俗蕴含着人们的行为惯习、伦理观念、心理结构等内容,一经形成就具有相对的独立性和稳定性,能够对人们的日常生产和生活产生有效的规范和调节作用。乡村文化传承在潜移默化中受到传统风俗的影响。然而,风俗具有两重性,既有精华也不乏糟粕,二者共同作用于乡村社会。因此,在乡村道德建设过程中,党中央高度重视移风易俗工作,注重以党风引领农村新风,要求党员干部发挥先锋模范带头作用,在移风易俗工作中走在前列。通过反对天价彩礼、反对铺张浪费、反对婚丧大操

---

[1] 陈锡文、罗丹、张征:《中国农村改革40年》,人民出版社2018年版,第501页。

大办、抵制封建迷信等移风易俗的具体实践，打造文明乡风。在马庄①文明乡村建设过程中，党员干部身先士卒，带头迁坟，为乡村发展提供空间。

> 我们村搞开发，但需要迁坟头。二三十还好说，但一下就几百，工作开展困难。我们村采取的办法就是党员干部带普通党员，党员带群众。我们孟书记，千说万说，自家先迁。一带二、二带三……事情就完成了，前后不到一个月时间。
> ——2019年1月25日13:52—15:11在马庄村村委会与大学生村官WH的访谈

（二）乡土文化的道德蕴涵

乡土文化生成于传统乡村社会，是村民生活方式、价值观念、道德心理的集中展现，反映着村民之间的伦理关系，并常常体现为一种极具特色的"地方性道德知识"。当前，乡村道德状况之所以能够取得较好发展，一定程度上得益于乡土文化在凝聚村庄共识、提供有效约束、提升村民认同等方面的道德蕴涵。

首先，乡土文化能够凝聚村庄价值共识。乡土文化是村民集体人格的体现，蕴含着村庄共同体成员的价值共识和利益需求。传统乡村社会里，村民在相对固定的区域范围内从事同质化的生产和生活劳动，易于产生相似的价值判断和伦理观念。同时，在"生于斯，死于斯"的传统乡村社会，"每个孩子都是在人家眼中看着长大的，在孩子眼里周围的人也是从小就看惯的"②，村民之间有着因"熟悉"而形成的心理和价值认同。尽管现代乡村社会中同质化的劳动和"熟悉"的环境已然发生了改变，但基于村庄共同利益的乡土文化，仍然能够有效地指导村民形成共同的价值目标和思想观念，从而凝聚村庄价值共识。在传统理念和现代意识的冲突中，虽然一些村民并不完全接受乡土文化传递的价值标准，但他们仍会在潜移默化中受到这种村庄价值共识的引领。

---

① 课题负责人曾带领团队对浙江丽水的乡村春晚、江苏徐州马庄村的基层文化建设进行专项调研。
② 费孝通：《乡土中国》，人民出版社2015年版，第6页。

其次,乡土文化能够为村庄成员提供有效的道德约束。"乡土社会是'礼治'的社会"①,乡土文化中蕴含的村规民约、风俗惯习等"礼治"因素是维系传统乡村社会秩序的基础。在乡村社会转型过程中,"礼治"虽然受到一定的冲击,但依然对村民日常行为规范、生产生活秩序有着重要的影响。一方面,乡土文化中的"礼治"因素历经长期的社会继替而延续至今,已然成为解决乡村问题的一种"路径依赖"。较之"法治"的规范性而言,"礼治"能够运用说服、劝导等更加灵活的方式化解村庄矛盾、调节村民关系。另一方面,"法治"的普遍性为"礼治"的特殊性留出了作用空间。尽管以普适性的法律条文和政策文件为基础的"法治"能够最大限度地维护公平正义,但面对不同乡村的地方性特色,法治秩序难以高效地管控村庄事务,由此,根植于乡土文化的礼治秩序仍然为村庄成员提供了不可或缺的道德约束。

最后,乡土文化能够提升村民道德认同。借助于乡村春晚、道德讲堂、祠堂议事等各种具有村庄特色的文化活动,乡土文化传递文明乡风,有效提升了村民对村庄共同体的道德认同。例如,下聂村基于村民根深蒂固的宗族观念,在村庄修建祠堂,并以此为契机,创新村庄传统文化,开展乡村文化建设,提升村民精神文明境界,促进村民道德认同。

> 可能受传统文化的影响,老百姓对修祠堂很重视,自发祭祖。现在要搞好农村新文化建设,祠堂是一个重要的平台,老百姓易于接受。因为老百姓对祠堂有敬畏感,对祖宗有敬畏感。舞龙这种传统文化老百姓也易于接受。我们这个村是一个望族,风俗保存多,历史悠久,老百姓对村庄有荣誉感。老百姓虽然在道德伦理(水平)上有所下降,但对历史文化风俗很认同,对祖宗留下来的传统还是很重视。我们搞精神文明建设一定要接地气,要和村里的历史文化接起来,这样老百姓才易于接受。村里的"帐篷节"是后来搞起来的,吸引了外面的人。"帐篷节"搞了三届,老百姓就接受了,最初老百姓根本就不知道。当时搞"帐篷节"是为了改变人们的观念,让他们接受新的东西。这些年搞伦理文化建设起到了一

---

① 费孝通:《乡土中国》,人民出版社2015年版,第60页。

些作用,人们开始自发跳广场舞,(不会跳的)还找人教他们跳舞,村里也会播放电影。

——2017年7月26日9:24—10:50在下聂村聂氏宗祠与临川区文化局退休干部NJB的访谈

(三)"现代性"的伦理冲突

"现代性"是社会转型过程中的突出问题,"至少包含四种基本元素或基本方面,即:市场经济、民主政治、科学理性和以现代进步主义为基本价值取向的历史目的论和文化价值观"[1]。"现代性"引发的伦理冲突对乡村社会的伦理关系、道德评价和权威结构产生了重要影响。

第一,在伦理关系方面,公共关系压缩私人关系。传统乡村以"差序格局"为基础,个人与他人之间的关系"好像把一块石头丢在水面上所发生的一圈圈推出去的波纹"[2],村庄社会在本质上是一种由私人关系构建而成的网络。而现代社会越来越成为一个日益公共化的开放社会。原先熟悉的村庄变得逐渐陌生,以往村庄的私人领域不断退守到更为狭窄的范围,乡村社会更多的空间被公共领域占有,村庄社会关系开始从纯粹私人领域构建的网络转变到私人领域与公共领域并存的状态。由此,正如前文述及,不同领域中维系人际关系的不同价值标准出现了,乡村伦理关系愈加复杂。

第二,在道德评价方面,经济评价削弱道德评价。传统乡村作为"伦理本位的社会"[3],道德评价保持着对经济评价的优先性。换言之,村民对他人的评判主要以其德行为依据。然而,现代市场经济的发展以及资本不断向村庄的涌入,使得经济成就逐渐在乡村评价标准中获得了正面意义。"伴随着资本大规模'进入'乡村,资本逻辑以其扩张性、同质化和意识形态化特征不断强化对乡村生产、生活、交往和文化的影响"[4],个体的经济成就日益得到充分肯定,甚

---

[1] 万俊人:《信仰危机的"现代性"根源及其文化解释》,《清华大学学报》(哲学社会科学版)2001年第1期。
[2] 费孝通:《乡土中国》,人民出版社2015年版,第28页。
[3] 梁漱溟:《乡村建设理论》,上海人民出版社2011年版,第25页。
[4] 王露璐:《资本的扩张与村落的"终结"——中国乡村城市化进程中的资本逻辑及其伦理反思》,《道德与文明》2017年第5期。

至能够因此弥补道德方面的缺陷。由此,乡村社会的道德评价逐渐弱化,经济评价的优先性地位更为显现。在调研中发现,当前经济价值的宰制性地位已经渗透到乡村社会的多个方面,对村民家庭关系、村庄发展方向等产生重要影响,凸显了经济评价的优先性。

> 夫妻矛盾主要是经济上的,家里的男性如果赚不到钱,就会导致夫妻吵架,其他人家也是如此,丈夫有钱,矛盾就少。如果妻子自己会赚钱,她对男的的要求就高,就会要求丈夫温柔点儿,多给安全感,多陪陪,多照看小孩,上升到精神层面了。
> ——2017年7月9日14:40—16:00 在西岭村村委会办公室与村书记、"赤脚医生"LH的访谈

> 我对美丽的家乡更向往,但是我同意有污染的工厂迁入我们村,我认为先是要发展经济,解决我们村的交通问题,对于环境污染问题可以放在后面。
> ——2017年7月20日16:50—17:20 在辘辘村村委会会议室与原岷县交警大队协警MPK的访谈

第三,在权威结构方面,"能人"治村取代"长老"统治。在缺少变化的传统乡村社会,知识的获得以"爸爸式"(paternalism)的教化为基础,德高望重的长老成为权威的中心。① 然而,现代性价值主张与过去的决裂,其中以现代进步主义为基本价值取向的历史目的论和文化价值观"刻意突显着一种现在时(at present)的时代精神和价值目的论的精神气质(ethos)"②,以此"将自身规定为一个根本不同于过去的时代"③。由于现代性更加强调"现在"的价值,能够适应现代社会发展需要的各种"能人"逐渐获得了权威地位。其中既有精通致富之道的"经济能人",也有掌握众多社会资源或具备专业技能的"新乡贤",他们

---

① 参见费孝通:《乡土中国》,人民出版社2015年版,第79-85页。
② 万俊人:《信仰危机的"现代性"根源及其文化解释》,《清华大学学报》(哲学社会科学版)2001年第1期。
③ 唐文明:《何谓现代性?》,《哲学研究》2000年第8期。

逐渐成为当前治理乡村的主要力量。课题组调研的下聂村、马庄村和丽水等，在"文化能人"的带动下，组织帐篷文化节、举办乡村春晚、组建农民乐团，通过形式多样的文化活动，丰富村民的精神世界，提升村庄的凝聚力；华宏村、林屋村等，则在"经济能人"的带领下，依托在村企业解决村民就业问题，增加村民物质财富，发展村庄经济。

三、加强乡村道德建设的路径

乡村社会的全面进步需要不断加强乡村道德建设。通过对不同村庄道德现状及其成因的分析，我们认为，社会主义核心价值观引领"地方性知识"融入和村庄伦理共同体重建，应当成为当前加强乡村道德建设的主要路径。

（一）以社会主义核心价值观为引领，建设文明乡村

社会主义核心价值观是全国各族人民共同认同的价值观的"最大公约数"。在文明乡村建设过程中，积极培育和践行社会主义核心价值观，对于激发农民群体积极性、主动性、创造性，不断提升农民道德素养、完善乡村伦理状况具有重大理论和现实意义。具体而言，在乡村培育和践行社会主义核心价值观，应当特别重视完善基层党组织建设、发挥党员干部的道德示范引领作用和加强对广大农民的道德教化。

第一，完善基层党组织建设。在田野调查中，我们发现，党的基层组织不仅是确保党的路线方针政策和决策部署贯彻落实的基础，也是乡村道德建设得以有效推进的重要保证。新时代文明乡村建设，必须始终坚持农村基层党组织的领导地位，充分动员和调动全体村民的力量，将社会主义核心价值观贯穿到村民日常生产生活之中，在村庄形成学习和践行社会主义核心价值观的良好氛围。课题组在马庄村调研时得知，自20世纪80年代末起，该村每月初定期举行升国旗仪式并开设党课、每月25日开展党员党日活动，近30年来从未间断。如今，马庄村党委还建立了党员联系户制度，全村600多户家庭，户户有党员联系，实现了小矛盾不出党员联系人、大矛盾不出党小组的矛盾协调机制，形成了"党风正、民风淳、

人心齐"的良好局面,为社会主义核心价值观在村庄的广泛宣传和充分普及奠定了基础。

第二,发挥党员干部的道德示范和引领作用。农村基层党员是乡村社会的骨干力量,对村庄道德建设具有模范带头作用。课题组通过调研了解到,一些基层党员干部以身作则,用高尚的道德情操感染和带动群众,凝聚村庄价值共识,促进乡村精神风貌的提升。访谈中有村民提道:

> 我觉得我们村的凝聚力这么强,是因为村里面出了老孟书记这个好的带头人和好的班子人员。在他们的带动下,我们也被他们感动了。我们老百姓的思想意识为什么那么高?因为我们有一个好的"当家人"。
>
> ——2019年1月23日 10:03—11:26 在马庄村村委会与村民LXJ的访谈

不难看出,在文明乡村建设过程中,党员干部作为道德示范者和引领者,自身良好的言行举止对村民道德水平的提升和精神境界的升华具有积极的推动力量。党员干部发挥道德示范作用,以实际行动践行社会主义核心价值观的"三个倡导"要求,能够有效促使群众践行社会主义核心价值观。

第三,加强对广大农民的道德教化。道德教化是培育道德主体自觉,提升个体道德素养的重要手段。要采取多种途径提升道德教化的实效,推动社会主义核心价值观在基层村庄入脑入心,从而培育具有良好道德素养的村民。课题组在调研中发现,不同村庄结合自身特色,有针对性地将社会主义核心价值观的内容融入乡村道德建设。浙江丽水借助乡村春晚这一平台,在村民自导自演的节目中潜移默化地宣传社会主义核心价值观,让村民在休闲的同时加深对社会主义核心价值观的理解和认同。王杰村将社会主义核心价值观与王杰精神相结合,深入挖掘王杰精神中能够反映社会主义核心价值观的感人事迹,用身边人、身边事影响和教化村民。

(二) 以"地方性知识"①的融入为特色,创新乡土文化

"任何一种道德知识或者道德观念首先都必定是地方性的、本土的,甚或是部落式的。"②乡土文化集中反映着某一区域的道德知识和道德观念,其创造性转化和创新性发展不能消解"地方性"特色,而是要在充分把握"地方性知识"的基础上,与时俱进地丰富自身的内容,不断打造具有当地特色的公共道德平台,逐步完善"自治""法治""德治"的关系。

首先,不断丰富乡土文化内容。改革开放以来,伴随乡村生产、生活方式的不断改变,文化领域也出现了许多新特点、新变化、新元素。面对这些改变,乡村道德建设应当准确把握时代脉搏,积极探索与当地自然和人文环境相契合的现代文化价值,努力将传统乡土文化中的优秀基因与现代文化价值有机结合。在调研中,我们看到,基层农民既对生于斯、长于斯的乡土文化依然具有较高的认可度,又渴求受到现代文化的熏染。因此,乡土文化的不断丰富,可以尝试从历史性与现实性、特殊性与普遍性两个维度共同切入,实现伦理文化"历史之根"与"现代之源"的成功嫁接、"地方性知识"与"普适性意义"的有效整合。③

其次,打造乡村特色公共道德平台。公共道德平台是指"在公共生活中形成的具有道德评价、道德传播和道德约束等功能的特定场所、空间或活动"④。村庄公共道德平台要与当地村民的生产、生活方式相适应,与其物质和精神需要相契合,才能够有效发挥作用。在调研中,我们看到,一些村庄根据本村实际和村民需求,打造了具有当地乡村特色的公共道德平台,受到了村民的极大欢迎。湖北黄冈赵家湾村根据村民喜爱跳广场舞的现实,在村委会门前修建广场,打造村庄广场舞平台,以此起到服务村民、凝聚共识的作用;江苏徐州马庄村将村民集中到"香包大院"从事传统香包生产,既能形成规模经济,提高村

---

① "地方性知识"是共同体内的人群在长期的生产生活中自觉形成的,体现着共同体内的价值观念、社会风俗、生活方式等内容,具有鲜明的地域性特色和丰富的文化内涵。这一概念最早由美国学者克利福德·格尔茨(Clifford Geertz)提出,其后引发诸多学科的高度关注和热烈探讨。
② 万俊人:《道德谱系与知识镜像》,《读书》2004年第4期。
③ 参见王露璐:《新乡土伦理——社会转型期的中国乡村伦理问题研究》,人民出版社2016年版,第8—9页。
④ 王露璐:《从"熟人社会"到"熟人社区"——乡村公共道德平台的式微与重建》,《湖北大学学报》(哲学社会科学版)2020年第1期。

民收入,也能为村民搭建交流平台,在村庄形成有效的道德约束机制,营造良好道德氛围。

最后,完善"自治""法治""德治"的关系。传统乡土文化以"礼治"为特征,与现代社会的"法治"特色形成对比。创新乡土文化,需要立足村庄特色,处理好"礼治"与"法治"的关系,从而实现乡村"自治""法治""德治"的有机融合。新时代的乡村治理应抵制传统"礼治"中的愚昧落后因素,在操作过程中要遵守"法治"规范,充分发挥"地方性知识"的补充作用,运用说服、劝导等村民易于接受的方式,增强村民的主体参与和自我认同,使乡村治理获得更加坚实的伦理根基。课题组通过调研了解到,虽然大部分村民遇到纠纷,尤其是经济纠纷时,会选择"找村委员或村党支部解决"(详见表 1-1-10),但村委会和村党支部在调解纠纷过程中大多以法律为基准,在法律允许的范围内,利用村庄既有风俗惯习、道德规范等化解矛盾,从而形成了以"三治"融合为基础,协调村庄关系的新型乡土文化。

(三)以重建村庄伦理共同体为切入点,创设"熟人社区"

传统中国乡村社会是一种典型的"熟人社会",村庄形成了自身稳定而日常化的道德生活形态。伴随着"乡土中国"向"新乡土中国"的转变,乡村社会正在从传统的"熟人社会"转变为"半熟人社会"。通过重建村庄伦理共同体,加强村民之间的接触、交流和交往,从而使村庄成为一种新型的"熟人社区",是乡村道德建设的有效路径。

第一,培育经济理性,强化公共精神。在乡村工业化、市场化的进程中,农民经济理性意识的增强是正当且合理的,但是,如何引导农民运用经济理性合理追求利益,尤其是如何处理好与村庄成员及村庄集体利益的关系,避免乡村发展中的"原子化"和"陌生化",是当前乡村道德建设不可或缺的重要方面。马克思曾以"一袋马铃薯中的一个个马铃薯"比喻法国小农缺乏交往的社会关系,以及由此形成的封闭、狭隘、保守的道德观。这也提示我们,伴随着农民交往范围和对象的扩张,应当不断强化村庄共同体成员公共精神的培育。在重建村庄伦理共同体实践中,要通过构建村民个体与村庄成员之间的利益关系、精神纽带等形式,让个体在村庄共同体中增强与他人的"熟悉感"和"亲切感"

以及对公共事务的认同感,以此激发村民公共精神的养成,使村庄成为一种新型的"熟人社区"。浙江丽水通过举办乡村春晚等活动,促使村民在乡村春晚的准备、演出和观看中进行交流、交往与协调,大大增进了相互之间的熟悉程度和了解深度,也增强了共同记忆的强度和乡村社会的关联度,降低了村庄成员个体的孤独感和彼此的陌生感。在华宏村村民集中居住的华宏世纪苑小区,村民将楼房一楼原先规划为车库的地方改为厨房,从而能够边做饭吃饭,边与邻居拉家常,增进邻里之间的交流。

> 我们这里(华宏世纪苑小区)的人把一楼车库改为吃饭的地方,这样可以经常串门,方便吃过晚饭之后转转。村里的人相互都认识,大家交往都很好。
> ——2017年8月20日14:40—15:30在华宏村村委会与华宏汽饰厂管理人员BHR的访谈

第二,打造"复合型权威",引领村庄发展。权威是人们发自内心认同并自愿服从的权力,能够在乡村伦理共同体建设过程中,起到凝聚人心、统一价值、研判是非等作用。传统乡村以德高望重的长者为权威基础,是一种基于"个人人格与道德威望"而形成的"魅力型权威"。改革开放以来,基层村庄更多涌现出的"能人治村",是基于为村庄发展作出特殊贡献的"经济权威"、通过上级任命而取得的"政治权威"和回报村庄共同体福利的"道德权威"的有机结合。[①] 如果"能人"仅掌握丰富的资源或拥有生产经营特长,但缺少为村庄共同体投入和奉献的道德品质,很可能成为村庄利益的攫取者;而仅有良好道德品质但不具备经济和资源运营能力的治理者,也难以为村庄带来实际的发展空间。因此,在重构村庄伦理共同体的实践中,打造"复合型权威"变得尤为必要。在调研中,课题组也发现,一些强村或近年来脱贫成果显著的村庄,往往都有一个具有较高权威的"核心人物"。以江苏为例,地处苏南全国百强县市江阴的华宏村,村书记是当地最大的企业、上市公司华宏集团董事长;苏北脱

---

① 参见王露璐:《新乡土伦理——社会转型期的中国乡村伦理问题研究》,人民出版社2016年版,第112页。

贫致富成果显著的马庄村,由村里第一位"万元户"做村书记。一南一北,虽然地域环境不同、人文背景迥异、经济状况有别,但二者的"核心人物"都具有典型的复合型权威特征,并得到村民的普遍认可。

> H书记很多年来一直是带头人、领头人。我们村从落后发展起来,H书记功劳很大,他很有能力,村民很信服他……H书记靠能力带动村庄发展,他德高望重,很受人尊重,非常容易亲近,总是很热心地帮大家的忙。
> ——2017年8月20日14:40—15:30在华宏村村委会与华宏汽饰厂管理人员BHR的访谈

> 大家关系一直都挺好的,这都多亏了老书记做的好榜样,这个没得说的,他各方面都做得特别好。
> ——2019年1月22日9:00—9:43在马庄村村委会与村民YSM的访谈

通过这种"复合型权威"的引领,村庄不仅能够产生显著的经济发展成效,道德建设也取得了长足的进步,从而构建了"经济—伦理"相互促进、共同提升的良好发展态势。

执笔人:杨义芹、刘昂

第二节
专题一: 中国乡村家庭伦理研究调研报告[①]

改革开放以来,乡村社会经济、政治、文化等各方面均发生深刻变革,乡村家庭伦理也发生变化,家庭出现一些问题,如留守儿童家庭教育缺失、留

---

① 本节部分内容已发表,参见李桂梅、贺智慧:《当代中国乡村家庭伦理现状调查——基于七省七村的调查数据》,《伦理学研究》2019年第5期。

守老人养老困境、农民工非婚性行为频发和出现"临时夫妻"等,反映出乡村家庭面临严峻考验,乡村家庭伦理状况堪忧。由于中国乡村发展不平衡不充分,地域文化差别较大,为了真正了解当前乡村家庭以及家庭伦理状况,中国乡村伦理研究课题组对我国湖南、湖北、甘肃、江西、江苏、山东和广东七省七村进行了实证调查,以期对当前乡村家庭伦理变化作出准确、全面的科学分析。

一、当代中国乡村家庭伦理现状

改革开放 40 多年来,我国乡村家庭的外部环境发生了天翻地覆的变化,经济的飞速发展正不断提高乡村家庭的生活水平,同时也使其面临巨大的风险、压力和挑战。社会竞争的激烈、社会流动的频繁、生活节奏的加快及家庭外诱惑的增多,使家庭成员的职业不稳定、工作压力大、夫妻分居两地成为常态,加强乡村家庭伦理道德建设已成为理论界关注的热点问题。本节基于对七省七村调查的数据,发现我国当代乡村家庭伦理呈现以下现状:良好家庭关系依然是当前我国乡村家庭伦理的主流;乡村婚恋伦理多元并存;乡村亲子伦理失衡;家庭道德教育实践弱化与缺失;乡村性伦理开放宽容和乡村生育伦理新旧交织;等等。

(一)乡村家庭伦理总体状况良好

乡村家庭伦理总体状况良好主要表现为家庭关系和谐。乡村家庭关系主要包括夫妻关系、亲子关系、婆媳关系和邻里关系等,村民家庭关系和谐可以从村民对生活的满意度中看出。从课题组对七省七村的调查结果来看,农民的家庭幸福指数较高,对自己目前生活状况比较满意(详见表1-2-1)。在回答"总的来说,您对自己的生活状况是否满意?"这一问题时,39.6%的村民表示对自己目前的生活基本满意,24.7%的村民比较满意,7.7%的村民非常满意,三者合计为72.0%。由此可见,大多数村民对自己的生活状况感觉较好。

表 1-2-1　总的来说,您对自己的生活状况是否满意?

	选　　项	数量/人次	有效百分比/%
有效问卷	很不满意	76	9.4
	不太满意	130	16.2
	一般	318	39.6
	比较满意	199	24.7
	非常满意	62	7.7
	不知道/说不清	8	0.9
	拒绝回答	12	1.5
	总计	805	100.0

家庭关系的和谐程度主要体现在深度访谈中。我们共深度访谈了 74 例,其中女性 25 例,男性 49 例。访谈中,绝大多数已婚被访者对自己的夫妻关系都满意或非常满意。在江西抚州下聂村,一位有情有义的丈夫 N 跟我们聊起他瘫痪在床的妻子的情况时神情恳切,令我们印象深刻:

> 我老婆得了脑梗塞(脑梗死),中风 11 年了。这 11 年来都是我照顾她穿衣吃饭,做护理工作。冬天要洗脚,夏天要洗头洗澡。我觉得,这就是我的命,一切事情只能靠自己。我自己也有风湿性关节炎,但每天还要给老婆按摩,因为不按摩肌肉就会萎缩。我这一辈子就是栽在老婆手上,就当上辈子欠她的。她病了,我不能逃跑掉,那不是人,逃避不是人。去照顾老婆,这是作为丈夫应尽的责任和义务。
>
> ——2017 年 7 月 26 日 20:20—20:50 在下聂村聂氏宗祠与普通村民 NJW 的访谈

从村民的家庭关系来看,访谈中大多数村民明确表示对自己的家庭关系比较满意。西岭村一位 60 岁的老人,跟我们谈到她的亲子关系和婆媳关系时说:

> 我对儿子儿媳比较满意,和儿子住一起我没帮他们做事,他们倒

帮我们做。我喜欢跳广场舞,晚上吃完晚饭我就去跳广场舞,(跳完)回去洗澡洗头,儿媳早上6点钟起床就帮我们把衣服洗好。她8点钟上班,还帮我做事。饭菜是儿子做,儿子做早餐、中餐,我有腰椎间盘突出,他们不要我做家务……我儿子煮好饭,都会打电话给我说:"妈妈,你回来吃饭。"有时我出去打牌,儿媳在家煮饭,煮好后她打电话问我在哪里打牌,说要顶替我让我回去吃饭,好多人羡慕我。我从不与儿媳妇吵,儿媳妇也不跟我吵,那么好的儿子儿媳,很难找到的,我得珍惜。

——2017年7月9日11:10—12:10在西岭村村委会办公室与老村书记夫人、原村妇女主任、计生专干村干部FYJ的访谈

从访谈中可以看出,中国乡村的邻里关系也总体和谐。邻里关系和谐可以大大地提升村民的幸福感。林屋村一位78岁高龄的退休老教师跟我们聊到他比较喜欢住在村子里,环境好,人际关系也比较融洽,没事串串门,跟同事、自己以前的学生聊聊天,日子过得挺开心。华宏村一位71岁的老人也神情满足地说:

我们村这十年变化很大,以前居住比较分散,2006年并村后都住到华宏世纪苑,居住更集中了,农民收入也高了。总体来说,我是满意的。居住卫生条件比以前更好,以前就是脏乱差。现在午饭后会到活动中心打打麻将,下午打麻将,晚上跳跳舞……现在村里人与人关系越来越好。以前生产队有打架的,现在邻居大多很友好,一道门四户,家家和和气气……人的思想观念也改变了,父母子女没有矛盾,每个老年人自己都有点儿养老钱。村民都能尊老爱幼,大多数关系都挺好的,子女常给父母买衣服。

——2017年8月20日9:40—10:30在华宏村村委会与原村委会主任LYF的访谈

(二) 乡村婚恋伦理多元并存

改革开放以来,中国乡村婚恋伦理观念以现代社会主义婚恋伦理为主导,呈现多元并存的发展态势,主要体现为婚恋动机多元和择偶标准多元,从此次调查数据中可得以印证。如,调查中七个村的村民在回答"您认为恋爱结婚的主要目的是什么?"时,他们主要选择"有自己的家"(33.1%)、"相亲相爱一辈子"(29.8%)、"生娃"(10.2%)、"生活有依靠"(10.6%)和"实现父母愿望"(4.3%)等。可以看出,"生娃""生活有依靠"和"实现父母愿望"均体现我国部分村民较传统的婚恋动机。然而,62.9%的村民婚恋动机更现代,他们更注重自己内心的满足,选择"有自己的家"和"相亲相爱一辈子"。

中国乡村婚恋伦理多元还体现在村民们的择偶标准多样化。部分村民选择婚姻多以两人是否有感情为标准,更多考虑个人价值观,注重个体因素。但也有部分村民在选择结婚对象时,会考虑对方的物质条件、外貌长相等非感情因素。如,村民在回答"您在选择结婚对象时会主要考虑哪些因素?"这一问题时,我们设置了"家庭条件""两个人的感情""个人外在条件""人品""是否有手艺""是否志同道合""其他"和"不知道/说不清"这八个选项,所得到的回答情况如图1-2-1所示。"两个人的感情""人品"和"是否志同道合"是村民在择偶时考虑最多的三个因素。选择"两个人的感情"的占37.6%,选择"人品"的占30.8%,"是否志同道合"的占10.1%,三者合计占比78.5%。由此可见,绝大多数村民认为两个人的感情是婚姻的基础,也是婚姻的首要价值,没有感情就

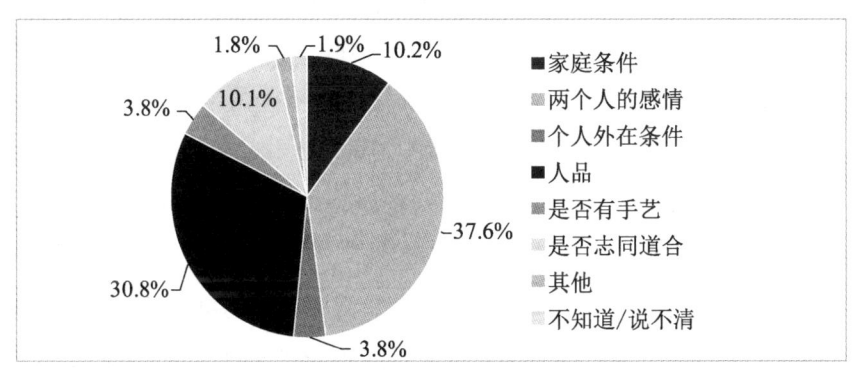

图1-2-1　您在选择结婚对象时会主要考虑哪些因素？(最多选三项)

不会结婚,部分村民强调婚姻是爱情的升华,是相爱的两个人心灵的结合,也是爱情最神圣的象征。村民认为要想婚姻家庭幸福美满,夫妻双方的"人品"是不可忽视的因素。夫妻是否志同道合、是否有相似的价值观、是否志趣相投等也被村民看重。

具体而言,男性和女性在选择结婚对象时主要考虑的因素也不尽相同,女性村民在选择结婚对象时主要考虑的因素比男性村民更现实。除"两个人的感情"和"人品"是男女两性在选择结婚对象时共同考虑的主要因素外,男性还会考虑"是否志同道合",而女性则更多考虑对方的"家庭条件"。

村民婚恋观多元并存还体现在对婚前性行为的看法上,在回答"您如何看待婚前性行为?"这一问题时,部分村民明确表示"反对"(24.9%),但有不少村民选择"双方愿意无可厚非"(17.9%)、"可以理解,但不会做"(12.5%)、"属于个人隐私不做评论"(18.4%)、"满足感情需要可以理解"(8.0%)等。特别是认为"属于个人隐私不做评论"的比率较高,仅次于"反对"选项(详见图1-2-4)。由此可以看出,村民的思想不再像以前那么刻板,更愿意尊重别人的隐私。

(三)乡村亲子伦理失衡

"百善孝为先",这是中国传统古训,此观念在农村更是影响深远。从此次调研情况来看,村民对以"孝"为核心的养老敬老伦理观念非常熟悉,对"孝"的认知十分明确。然而,在实际生活中却出现家庭关系以儿孙为轴心、对孩子关爱有加、轻视冷落老人等现象,村民的认知与实际行为脱节,导致乡村亲子伦理失衡。如,村民在回答"您觉得尽孝要做到哪些?"这一问题时,我们一共设置了"不打骂父母""让父母有安身之处""必要时提供物质和生活照料""经常探望和关心""让父母感到有面子""自立自强"和"不知道/说不清"七个选项,要求村民最多可选三项。调研结果表明,选择"经常探望和关心"(28.5%)、"让父母有安身之处"(21.4%)和"必要时提供物质和生活照料"(19.6%)三项的村民最多(详见图1-2-2)。

由此可见,村民对如何尽孝,在认知上非常清楚。但纵观所有被访家庭,在代际关系上,村民大多更关心和爱护子孙,而轻视和忽略老人,还有部分村民视老人为包袱、累赘,兄弟姊妹之间相互推诿,不愿尽赡养义务,认为老人只

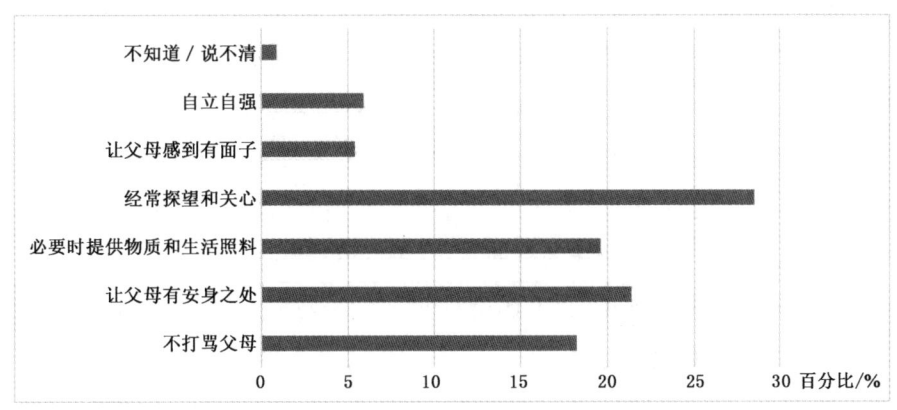

图 1-2-2 您觉得尽孝要做到哪些？（最多选三项）

要不冻不饿就行，未能进一步关心老人的情感需求。而子女进入婚配阶段，为了准备婚事，父母节衣缩食地为子女盖房和完婚。郭俊霞在其调查中表明，"婚嫁"和"盖房"是绝大多数中国农民主要的也是重大的支出，[①]家庭财富和经济资源出现明显向子代倾斜的趋向。徐安琪等对此问题也有过类似的论述，她们认为人们这种观念上"重老轻小"和行为上"重小轻老"的现象恰好证明在当前中国家庭，虽然父母权威有所下降，但代际关系依然保持了传统的"合作社模式"的特征。而这一模式是最符合家庭未来利益的家庭策略[②]。

部分乡村老人自己没有退休金，国家发放的养老金十分有限，子女的经济条件不好，自己又没有谋生的能力，日子过得异常艰难。访谈中一位老年女性村民谈道：

> 我儿子结过两次婚，第一个儿媳妇嫌我们家里穷，就跟别人跑了，后来法院判了离婚。我儿子就跟现在的老婆结婚了，现在这个儿媳妇厉害得很，她不愿意跟我们两个老人一起生活，所以我们就分开住，我儿媳妇从来不来看我们，也不让儿子给我们钱，儿子家的钱都

---

① 郭俊霞：《农村家庭代际关系的现代适应性——以赣、鄂的两个乡镇为例》，山东人民出版社 2015 年版，第 175 页。

② 徐安琪等：《转型期的中国家庭价值观研究》，上海社会科学院出版社 2013 年版，第 199-200 页。

是儿媳妇管着的。我这个儿媳妇嫁过来的时候带着一个儿子,然后跟我儿子又生了个女儿。后来她就不想再生了,但是因为我是我们家的独生女,总觉得还是应该让我儿子再生一个男孩,所以我就让儿媳妇又生了一个男孩,但是儿媳妇不愿意养,就扔给我们老两口养,她从来不来看孩子也不给孩子生活费。我们老两口也很不容易的,我丈夫做过手术,不能干重活儿,小孙子还小要喝奶粉。

——2017年7月21日10:40—11:30在辘辘村村委会会议室与普通村民BEH的访谈

近年来,我国农村频现不正常的"逆反哺"现象,即青年子女成家以后,不对父母施以"反哺"之义,不给父母赡养费,反而对父母进行"代际剥削",以各种名义套取父母积攒的养老存款,榨取他们的劳动力,如要父母帮忙带小孩、干农活儿等,又以各种借口不赡养父母,或加上"霸王条款",逃避属于自己的赡养责任。这种"逆反哺"现象在我国农村非常普遍,这严重干扰了农村家庭伦理秩序,加剧了农村养老困境,造成亲子关系紧张。从调查中得知,我国部分农村老人选择跟一个已婚子女过,也有选择"空巢"或"单过"的,有此选择大多出于不愿打扰子女生活,同时透露出老人孤独凄凉的味道。从被访村民中得知,几乎所有村民都是居家养老,即儿女养老和自主养老,他们希望政府的养老政策力度更大一些,以减轻农村孝亲养老的压力。

(四)乡村家庭道德教育实践弱化与缺失

乡村家庭成员的思想道德素质和家庭道德教育水平是衡量农村教育发展和教育整体发展的标准之一。传统中国乡村非常重视家庭道德教育,大量教育内容都体现在家训族规、乡规民约中。虽然近年来乡村社会发生了一些变化,但是家庭道德教育仍处于重要的地位。从本次调查来看,几乎每位深度访谈对象都谈到了教育的重要性,愿意尽最大努力送自己的孩子到县城或镇上接受更优质的教育。受访村民大多数认为应该重视孩子的道德教育,对其认知程度很高,但实践中却忽视家庭道德教育,导致乡村家庭道德教育实践弱化与缺失。

村民在回答"您认为农村小孩的家庭教育应重视哪些方面的内容?"时,七个村村民选择"思想品德教育,懂道理孝敬父母"选项的比率达36.4%,在所有选项中最高(详见图1-2-3)。

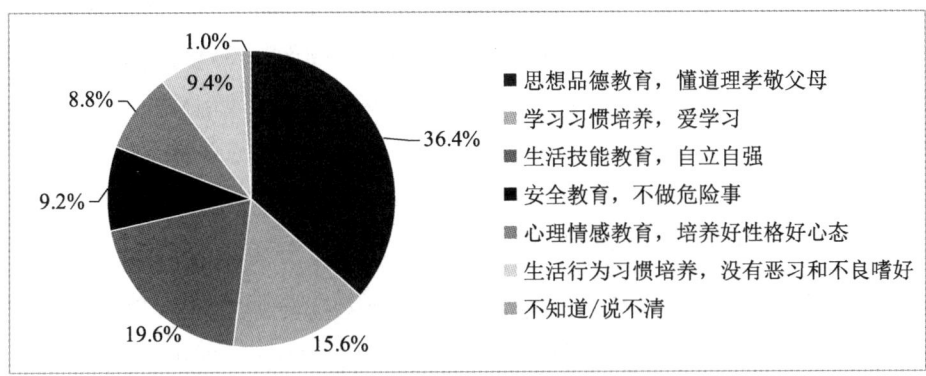

图1-2-3 您认为农村小孩的家庭教育应重视哪些方面的内容?

由此可见,村民都认识到家庭道德教育应放在首位。然而由于村民生活水平不高,农活负担重,为了增加家庭收入,大多数村民一年忙到头,几乎没有空闲的时候。即使父母有时间,他们更关注的是孩子的成绩和升学,很少涉及孩子的道德教育。村民对孩子的思想品德教育的重要性仅仅停留在认知上,在实际行动中并没有时间和精力顾及。此现象从深度访谈中也得到印证,辘辘村有村民表示:

> 我们这边的家长对孩子的教育问题关注不多,尤其是在外打工的父母,他们都不怎么管孩子,我们老师也会给他们打电话沟通,但是他们通常都以工作忙为理由将责任推卸到爷爷奶奶身上。我们这里的家长也不怎么关注孩子的素质教育,很少去上舞蹈、画画等兴趣班。
> ——2017年7月20日16:00—16:30在辘辘村村委会会议室与幼儿园教师LHX的访谈

由此可以看出,这一类被送到"学生之家"托管和父母在外务工、完全留守在家的孩子,平时几乎缺乏家庭道德教育。因忽视孩子的道德教育,我国家庭和社会已经付出了沉重的代价。2018年12月,湖南接连发生两起未成年人因父母未能满足自己的要求而杀害亲生父母的案例,造成恶劣影响。孩子出问题,责任更多在家长。这两起案件的发生有多种原因,但有一个重要且不容忽视的原因就是家长对孩子缺少真正的陪伴与心灵的沟通,父母或溺爱或暴力,平时教育最多停留在问问学习成绩层面,很少与孩子进行思想情感交流。接二连三发生的未成年孩子凶残弑亲的惨案,已敲响了警钟,家庭道德教育实践乏力,遗祸无穷,为避免悲剧再次上演,加强乡村家庭道德教育势在必行。

(五)乡村性伦理开放宽容

中国传统乡村社会村民对"性"问题一般避之不谈,他们认为其不可登大雅之堂,故意避讳,老一辈人更是"谈性色变"。当今社会改革开放,各种思潮涌入中国,农民同样受到影响,村民的思想发生变化,这也表现在对"性"问题的看法上。从总的趋势看,村民对于婚前性行为和婚外性行为均呈现出开放宽容的态度,但两者有区别。村民们对婚前性行为更宽容,七个村的村民对其反对的比率为 24.9%;而对于婚外性行为,村民的态度较严苛,反对比率为 56.6%,比前者高出一倍多。村民在回答"您如何看待婚前性行为?"时,有 18.4%的村民认为"属于个人隐私不做评论",17.9%的村民认为"双方愿意无可厚非",8.0%的村民觉得"满足感情需要可以理解",12.5%的村民选择"可以理解,但不会做",4.9%的村民认为"确定结婚可以",共计有 61.7%的村民认为可以理解,即大多数村民已默认婚前性行为的合理性(详见图 1-2-4)。

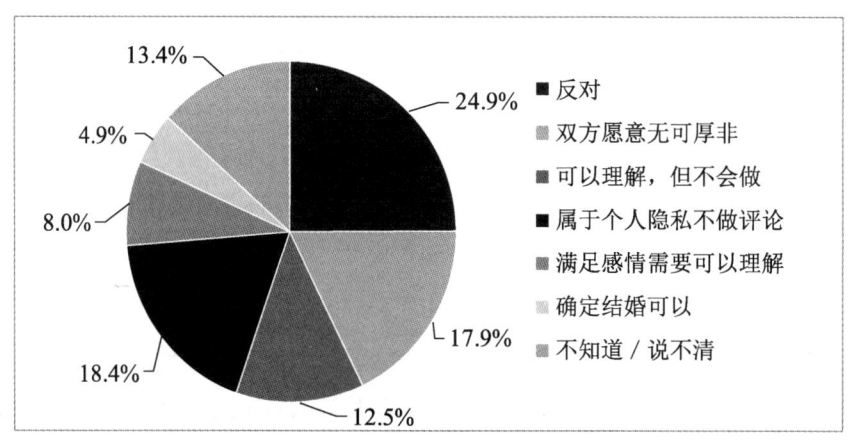

图 1-2-4 您如何看待婚前性行为?

从年龄上看,18—35 岁的年轻村民更能接受婚前性行为,认为"属于个人隐私不做评价"的比率在三个年龄段中最高,达到 26.9%;36—55 岁的中年村民认为"属于个人隐私不做评价"的比率为 16.9%;而 56 岁以上的村民最不能接受婚前性行为,他们中认为"属于个人隐私不做评价"的比率仅为 4%,而反对的比率最高,达到 35.4%。由此可以看出,年龄越小的村民对婚前性行为越宽容。

在调查村民"您如何看待婚外性行为?"时,七个村村民也持较宽容的态度(详见表 1-2-2)。选择"属于个人隐私不做评论"(11.9%)、"互相愿意无可厚非"(5.7%)、"满足感情需要可以理解"(4.8%)、"可以理解,但不会做"(6.6%)等选项的村民也占一定比例,但宽容度不及"婚前性行为"。

表 1-2-2　您如何看待婚外性行为?

	选项	数量/人次	有效百分比/%
有效问卷	反对	456	56.6
	互相愿意无可厚非	46	5.7
	可以理解,但不会做	53	6.6
	属于个人隐私不做评论	96	11.9
	满足感情需要可以理解	39	4.8
	不知道/说不清	115	14.3
	总计	805	99.9*

＊统计数据时对百分号前的数值进行了四舍五入,仅保留 1 位小数,从而造成各选项数值之和大于或小于 100% 的现象。

从性别上看,男性对婚外性行为的态度比女性更开放宽容,女性表示完全反对的比率为 61.4%,而男性表示反对的占 51%。从年龄上看,18—35 岁的年轻村民更能接受婚外性行为,认为"属于个人隐私不做评价"的比率在三个年龄段中最高,达到 23%;36—55 岁的中年村民认为"属于个人隐私不做评价"的比率为 12%;而 56 岁以上的村民最不能接受婚外性行为,他们中认为"属于个人隐私不做评价"的比率也是 12%,但反对的比率最高,达到 67.5%。由此可以看出,年龄越小的村民对婚外性行为也越宽容。这可能与他们受西方性自由的思想影响比年长者更大有关。我们的调查结果与徐安琪等的调查结果一致，他们的结论也表明年龄与婚前性行为的宽容程度呈显著负相关，年纪越轻的被访者态度越宽容①。

村民性伦理开放宽容也体现在对女性离婚和老人再婚的看法上。传统社会女性没有离婚自由，社会要求女性"守贞节"，所谓"一女不事二夫"。如今村民对女性离婚的态度已悄然改观。访谈中，赵家湾村的一位村民告诉我们：

> 我们这里大男子主义不严重，没有家暴现象。村子里如果女性离婚了，很少会有人说闲话，现在社会离婚比较正常。离婚后也有再重新组合家庭的，还比较好。
> ——2017年7月14日11:00—11:20在赵家湾村村委会办公室二楼与村委会委员HDF的访谈

访谈中发现大部分村民可以接受女性离婚和老人再婚，村民对"性"问题要求不及以前严苛，更显开明。

（六）乡村生育伦理新旧交织

生育伦理，即夫妻繁衍后代行为观念的道德要求及其道德评价。② 不同社会有不同的生育伦理。重男轻女、多子多福、传宗接代和养儿防老是传统生育伦理的核心内容。对于传统中国农民来说，孩子是一生奋斗的动力。贺雪峰认为对于普通人而言，婚姻的本体价值即"不孝有三，无后为大"的传宗接代，就是上对得起祖宗，下对得起子孙。③ 在问卷调查中，对于"您认为生养孩子的首要目的是什么？"问题的回答，部分村民选择了"老了有依靠"（30.4%）和"生男孩以传宗接代"（10.7%）。访谈中，赵家湾村一位村民告诉我们：

> 农村跟城市不一样，很多人想生个儿子，就是代代相传，把香火

---

① 徐安琪等：《转型期的中国家庭价值观研究》，上海社会科学院出版社2013年版，第147页。
② 朱贻庭：《应用伦理学辞典》，上海辞书出版社2013年版，第581页。
③ 贺雪峰：《农民价值观的类型及相互关系——对当前中国农村严重伦理危机的讨论》，《开放时代》2008年第3期。

传下去,生两个女儿,没有继承人,女儿出嫁了,有时候闹起矛盾来,人家骂你没有儿子要绝代。

——2017年7月14日10:00—11:05在赵家湾村村委会办公室二楼与低保户LJL的访谈

这些都是传统生育伦理的真实体现。由此说明时至今日,在部分村民心中"传宗接代""养儿防老"的传统思想还很严重,传统的乡村生育观对村民的影响仍然非常大,要改变传统的生育观还有相当漫长的路要走。

但从整体上而言,我国现代社会的生育伦理发生了变化,其核心内容为适度生育、男女平等和优生优育等。从调查结果不难看出,村民对于"您认为生养孩子的首要目的是什么?"问题选择最多的是"家庭完美"(34.3%),其他依次为"活着有意义"(7.3%)、"为社会尽义务"(6.9%)和"感情的寄托"(6.2%)等选项。由图1-2-5可以看出,七个村的村民选择"生男孩以传宗接代"的比率并不高,说明村民的生育伦理观念悄悄发生了改变,很多村民已接受"生男生女都一样,女儿也是传后人"等进步的生育观,他们认为生育孩子的主要目的不再是为了续接香火,而是可以给自己的生活带来情趣和精神意义。当然,还是有部分村民把是否生儿子、传宗接代看得很重要,说明传统生育伦理在乡村还占一定比例,不可能在短时期内消失,但正在逐步弱化。因此,我国乡村生育伦理呈现出新旧交织的状况。

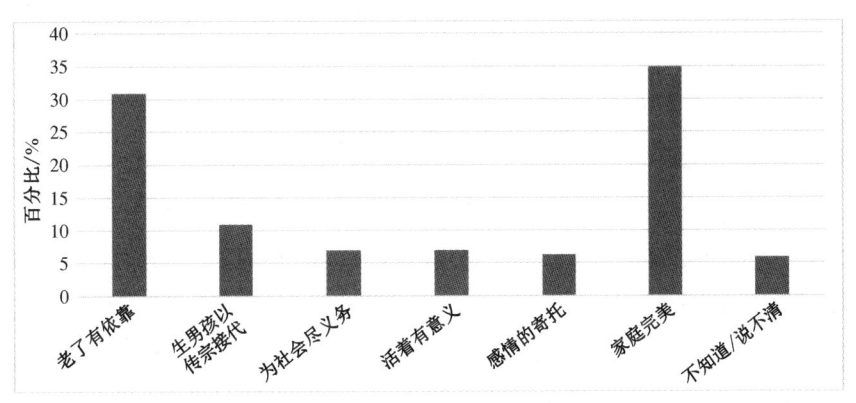

图1-2-5　您认为生养孩子的首要目的是什么?

二、影响当代乡村家庭伦理的成因

当前乡村家庭伦理现状由家庭财富重心和话语权、社会调控力量、村民自身素质三个方面的因素共同制约而成。因此,对家庭伦理现状进行原因分析,需要从这三个维度进行阐释。

(一)乡村家庭财富重心和话语权转移

改革开放以后,青年农民大多进城务工,部分村民掌握了专业技能,在村里发展规模种植或养殖,他们正逐步摆脱小农经济的束缚,乡村社会也向开放、现代和多元急速转变。乡村家庭关系逐渐由伦理本位向经济本位转变,无论在夫妻之间还是亲子之间,出现"谁对家庭的经济贡献大,谁的话语权就多"的现象,导致乡村家庭财富重心和话语权转移。主要表现在以下两个方面:

第一,乡村家庭财富重心和话语权下移。近年来,随着乡镇工业的发展以及农民涌入城市,乡村家庭收入结构已发生显著变化。一些农村流行"在家种田,不如外出挣钱;要想奔小康,必须背井离乡"等观念,说明传统农业的生产经营理念已不能跟上时代的要求,具有丰富生产经验和社会经验的老辈人对农业生产的指导意义基本丧失,他们难以具备现代工业生产所需的能力。年轻一辈由于受到较好的学校教育,思想观念相对超前,能够更好地适应社会,他们可以凭借自己健壮的体力和灵活的头脑参与到城市的各项生产和建设中,快速增加家庭收入。子女财富的增多,势必促使子女在家庭中话语权增大,逐渐主导家庭话语权。而父辈的农事经验价值丧失,且观念陈旧,不易接受新生事物,导致年轻一辈对老一辈不够尊重。

第二,乡村家庭财富重心和话语权平移。主要体现为女性家庭经济地位和决策权的上升,婚姻家庭中女性从属地位发生巨大变化。近年来,农民务工潮的兴起,使得男性村民走出家门,家庭事务全权交给妻子,进一步增强女性在家庭经济和家庭决策权中的地位,乡村妇女的权益和家庭地位得到较大提升。绝大部分农村地区妇女在家庭中管钱管物,妇女当家成为普遍现象。甚至有农民说妇女不只是顶半边天,而是整个天空。加之农村婚姻市场中的女性数量不足,再一次增加了女性在婚姻家庭中的筹码。随着现代婚姻家庭观念的树立,夫妻感情成为婚姻维系的主要因素,这些都不同程度地增强了女性在婚姻家庭中的话语权,重大家庭事务由夫妻共同商量的比例不断上升,夫妻共同参与已成主流。这在第三期中国妇女社会地位调查数据中也可得到印证:在"家庭投资或贷款"的决策上,由夫妻共同商量及主要由妻子决定的比例达74.7%,在"从事什么生产/经营"和"买房、盖房"的决策上,妻子参与决策的比例为72.6%和74.4%。① 女性经济地位的提升和话语权的增强势必会促使婚姻家庭伦理关系出现新的动向和要求,女性渴求自身个性的解放,追求个人情感和个人价值的实现,希望在家庭中获取平等地位,由此导致乡村生育伦理出现新变化和亲子伦理失衡等现象。

(二) 社会道德调控力量弱化

中国乡村家庭伦理领域出现各种不和谐状况,还有一个重要原因即社会道德调控力量弱化,这主要表现在两个方面:

一是国家行政力量对社会道德的调控弱化。新中国成立初期,我国政府的社会治理模式高度集中和统一,此时社会调控力量很强,个人感情和家庭生活完全服从于国家的需要,人们的家庭生活出现政治化、革命化的趋势,婚姻家庭稳定性较高。改革开放之后,国家对婚姻家庭的政治化干预日趋弱化,婚姻家庭领域逐步摆脱革命化的倾向,归于个人私生活领域,这使得婚姻家庭领域的自由度提高,国家的行政调控力量减弱,加之个人自律能力不强,导致乡村婚姻家庭中一些不道德现象涌现。

二是社会舆论对道德调控的弱化。传统的中国乡村家庭以扩大家庭或联合家庭为主,村民的行为受家规族训和乡村舆论的约束,社会舆论调控力量较强。改革开放以来,成年子女结婚成家后,从主干家庭中分家出去单过,村民大多只关心自己的小家,很少管别人家的事情,大家族成员"家族""家产"和"祖业"等观念正在淡化,家族及社会舆论的调控力量已基本丧失。再加上村民外出务工较多,大多数村民几乎未生活在同一舆论氛围中,传统乡村熟人社

---

① 第三期中国妇女社会地位调查课题组:《第三期中国妇女社会地位调查主要数据报告》,《妇女研究论丛》,2011年第6期。

会的监督无法进行,也使一些不道德现象有了滋生的环境。

(三)部分村民自身道德素质低下

我国乡村家庭伦理领域出现各种道德问题,究其根本原因是村民自身道德素质低下。一是由于部分村民一直以来受困于地域条件,生活在相对封闭的环境中,很难接触到新思想,而且村民文化水平有限,导致固守传统落后的家庭伦理观念,跟不上新时代的步伐。从本次调查数据来看,调查对象当中从未受过正式教育的村民占 13.5%,小学文化程度的占 27.4%,最多的是初中文化程度 309 人,占 36%,初中及以下文化程度者合计占比 76.9%。由于受教育水平低,他们分辨不清哪些是需提倡的先进家庭伦理思想,哪些是该摒弃的落后观念。如,部分村民的生育伦理带有较重的封建色彩,有强烈的男孩偏好,千辛万苦生育男孩,仅仅为了"传宗接代"和"养儿防老"。

二是村民受市场经济的负面效应和错误思想的影响。随着市场经济的发展,我国农村也被卷入市场经济的浪潮中,部分村民外出进城务工,智能手机和网络的普及使村民受到错误思潮的侵蚀。具体表现在亲子伦理中,村民更注重权利,忽视义务,出现代际剥削,亲子关系失衡;婚恋伦理方面,选择恋爱对象时注重对方的外在物质条件和社会地位,忽略个人品德,婚姻生活中责任意识淡薄,个人主义增长;家庭道德教育方面,重视孩子的学业和成绩,忽视对其进行思想品德教育。我们认为,要促进农村家庭伦理的进步,提升村民个体自身的道德素质是关键。

三、完善乡村家庭伦理的道德实践

家安则国顺。良好的乡村家庭伦理道德实践是多方协调运作的结果,完善乡村治理离不开家庭伦理建设。针对当前乡村家庭伦理现状及其成因,可以从加强乡村婚姻家庭伦理制度化建设,推行"德治"以形成良好的乡村社会舆论氛围,加强教育培训、提升村民道德自律能力三个方面着手,推进中国现代乡村家庭伦理建设,促进村民建设美满婚姻和幸福家庭。

（一）加强乡村婚姻家庭伦理制度化建设

我国现行的婚姻家庭制度对个人在婚姻家庭中的权利保护不够,维护婚姻家庭伦理实体地位的制度条款相对不足,仍有一些不完善的地方。因此,给予婚姻家庭伦理制度化保障,是现代乡村家庭伦理建设的必然要求。从目前来看,农村养老力量太过单薄,养老的社会福利机制、老人互助和自助组织缺乏,政府需要加强乡村养老伦理制度建设,这是当前乡村家庭伦理制度化建设的首要任务。

首先,需健全乡村养老保险制度。健全乡村养老保险制度对乡村老人十分重要,老人们只有在其老年生活有所保障的情形下,才能安享晚年。养老保险制度主要是由国家和社会承担的养老项目,虽然农村社会养老保险制度已经普及,并且加大了保障的金额,但是这种福利养老与家庭养老之间缺乏内在的沟通,要促进家庭孝养伦理的践行,还应将养老保险金发放额度与家庭孝养行为结合起来,通过物质和荣誉的激励,促使养老保险金成为支撑家庭孝养伦理的经济力量。①

其次,建立乡村失能老人照料制度。农村失能老人照料制度,是农村老人养老的最后屏障。从调查中得知,不少农村老人最大的忧虑是担心自己失能后无人照顾。设立农村失能老人照料制度可让失能老人得到最起码的道义关怀,也能在一定程度上解除老人和家庭的后顾之忧。设立失能老人照料制度,可从三个方面做出努力。一是完善农村敬老院制度。完善农村敬老院的运行制度,既能缓解农村敬老院的人口压力、经济压力,又能缓解家庭养老压力。二是设立村委养老互助制度。当前村委养老只是个别村庄正在探索实施的,绝大多数村委还没有建立起相应的制度和组织。村委养老便于对老年人的服务管理和半失能老人的照顾,村委制定和设立养老制度和机构是农村养老的必然趋势,这是乡村社会治理的必然要求。三是完善家庭照料失能老人补贴制度。不少农村家庭因为失能老人出现照料贫困,需要给予一定程度的支助。

最后,完善农村老人社会服务机构体系。要提高家庭养老质量,政府和社会团体组织应提供相应的服务,需健全村委老人健康医疗保障服务、创建老年

---

① 张翠莲、李桂梅:《试论当代乡村家庭伦理制度化建设》,《道德与文明》2017年第5期。

人活动协会和加强老年人的技能文化服务培训等。农村老人健康知识缺乏,健康观念淡薄,应加强村委健康保障咨询服务,为农村老人提供健康指导,提高其健康意识。创建老年人活动协会,可促进老人之间的联系和交流。乡村建设中可以充分发挥老年人的力量,给其提供相应的培训服务,使其为乡村建设发挥余热,增强老年人的自信、自尊、自立、自强。

总之,建立以政府为主体、家庭为基础、村委为平台、老人自助为补充的农村养老社会资源网,实行家庭、村委和社会相结合的综合养老模式,能较大程度地解决乡村老人的养老生活问题。此外,政府还可通过行政手段,加大对乡村不孝行为的惩戒力度,将不孝子女纳入个人品德考核评价体系,对其未来职业晋升实行一票否决,使其与档案管理和全国法院失信人员名单挂钩,从法治层面约束不孝行为。

(二) 推行"德治"以形成良好的乡村社会舆论氛围

我国建设现代乡村婚姻家庭伦理,仅靠制度不能达到良好的效果,因为制度过于刚性,在农村中实施有其局限性。因此,还需在农村推行"德治"以形成良好的乡村社会舆论氛围。"德治"主要依靠培育农民的社会主义核心价值观,提高农民的思想道德素质,树立乡村道德模范,传承优秀家规家训和乡规民约等中华优秀传统文化。我国建设现代乡村婚姻家庭伦理体系,首先需传承良好家规家训。优秀家规家训蕴含人生智慧和道德精神,是儒家经典思想的诠释,是家族成员在各种家族活动中应遵守的行为规范,也是家族祖先或长辈对晚辈后人的训示,在本家族内具有较强认同基础,可以对家族成员进行有效约束。我国古代有《朱子家训》《颜氏家训》和《曾国藩家训》等,这些名人家训内容丰富,说理性强,对家庭成员有实际的教育意义。引导家族成员时刻谨记良好家风家训,长期受其浸润、习染,形成良好品行,这已成为家庭伦理传承的有力支撑。

其次,设立村规民约,融入村民生活。村规民约虽不如国家法律的强制性,但在乡村社会却是村民在行为规范方面所达成的共识,村民如果违背乡规民约,就背离了乡村的公序良俗。村规民约必须维护家庭的人伦情义,捍卫家庭伦理的底线。村规民约要求必须给予父母基本的生存保障,禁止对父母辱骂、嘲讽,禁止伤害父母尊严;规定夫妻相互忠诚,相互扶持,共同维护家庭和谐;规定禁止打骂虐待未成年子女,禁止对年幼子女不管不问,要求父母尽心尽责履行好职责,为子女创造良好的教育条件。村规民约在惩恶扬善、移风易俗、推进家庭伦理建设中有着独特的作用。

(三)加强教育培训,提升村民道德自律能力

加强教育培训,是提升村民道德自律能力的重要手段。近年来,村民深受各种思潮影响,加之文化水平有限,对现代婚姻家庭伦理的规范和要求缺乏正确认识,导致农村婚姻家庭伦理出现各种问题。通过教育培训,引导村民树立正确的婚姻家庭伦理观,家庭关系将会得到改善。对村民的教育培训,可从以下两个方面入手:

一方面,在乡村开展文明家庭创建活动,营造崇德向善的社会风气。乡镇政府和村委是建设乡村家庭伦理的组织力量,可以借助其资源和优势,邀请专家和文明家庭模范代表人物来村里的"道德讲坛"开讲,为村民宣讲现代家庭伦理,使村民受到现代家庭伦理观念的熏陶。定期组织村里或乡镇进行"十大孝贤""好媳妇""五好家庭"和"孝文化村"等评选活动,让村民在这些实践活动中自我反思、自我激励和自我调节,使他们在活生生的现实图景中受到极大感染,接受正确的家庭伦理观念,并使之逐步内化为自身的道德品质。

另一方面,通过网络载体,构建乡村网络家庭教育平台。网络载体的特点是覆盖面广、传递迅速、时效性强、其影响具有增殖力。网络载体可使村民在广泛接触社会信息的同时,接受婚姻家庭伦理教育,让先进的文化占领思想阵地。当今中国乡村大多数村民都是网络和智能手机用户,可通过这一载体快捷地向村民宣传家庭伦理道德规范,播放有正能量的家庭伦理剧,传播积极向上、有教育意义的家庭伦理节目,形成积极强大的家庭伦理教育"舆论场",从而为婚姻家庭伦理教育营造良好的氛围。还可在线上对村民进行免费的婚姻家庭伦理、婚姻家庭法律及其他相关知识的咨询和培训,让村民学习家庭经营理念和技巧,接受进步的家庭伦理思想,摒弃错误观念,提升村民的道德自律能力。

执笔人:李桂梅、贺智慧

第三节
专题二：中国乡村经济伦理研究调研报告

中国传统社会是一个农业主导型社会，费孝通曾经指出："从基层上看，中国社会是乡土性的。"①从这个意义上讲，处于传统社会中的中国就是一个大乡村。随着现代工业的迅速成长，中国形成了以城市为主导、城乡二元并进的基本发展格局，中国乡村曾经沦为中国城市发展的背景。在现代化浪潮中，中国乡村开始了非常痛苦也非常神奇的发展之旅。一方面，中国乡村为城市现代化提供了巨大的人力物力支持，不仅仅是剩余的农产品和各种物质资源，更重要的是城市工业不可或缺的、数量庞大的劳动力资源。另一方面，中国乡村也开启了从传统乡村走向现代乡村的艰难旅程，一个个自给自足的封闭村庄逐步发展成接轨现代市场的美丽乡村。可以说，在当前的现代化浪潮中，中国乡村已经重新崛起，已经形成与中国城市既相互区别又相互支持的独特力量和别样风景。在这样的背景下，研究中国乡村经济伦理，对于中国乡村乃至整个中国社会的经济发展和道德建设都具有非常重要的意义，对于世界现代化发展也具有非常重要的启示价值。

一、田野调查的基本情况

国家社会科学基金重大招标项目"中国乡村伦理研究"课题组于 2017—2018 年先后对湖南郴州西岭村、湖北黄冈赵家湾村、甘肃定西辘辘村、江西抚州下聂村、江苏无锡华宏村、山东济宁王杰村、广东湛江林屋村进行了田野调查。此次调查分为问卷调查的定量研究和深度访谈的定性研究两个部分，共收回有效问卷 805 份，并与 74 位村民进行了深度访谈。

---

① 费孝通：《乡土中国》，人民出版社 2015 年版，第 1 页。

二、乡村经济及其伦理困境

（一）振兴乡村：要道德还是要经济

振兴乡村是一个全面目标，它要求乡村在经济、政治、文化、社会和生态等每一个方面都得到快速提升。对于乡村经济伦理来说，一个非常重要的问题就是：振兴乡村到底是要提升道德还是要发展经济？在一次访谈中，一位村干部说：

> 社会风气方面，准确地说从经济方面考虑的会多一些，功利性强一点儿。以前大家都差不多，现在差距大了，交际圈变了，经济搞得好的愿意与那些搞得好的人交往，有他们的圈子，你没达到他们的收入水平，走入他们的圈子很难。
> ——2017年7月9日14:30—15:55在西岭村村委会办公室与乡镇基层公职人员LXH的访谈

在改革开放之初，随着市场经济的全面发展和私营成分的不断增加，"个人正当利益"概念得到社会普遍认可，我国曾经出现过一种道德"代价论"观点，认为"经济的发展必然要付出道德堕落的高昂代价"①。当乡村开始步入现代化进程之后，这个问题再度在乡村出现：乡村发展到底要更重视"经济"还是更重视"道德"？对于这个问题，学界早已给出了定论，国家也早已明确了思想。从"科学发展观"到"新发展理念"，已经非常明确地指出：社会发展不能是"片面发展"，而应该是"全面发展""协调发展"。所谓"全面发展"就是不能只发展一个方面，而牺牲其他很多方面。从这个意义上讲，"以经济建设为中心"并不是"唯经济论"，更不是"唯GDP主义"，而是指在社会发展的特殊阶段，五大建设任务中的经济建设是中心，是关键，相对其他建设来说更为迫切。经济建设搞上去了，可以为推动其他建设提供非常重要的基石。邓小平同志

---

① 谢洪恩：《对道德适应关系的辩证思考》，《哲学研究》1990年第3期。

的"两手抓、两手都要硬"就已经把这个问题说得非常清楚了。习近平同志在说明"全面共享"时指出:"共享发展就要共享国家经济、政治、文化、社会、生态各方面建设成果,全面保障人民在各方面的合法权益。"①试问:没有全面发展,哪里能够实现全面共享?

在全面建成小康社会的今天,这个问题的答案已经更清楚了。小康社会意味着什么?至少意味着基本的物质生活需求都能得到基本的满足。城市如此,乡村如此,每一个人都如此。在基本物质生活需求已经能够得到全面满足的今天,经济建设已经远远不如改革开放之初那么紧迫,经济、政治、文化、社会和生态建设更有条件全面发展。从这个意义上说,当今中国乡村经济伦理既不要"唯经济论",也不要"唯道德论",而是既要经济又要道德,要实现经济与道德的共同发展。

(二)商品经济下农民的致富欲望

改革开放之后,中国农民经济生活最根本的变化就是从自然经济转向了商品经济。千百年来,中国农民的"重利"本性没有发生根本性的改变,不过这种本性在自然经济中受到了一定程度的抑制,在商品经济中却得到了彻底的解放。在生存导向的自然经济中,从事生产活动的根本目的是满足家庭的生存需要,"利"体现为由各种生活资料构成的"物",对"物"的追求极限就是所有生存需要的全部满足。但在市场导向的商品经济中,从事生产活动的根本目的是满足市场的消费需求,"利"体现为可以转化成一切财富的"钱",对"钱"的追求则没有极限。在访谈中,当问及"现在你们农村的彩礼是多少?"时,一位村民详细地向我们讲述了他们村彩礼的风俗以及不成文的礼金要求:

> 我们这里也有彩礼,男方要得多,女方也要得多,有老板家女儿结婚给80多万的,不过一般是给十几万,这要根据自家条件。现在也讲门当户对,老板找当老板的。结婚出份子要看情况,一般1 000到2 000元,大家还是看重礼轻情意重。频繁出礼也觉得压力

---

① 习近平:《习近平谈治国理政》第2卷,外文出版社2017年版,第215页。

大,我弟兄姊妹多,一年要10万多出礼。人送给我,我送给人,礼尚往来。

——2017年8月20日14:30—15:30在华宏村村委会与退休教师ZYS的访谈

在市场经济中,"货币伦理"是这一阶段的基本行为准则。① 也就是说,在自然经济中,中国农民的重利欲望被束缚在有限的生存需求上;而在商品经济中,生存需求的束缚被解除了,越多越好的财富观解放了中国农民的致富欲望。当被问及"如果有可能赚钱的机会,您会如何做?"这一问题,七个村庄中选择"想尽一切办法去赚,但会遵纪守法"的人数比例明显多于选择其他选项的(详见表1-3-1)。

表1-3-1 如果有可能赚钱的机会,您会如何做?

	选项	西岭村	赵家湾村	辘辘村	下聂村	华宏村	王杰村	林屋村
有效百分比/%	只要赚到钱就行,其他的暂不考虑	5.6	13.2	8.7	13.8	9.4	2.6	9.8
	想尽一切办法去赚,但会遵纪守法	66.7	57.5	48.1	64.9	65.4	68.4	62.8
	赚钱往往有风险,还是安稳点好	21.1	23.6	29.8	10.6	20.5	23.8	17.1
	其他	3.3	1.9	4.8	2.1	3.1	2.6	5.5
	不知道/说不清	3.3	3.8	8.6	8.6	1.6	2.6	4.8
	总计	100.0	100.0	100.0	100.0	100.0	100.0	100.0

由此可见,从自然经济跨入商品经济,中国农民的追求对象从"物"换成了"钱",其结果是:千百年来受到抑制的重利欲望得到了极大解放,中国农民对金钱、财富的欲望不断膨胀。中国农民致富欲望的解放具有双重意义:一方面,它在一定程度上解决了中国的"韦伯问题",致富欲望被解放的中国农民具有类似韦伯所说的天职精神,这种劳动天职精神为我国的经济发展提供了巨

---

① 徐勇、邓大才:《社会化小农:解释当今农户的一种视角》,《学术月刊》2006年第7期。

大动力;另一方面,它带来了新的"贪婪问题",致富欲望被解放的中国农民也会像资本家一样,"一旦有适当的利润,资本就胆大起来"①,既有可能打碎传统道德的束缚,也有可能无视现代法律的约束。

(三)致富欲望下的生态意识

从自然经济进入市场经济,"物"变成了"商品",变成了"货币",乡土世界的意义也随之发生变化。在传统社会中,自然(乡和土)具有双重功能:既是农民生存的依靠,又是农民栖居的家园。由于生产力相对落后,农民支配和改造自然界的能力相对有限,这两种功能在农民的生活中能够和谐共存。但进入市场经济之后,得益于工业社会发达的科技手段和通畅的商业网络,农民征服和改造自然界的能力迅速提升,自然作为致富工具的意义被急剧突出,远远超过了它作为栖居家园的意义。在致富欲望被极大激发的农民看来,原来作为栖居家园的自然界越来越呈现出财富的外貌,绿水青山变成了金山银山,乡土变成了发家致富的重要资源。

调研中,对于"您认为环境保护和经济发展哪个更加重要?"这一问题,七个村庄中除下聂村和王杰村外,选择"都很重要"的比例最高,分别是西岭村59.6%、赵家湾村41.9%、辘辘村42.9%、华宏村46.9%、林屋村35.8%(详见表1-3-2)。这说明农民会不自觉地把生态和经济联系到一起,即把绿水青山变成金山银山,把乡土变成发家致富的重要资源。

表1-3-2 您认为环境保护和经济发展哪个更加重要?

	选项	西岭村	赵家湾村	辘辘村	下聂村	华宏村	王杰村	林屋村
有效百分比/%	环保更重要	24.7	40.0	18.1	40.2	44.5	45.1	28.4
	经济发展更重要	13.5	14.3	22.9	23.7	3.9	10.6	25.3
	都很重要	59.6	41.9	42.9	29.9	46.9	37.2	35.8
	都不重要	0	0	1.0	0	0.8	0	0.6
	不知道/说不清	2.2	3.8	15.1	6.2	3.9	7.1	9.9
	总计	100.0	100.0	100.0	100.0	100.0	100.0	100.0

---

① 《马克思恩格斯文集》第5卷,人民出版社2009年版,第871页。

在农民将环境保护与经济发展联系在一起的同时,他们原有的家园意识却在不断削弱。在传统社会里,家园的概念很广泛,既包括自己的家居和村落,也包括村落之外的田园和山水。但进入市场经济之后,家园的范围缩小了,原来诗意家园的一大部分现在变成了赚钱的工具。曾经的山水变成金山银山,不再是用来栖居的,而是用来致富的;出产商品的田野不再是真正的"衣食父母",而仅仅是提供货币的源泉。于是,原有的家园被分割成两个不同的区域:一方面是笼罩在财富之光下的山水田地,农民们一度"以牺牲生态环境换取一时一地经济增长"[1];另一方面是仍然保持家居功能的房舍,农民们始终在拓展住房的实用性、美观性和现代性。从总体上看,中国农民的家园意识在不断萎缩,现代生态意识还没有真正建立起来。

三、乡村经济现状的伦理成因

(一)小农经济的延续

两千多年来,中国乡村始终维持着自给自足的小农经济。除了租田佃地、赋税劳役之外,家家户户都过着自给自足的生活。生产力低下,生产工具落后,只能依靠基本的人力和畜力,迫使中国村民只能本着"生存至上""安全第一"的经济原则,努力"以稳定可靠的方式满足最低限度的人的需要"[2],极尽可能地勤劳节俭,极尽可能地利用一切可以利用的资源。自给自足、自产自销,家庭成为一个封闭的经济单位,基本上不需要与其他人进行经济合作与经济交往,村民们只具有极少的经济交往经验。长期依附在土地上,在固定的土地上获取生活资料,在代代相传的土地上生存繁衍,使得村民们具有深深的恋土恋乡情结。周晓虹教授指出:"乡土性是传统中国农业文明的底色,是传统农民的重要的心理与行为特征。"[3]

---

[1] 习近平:《习近平谈治国理政》第 2 卷,外文出版社 2017 年版,第 395 页。
[2] [美]詹姆斯·C. 斯科特:《农民的道义经济学:东南亚的反叛与生存》,程立显等译,译林出版社 2001 年版,第 16 页。
[3] 周晓虹:《传统与变迁:江浙农民的社会心理及其近代以来的嬗变》,生活·读书·新知三联书店 1998 年版,第 46 页。

即便是在步入现代化的今天,中国乡村仍然无法摆脱传统精神的束缚。市场经济来了,新的生产方式来了,新的经济合作方式来了,这些都带来了现代社会的新变化,但是,中国乡村至少有两个东西无法被根本改变。一个无法改变的是村民对土地的依赖。现代乡村的经济活动仍然必须在土地上进行,构成农业主要内容的农林牧副渔必须依赖土地和山川;现代乡村的家庭仍然必须建筑在土地上,基本的家庭生活和社会生活都必须在土地上进行。土地是无法迁徙的,这决定了现代村民仍然具有"安土重迁"的观念。另一个无法改变的是家庭及社会结构。尽管现代乡村存在着大量市场活动,但是,家庭内部的合作仍然是乡村经济活动的主体,家庭内部的关系仍然起着非常重要的作用。在一个自然村里,大多数家庭之间仍然存在着一定的血缘关系,大多数村民往上回溯多少代都共有一个祖先。在经济交往中,村民们仍然倾向于与有血缘亲情关系的人合作。也就是说,即使在今天,土地和血缘仍然在乡村经济生活中扮演着非常重要的角色。这种血缘和地缘关系在经济互助活动中体现得非常明显,王铭铭教授曾经指出:"真正有互助行为的家户,一般有特定的关系。在地方社会互助中,通常有三类关系被卷入,它们的名称是'堂亲'(由家族房份聚落界定的族亲关系)、'亲戚'(由婚姻界定的关系),以及'朋友'(或相对于'生人'的较为亲近的'熟人',包含结拜关系)。"[①]在访谈过程中,一位村民告诉我们说:

> 做生意收入还可以,一年差不多有 10 万块钱,能过日子就行。现在好多了,经济宽松了,真正要说特别贫困的没有,"五保户""低保户"国家都有照顾,有些人出去打工,也有钱,欠钱的少。每年欠的钱到了下半年就差不多都还清了,剩下的超不过 5 000 到 1 万块钱,都能主动送来。也有欠掉了的,欠掉了也就算了,有的人死了就讨不回来,有的人欠钱欠了五六年没有还,然后我也不再去讨要了,就算了,懒得去过问了,只是以后我们生意也是做不成的了。
> ——2017 年 7 月 14 日在赵家湾村村委会办公室二楼与百货商店老板 LTQ 的访谈

---

① 王铭铭:《村落视野中的文化与权力:闽台三村五论》,生活·读书·新知三联书店 1997 年版,第 179 页。

与此同时,我们也发现村民在经济交往中更倾向于信任"熟人社会"。调研中,对于"如果有人向您借一万元,您会借吗?"这一问题,七个村庄中选择的前两项都是与熟人相关的。其中,选择"借,但只借熟人"的,分别是西岭村 30.7%、华宏村 38.4%、王杰村 40.7%;选择"借,但必须要打欠条,而且要找熟人担保"的,分别是辘辘村 24.8%、下聂村 20.6%(详见表 1-3-3)。

表 1-3-3　如果有人向您借一万元,您会借吗?

	选项	西岭村	赵家湾村	辘辘村	下聂村	华宏村	王杰村	林屋村
有效百分比/%	无论如何都不借	4.5	6.7	6.7	12.4	4.7	5.3	7.9
	借,但必须要打欠条	10.2	18.1	16.2	16.5	17.2	15.0	19.5
	借,但必须要到公证处公证	3.4	9.5	4.8	8.2	2.3	4.4	13.4
	借,只要熟人担保就可以,不用打欠条	11.4	17.1	14.3	11.3	14.8	11.5	7.3
	借,但必须要打欠条,而且要找熟人担保	12.5	20.0	24.8	20.6	14.8	12.4	9.8
	借,但只借熟人	30.7	20.0	23.8	16.5	38.4	40.7	17.7
	其他	11.4	3.8	5.7	8.2	3.9	7.1	11.6
	不知道/说不清	15.9	4.8	3.7	6.3	3.9	3.6	12.8
	总计	100.0	100.0	100.0	100.0	100.0	100.0	100.0

(二)市场诉求

现代化过程在很大程度上就是一个市场化过程。中国乡村的现代化过程就是从自给自足的小农经济向自由开放的市场经济发展的过程。从传统走向现代化,就是从独立封闭走向开放合作。在这一转化过程中,中国乡村重利求利的本性没有变,改变的是求利的方式。生产的导向变了,产品不再用于满足自己家庭的需求,而是用于满足市场和他人的需求。生产的关系变了,生产单位不再局限于家庭,而是开始与没有血缘关系,甚至是完全陌生的人合作。生产的能力变了,动力不再仅仅来源于自然(人力和畜力),而是更多地依靠现代科学和技术。生产的意义也变了,传统耕种纺织生活代表的就是人生,而现代经济生活更体现为赚钱的工具。可以说,从传统农村到现代乡村,从传统小农成为现代村民,从传统耕织到市场活动,以前套在村民致富头上的诸多束缚都被解除了。调研中,对于"您选择工作时主要考虑的是什么?"这一问题,七个村庄中选择人数最多的是"收入越多越好"(详见表1-3-4)。

表1-3-4 您选择工作时主要考虑的是什么?(最多选三项)

	选项	西岭村	赵家湾村	辘辘村	下聂村	华宏村	王杰村	林屋村
有效百分比/%	收入越多越好	21.6	30.6	32.8	26.9	24.7	30.1	28.1
	工作不能太累	9.0	12.4	8.7	12.6	5.4	10.2	12.9
	工作环境不能太差	9.0	11.5	7.1	11.4	10.9	11.0	10.4
	工作不能伤身体	17.4	12.9	19.1	18.0	13.8	12.7	11.5
	离家远近	9.0	14.8	7.7	10.2	11.3	10.6	7.2
	能否学到新本领	12.6	9.6	9.3	6.0	13.8	12.3	11.2
	有没有发展空间	15.6	5.7	7.1	7.8	18.0	7.6	14.7
	其他	1.8	0	1.6	1.1	0.8	2.1	2.5
	不知道/说不清	4.0	2.5	6.6	6.0	1.3	3.4	1.5
	总计	100.0	100.0	100.0	100.0	100.0	100.0	100.0

传统乡村经济更接近于家庭生活,而现代乡村经济更接近于市场生活。很显然,家庭生活的道德观念和伦理规则无法满足和适应市场生活的需要。传统农业依赖自然,强调经验;而现代经济更依赖科技,强调知识。这些知识并不是来自父辈或者自己的经验,而是来自农业科学家。家庭生活以血缘亲情为基础,通过血缘来区分人与人的远近亲疏;市场生活以供需关系为基础,更重视独立主体的平等权利。传统生活更重视"情",强调以"礼"来维系各种关系;现代生活更重视"利",强调以"法"来协调各种关系。王露璐教授总结了中国乡村治理中的"礼"与"法",她指出:"田野调查的结果显示,

'通过法律途径解决'所代表的法治秩序、'找熟人解决'的传统礼治秩序和'找村委员或村党支部解决'的新型礼治秩序,共同构成了当前我国基层农村解决利益纠纷的基本路径。"①从传统生活一步步走向市场生活,这要求现代村民逐步形成与市场经济相适应的道德观念,熟悉与市场经济相适应的伦理规则。

(三) 经济理性的限度

如果农民仍然存在,那么农民能否发展出市民的经济德性呢?答案是:中国农民能够发展出市民的部分经济德性,但不可能发展出市民的全部经济德性。一方面,农民与市民的根本区别在于其"乡""土"性,离开了乡土性,农民就不能成其为农民。作为农民居住和劳作的乡土,其最大特点是不可流动性。也就是说,农民不同于市民,他不能自由选择自己的居住地,也不能自由选择自己的职业。他就住在不可流动的农村,就从事面向土地的农业。乡土的不可流动性构成了农民经济德性的根源:不可流动的乡土上居住着相互更为熟悉的熟人,帮助、信任、交往必然带有浓浓的熟人色彩。这些东西是无法抹灭的。另一方面,农民与市民一样,也构成了市场经济的一部分。在市场经济中,农民必然用经济理性来进行经济选择,必然要用契约精神来进行经济交往,必然要借助现代科技来推进经济活动。这些市民已经发展出来的经济德性,必然同样地在农民身上发展出来。如果说"今后农村的出路既不在于纯粹的资本主义市场经济也不在于回归到原来的计划经济"②,那么中国农民经济德性的未来必然是传统经济德性与新兴经济德性的混合,其现代化意味只在于新兴经济德性能否超过甚至压倒传统经济德性。调研中,对于"在现代社会,您认为个人成功最需要的是什么?"这一问题,七个村庄中选择占比的前三项分别是:"能力""人品""人际关系"。(详见表 1-3-5)

---

① 王露璐:《伦理视角下中国乡村社会变迁中的"礼"与"法"》,《中国社会科学》2015 年第 7 期。
② 黄宗智、彭玉生:《三大历史性变迁的交汇与中国小规模农业的前景》,《中国社会科学》2007 年第 4 期。

表 1-3-5 在现代社会,您认为个人成功最需要的是什么?

	选项	西岭村	赵家湾村	辘辘村	下聂村	华宏村	王杰村	林屋村
有效百分比/%	钱	19.1	13.2	9.5	8.3	5.5	8.1	13.5
	权力	2.2	2.8	1.9	3.1	3.1	4.5	6.7
	能力	24.7	40.6	28.6	34.4	40.2	42.3	36.2
	家庭背景	3.4	5.7	10.5	3.1	3.9	1.8	1.2
	人际关系	10.1	14.2	11.4	19.8	13.4	4.5	12.9
	人品	16.9	8.5	21.0	4.2	22.0	25.2	13.5
	学历	7.9	4.7	7.6	11.5	1.6	6.3	7.4
	其他	2.2	0	1.0	0	0	1.8	2.5
	不知道/说不清	13.5	10.3	8.5	15.6	10.3	5.5	6.1
	总计	100.0	100.0	100.0	100.0	100.0	100.0	100.0

四、完善乡村经济的道德实践

(一)追寻乡村美德与经济正义

中国村民的经济美德具有三个主要特征。第一个是世俗性。村民不是统治者,不是知识分子,他们的视野比较狭窄,追求的目标非常简单,就是要一个安逸舒适的生活,比如说"老婆孩子热炕头"。所以,对中国村民来说,很大程度上是利重于义,是人欲高于天理。第二个是伦理性。梁漱溟认为中国社会是一个"伦理本位的社会"①,个体都是特定伦理实体的组成部分。这个特点在乡村体现得最为明显。在大多数社会活动(包括经济活动)中,中国村民不是以个人身份出现的,而是以家庭成员身份或家族成员身份出现的。家庭中的血缘亲情关系,对中国村民的经济美德具有十分重要的影响。所以,对中国村民来说,很大程度上是家庭或家族利益高于个人利益,不顾家庭利益的人在乡村很难立足。第三个是坚韧性。因为生产力比较落后,为了维持家庭的生存,

---

① 梁漱溟:《乡村建设理论》,商务印书馆 2018 年版,第 28 页。

中国村民必须付出非常艰苦的努力。因此,大多数中国村民都非常能吃苦,能够忍受恶劣环境,因而造就了勤劳节俭的优秀传统美德。在生产力水平低下的时代,人们要维持个人和家庭的生存,就必须勤劳节俭。华中师范大学徐勇教授的评价是:"是勤劳而不是技术扩张了中国经济的竞争力。"①调研中,对于"在下面的几种美德中,您认为哪个最为重要?"这一问题,七个村庄的选择中有两项占比遥遥领先,分别是:"勤劳",如西岭村33.3%、赵家湾村48.6%、辘辘村37.5%、下聂村37.5%;"诚信",如华宏村50.0%、王杰村47.3%、林屋村39.6%。(详见表1-3-6)

表1-3-6 在下面的几种美德中,您认为哪个最为重要?

	选项	西岭村	赵家湾村	辘辘村	下聂村	华宏村	王杰村	林屋村
有效百分比/%	勤劳	33.3	48.6	37.5	37.5	21.1	26.4	34.1
	节俭	2.2	7.5	11.5	11.5	6.3	6.4	5.5
	诚信	32.2	18.7	23.1	25.0	50.0	47.3	39.6
	宽容	4.4	2.8	3.8	2.1	4.7	10.9	6.7
	公正	7.8	4.7	8.7	9.4	7.8	3.6	6.1
	无私	0	0	1.0	0	0.8	0	1.2
	其他	1.1	0.9	1.0	2.1	0.8	1.8	0.6
	不知道/说不清	19.0	16.8	13.4	12.4	8.5	3.6	6.2
	总计	100.0	100.0	100.0	100.0	100.0	100.0	100.0

在中国传统社会,"经济正义"不成为一个重要问题。自给自足的小农社会中,家庭就是最基本的生产单位,家庭中的关系由血缘和亲情决定,每一个人都是家庭共同体中的一个成员,处于相对固定的家庭位置,承担一定的家庭角色。在家庭这个生产单位里,不存在经济正义问题。因为那里没有独立的个人利益,只有家庭的共同利益。所有的经济分工和合作,都以家庭为单位进行,这里几乎谈不上对个人利益的侵犯问题。此外,小农社会的自给自足性使得每一个家庭在经济方面基本上是自足的,因而在家庭与家庭之间的经济交

---

① 徐勇:《农民理性的扩张:"中国奇迹"的创造主体分析——对既有理论的挑战及新的分析进路的提出》,《中国社会科学》2010年第1期。

往非常少,一个家庭侵犯另一个家庭经济利益的情况也很少发生,只有极少数的土地纠纷、灌溉纠纷等。所以,从这个意义上说,"各人自扫门前雪,哪管他人瓦上霜"是中国传统村民的常态,经济正义不构成乡村经济生活中的重要主题。在访谈过程中,一位村干部这样说道:

> 村民生活条件越来越好,但人际关系方面并没有太大的变化,打架斗殴一直都比较少,有些纠纷主要来自土地地界的争议,这些矛盾通过村干部协调基本都能得到解决。村民调解纠纷一般还是找村干部,有的也会找村里德高望重的人,邻里之间因纠纷打官司的从来没有。我认为,只要是村民们眼界都开阔了,打工、外出等都会学到一些规矩,素质也都有所提高了,大家生活也都比以前有规划、有目标了。但是一般能出去的人都很少回来,(20世纪)90年代之后,村里的大学生明显增多,大部分都不回来,家长也都不愿让他们回农村。还是嫌农村收入少,还不稳定。
>
> ——2018年6月2日 11:38—12:26 在王杰村村委会图书室与村书记 WEG 的访谈

但进入现代社会之后,市场进来了,家庭作为封闭的经济单位被打破了。在越来越普及的经济合作与经济交往中,村民开始越来越多地以"个人"身份参与经济活动。在现代乡村经济活动中,血缘亲情的关系不再那么重要,更多没有血缘亲情关系的人成为经济合作对象。在这种经济合作中,每一个人都是独立的经济主体,都有自己独立的经济利益。每一个人都有可能侵犯他人的经济利益,也有可能被其他人所侵犯。进入市场状态的村民就像进入社会状态的自然人一样,最关心的事情就是"尽其可能地保护他的生命"①。在不需要利益分配的家庭经济中,经济正义问题几乎不存在;而需要利益分配的市场经济中,经济正义问题就成了头等重要的问题。可以说,经济正义问题构成了现代乡村经济伦理最重要的问题之一。

---

① [英]霍布斯:《论公民》,应星、冯克利译,贵州人民出版社2003年版,第8页。

（二）以经济发展促进道德进步

历史唯物主义告诉我们：经济属于经济基础，道德属于上层建筑，经济是道德的基础，它决定道德的基本内容。马克思、恩格斯在《德意志意识形态》中明确指出："不是意识决定生活，而是生活决定意识。"①从这个意义上说，乡村道德要进步，就必须以经济发展为基础。很难想象，一个经济发展非常落后的乡村能够拥有非常高尚的道德。千百年来，中国乡村都是一种传统乡村，从生产方式到生活方式都没有发生过根本性的变化，经济生产中的人际关系与家庭生活中的人际关系基本上是一致的。但进入现代社会之后，生产单位与生活单位逐步分离，以家庭为代表的血缘亲情关系不再占据主导地位，经济生活中形成的同事伙伴关系开始扩大影响。在这种情况下，乡村经济生活中的伦理关系会逐步摆脱血缘亲情关系的限制，更多地以经济活动对人际关系的要求为基础。

调研中，对于"您家经济收入的主要来源有哪些？"这一问题，七个村庄中选择占比较大的前三项分别是："种植""离家外出打工""打短工"。（详见表1-3-7）从中我们可以发现，农民的收入来源除了来自乡村，更多的是来自乡村之外的"打工"赚钱。

表 1-3-7　您家经济收入的主要来源有哪些？（最多选三项）

	选项	西岭村	赵家湾村	辘辘村	下聂村	华宏村	王杰村	林屋村
有效百分比/%	离家外出打工	26.2	21.7	10.8	32.3	22.2	11.2	31.9
	开矿开厂	0	3.2	0.7	3.0	0	0	1.7
	做生意	7.3	10.8	3.4	10.5	11.1	12.4	20.5
	种植	32.9	21.0	63.5	22.6	16.7	32.6	6.6
	养殖动物	2.4	5.7	1.4	0.8	11.1	0	1.3
	本地企业上班	5.5	15.3	0.7	9.8	27.8	7.9	16.2
	打短工	18.3	15.3	14.9	11.3	11.1	29.2	8.3
	其他	4.3	5.1	2.6	6.0	0	6.7	10.0
	不知道/说不清	3.1	1.9	2.0	3.7	0	0	3.5
	总计	100.0	100.0	100.0	100.0	100.0	100.0	100.0

---

① 《马克思恩格斯文集》第1卷，人民出版社2009年版，第525页。

也就是说，在现代乡村经济生活中，是经济关系而不是家庭关系奠定了伦理关系的基础。在这个意义上，要推进乡村道德建设，就必须以搞好经济发展为前提，要在建立新型经济关系的基础上建立新型伦理关系。在访谈中，一位村民说：

> 现在农村人的素质比以前要高一些，经济收入也高一些，家庭也都挺和睦的。现在家里吵架的比以前少很多了。说实话以前人的素质是要差一些，眼睛看着脚背上，一点儿小事就容易引起摩擦。
> ——2017年7月14日在赵家湾村村委会办公室二楼与百货商店老板LTQ的访谈

（三）以现代道德助推乡村经济

中国乡村正处于现代化转型之中，传统自给自足的封闭生活正在向以市场为基础的开放生活转变。当然，这个转型和转变不是纯粹自发的，在很大程度上是自上而下被推动的。要使这一转变过程更为顺利、更为快速，要使乡村社会更快、更好地融入市场经济，这就要求村民能够尽快实现价值观念的转变。这是一项需要独立展开的宣传教育工作。

调研中，对于"您对家庭支出的态度是怎样的？"这一问题，七个村庄中选择占比较大的前两项分别是："该花的花，不该花的不花"，如西岭村61.8%、赵家湾村61.3%、辘辘村52.9%、下聂村54.7%、华宏村68.8%、王杰村61.1%、林屋村57.7%；以及"要尽可能地少花"（详见表1-3-8）。从中我们可以发现，第一项遥遥领先于第二项，可见农民的消费观念在由一味节俭向合理支出转变，这是与市场经济相适应的，体现了农民的经济理性变得更加成熟。

一方面，传统村民的部分价值观念与市场经济是吻合的，比如说重利取向、勤劳节俭都有利于村民融入市场经济；另一方面，城市社会中已经形成了成熟的、与市场经济相适应的价值观念，这些价值观念也可以从外部影响村民。从这个意义上讲，努力提升乡村道德水平，是推进乡村现代化进程的有力保障。

表 1-3-8　您对家庭支出的态度是怎样的？

	选项	西岭村	赵家湾村	辘辘村	下聂村	华宏村	王杰村	林屋村
有效百分比/%	要尽可能地少花	24.7	32.1	21.2	26.3	7.8	32.4	20.9
	该花的花，不该花的不花	61.8	61.3	52.9	54.7	68.8	61.1	57.7
	赚得多，花得多；赚得少，花得少	2.2	2.8	14.3	9.5	18.0	2.8	10.4
	有多少花多少，享受最重要	1.1	0	1.0	1.1	0.8	0	0.6
	花钱是为了赚钱	2.2	1.9	4.8	1.1	0	3.7	1.8
	其他	0	0	1.0	1.1	0.8	0	3.1
	不知道/说不清	8.0	1.9	4.8	6.2	3.8	0	5.5
	总计	100.0	100.0	100.0	100.0	100.0	100.0	100.0

执笔人：李志祥、芮雅进

第四节
专题三：中国乡村生态伦理研究调研报告

习近平总书记关于"绿水青山就是金山银山"的科学论断，深刻揭示了经济社会发展的基本规律，揭示了经济与生态在演进过程中的相互关系。中国是农业大国，乡村占有广袤的空间和土地资源，费孝通在《乡土中国》里开篇便谈道："基层上看去，中国社会是乡土性的。"[①] 可以说，乡村在我国经济发展和国家战略层面占有重要地位，建设生态文明，必须优先建设乡村生态文明。没有农村生态环境的改善，就没有整个中国生态环境的改善；没有乡村生态文明建设，就没有中国生态文明建设。乡村是中国生态文明建设的重要抓手，是贯彻"绿水青山就是金山银山"理念的主要阵地。然而，随着中国工业现代化进

---

① 费孝通：《乡土中国》，人民出版社 2015 年版，第 1 页。

程的不断推进,乡村传统的"天人合一"的生产生活方式被逐渐打破,现代性的急速车轮驶入宁静的乡村,使这片原本不设生态伦理防护的净土遭受到污染并日趋严重。构建乡村生态伦理,从道德上明确农民对待自然环境的善与恶问题,形成乡村中人与自然和谐共生的道德规范、道德品质与道德责任,为乡村生态环境构筑伦理的盾牌就成为学术界的重要课题。

一、七个乡村生态伦理实践现状

(一)农民使用农药和化肥状况

调查显示,七个村庄的农民在使用化肥和农药上比较普遍。如图1-4-1所示,对于"请问您种地的时候是否会大量使用农药和化肥?"这一问题,除甘肃辘辘村以外的其他六个村庄都有超过半数的村民选择"会少量使用"。甘肃辘辘村由于其自然条件相对恶劣,有超过60%的村民选择"会大量使用"。

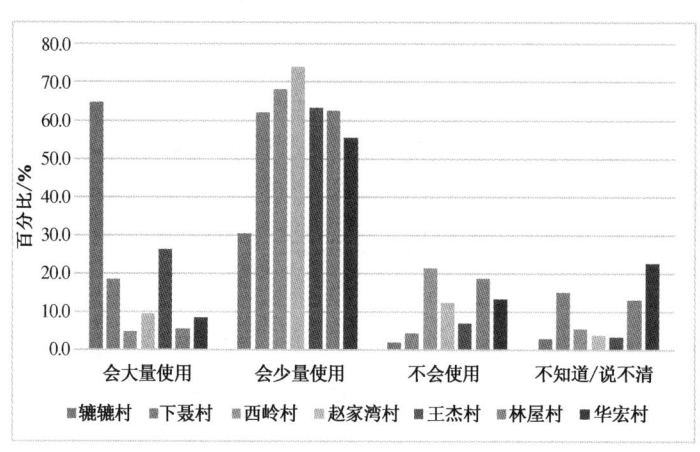

图1-4-1 请问您种地的时候是否会大量使用农药和化肥?

(二)农民的生态意识状况

在"您在从事种地或养殖的时候是否会考虑环保、生态、健康等因素?"

这一关于生态意识情况的回答中,华宏村、下聂村、赵家湾村和西岭村这些较少使用化肥和农药的村庄中绝大部分农民选择了"会考虑",而选择"根本不考虑"的人基本都在5%以下。然而,如图1-4-2所示,虽然辘辘村的村民有绝大部分人在大量使用化肥和农药,但是依然有73.3%的村民选择了会考虑环保因素的选项。这表明,辘辘村的村民虽然迫于环境条件要大量使用工业制品从事生产,但是村民在种植的时候心中依然留有环保观念。虽然,辘辘村的村民表现出了非生态种植的表象,但事实上,其头脑中的生态意识很强。

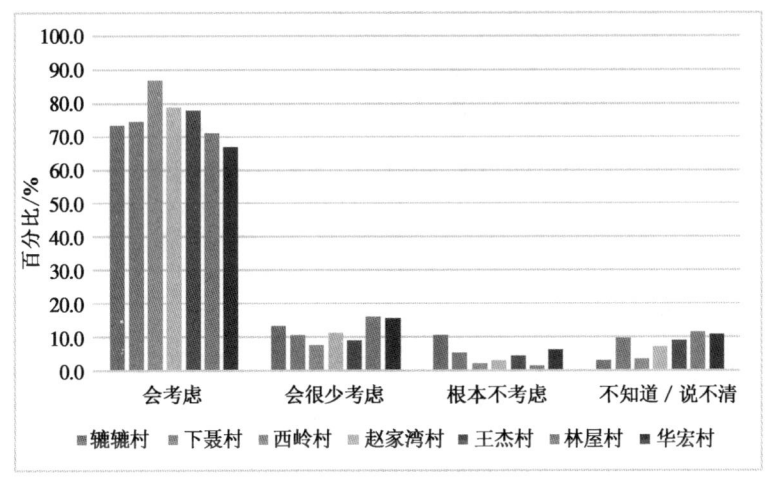

图1-4-2 您在从事种地或养殖的时候是否会考虑环保、生态、健康等因素?

（三）乡村生态制度状况

通过对七个乡村的实地调研发现,农民总体上对乡村环保制度实施情况还是比较认可的,但在舆论宣传、工作落实等方面,各地差异还比较大。在针对村民"现在乡村是否有环保法规?"的询问中（详见图1-4-3）,王杰村、林屋村、华宏村、下聂村、赵家湾村和西岭村,均有超过半数的村民认为村中有环保制度,但是这其中又有大部分的村民认为,村中虽然有环保制度,但是并不完善。而辘辘村只有30%左右的村民认为有环保制度,为七个村庄中比例最小的。还应看到,辘辘村中有29.5%的村民认为虽然没有环保制度,但还是非常希望制定相应的环保制度。就七个村村民对于环保制度的需要来看,均只有比例很小的村民认为根本不需要,可见农民们对于环保制度的认可度还是很高的。

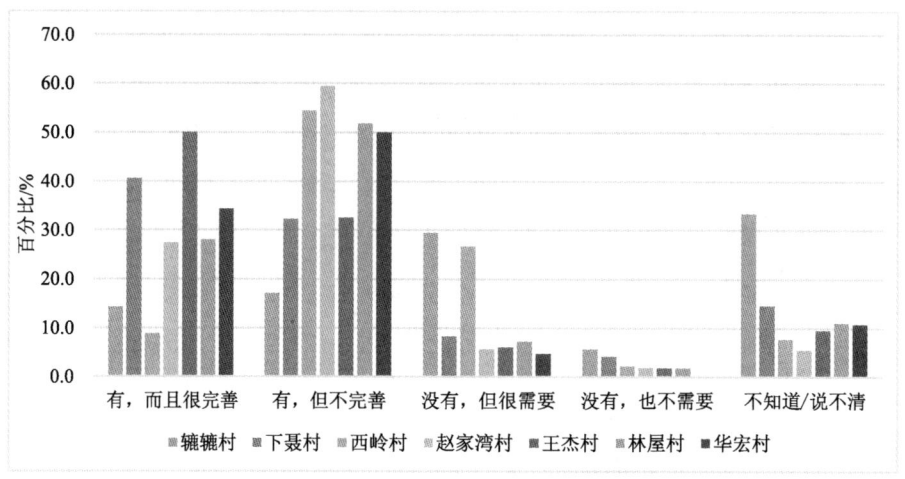

图 1-4-3 现在乡村是否有环保法规?

如图 1-4-4 所示,七个村庄的村民对于"村里是否有关于环保的宣传?"的回答显示,除辘辘村以外的其他村庄的绝大部分村民都选择了"有,也会自觉做到";辘辘村中只有 16.2% 的人选择该选项,37.1% 的村民认为没有环保宣

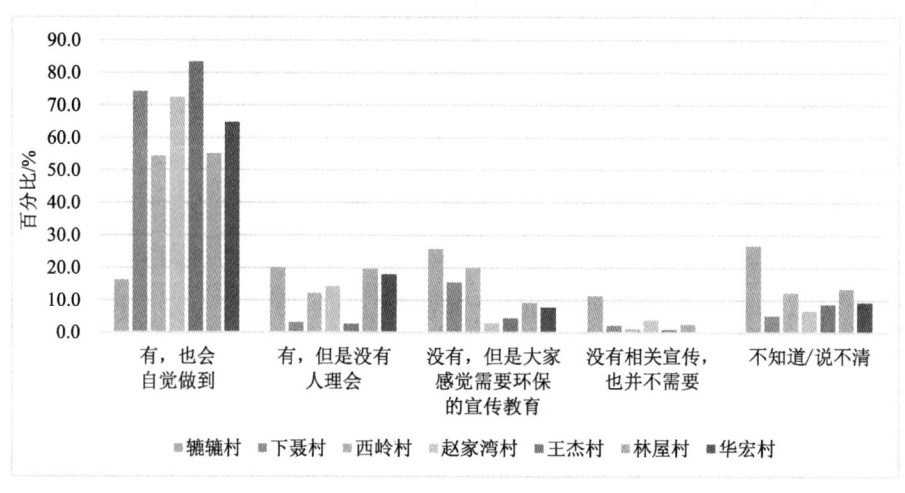

图 1-4-4 村里是否有关于环保的宣传?

传,然而大比例的村民感觉需要环保的宣传教育,这和上边该村大多数人认为缺少环保法规相一致。七个村庄的村民认为"没有环保宣传,也并不需要环保宣传"的比例均很小。这说明村民对于环境保护规定有很大的需要。

通过对七个村庄的调研数据进行相关分析,课题组发现农民的环保意识与乡村环保规范和宣传呈现正相关关系。"相关关系分析"是指对两个或多个变量元素进行分析,从而衡量两个变量因素的相关密切程度。它采用相关系数来表示,相关系数的绝对值越大,相关性越强;相关系数越接近于1或-1,相关度越强;相关系数越接近于0,相关度越弱。就村民的环保意识强弱而言,调研者选取"请问您种地的时候是否会大量使用农药和化肥?"和"您在从事种地或养殖的时候是否会考虑环保、生态、健康等因素?"两道题来进行程度测量。在"请问您种地的时候是否会大量使用农药和化肥?"这道题中,选择"会大量使用"的赋值为1,选择"会少量使用"的赋值为2,选择"不会使用"的赋值为3,选择"不知道/说不清"的赋值为0。在"您在从事种地或养殖的时候是否会考虑环保、生态、健康等因素?"这道题中,选择"会考虑"的赋值为3,选择"会很少考虑"的赋值为2,选择"根本不考虑"的赋值为1,选择"不知道/说不清"的赋值为0。然后对这两道题的赋值进行加和构成"农民环保意识"的程度值。

就乡村环保制度的成熟度而言,调研者以"现在乡村是否有环保法规?"和"村里是否有关于环保的宣传?"为题进行程度测量。在前一题中,选择"有,而且很完善""有,但不完善""没有,但很需要""没有,也不需要""不知道/说不清"的分别赋值为4、3、2、1、0。在后一题中,选择"有,也会自觉做到""有,但是没有人理会""没有,但是大家感觉需要环保的宣传教育""没有相关宣传,也并不需要""不知道/说不清"的分别赋值为4、3、2、1、0。然后对这两道题的赋值进行加和构成"乡村环保制度"的程度值。

如表1-4-1所示,农民环保意识与乡村环保制度的相关性为0.256,且在0.01的水平上显著相关,呈现正向相关性。这表明,乡村对环保工作抓得紧、抓得严、抓得实,村民的环保意识就明显提高。就此而言,不断加强乡村生态伦理制度建设,对于增强村民的环保意识,引导和规范他们的环保行为,推动美丽乡村建设具有重要的意义。

表 1-4-1　农民环保意识与乡村环保制度的相关性

		环保意识	环保制度
农民环保意识	皮尔逊相关性	1	.256**
	显著性（双尾）		0.000
	个案数	822	771
乡村环保制度	皮尔逊相关性	.256**	1
	显著性（双尾）	0.000	
	个案数	771	795

** 在 0.01 级别（双尾），相关性显著。

二、调研中发现的主要问题

通过对七个村庄的实地调研，课题组发现农民对于乡村生态环境的关注，既有为家乡环境良好而表现出的骄傲，也有为家乡环境较差而表现出的担忧。面对呼啸而至的生态文明时代浪潮，农民对于乡村生态文明建设心生向往和追求，对如何把乡村生态环境优势转化为生态农业、生态工业、生态旅游等生态经济的优势，促进乡村经济发展，走出一条既保护生态环境、建成美丽家园，又使乡村农民脱贫致富的绿色发展道路，充满了憧憬和期待。调查结果分析显示，乡村农民对于"绿水青山"有着较强的乡土关切。这是建设乡村生态伦理的重要现实基础。然而实地调查研究表明，七个村庄中普遍存在着诸多践行生态伦理的迷茫和困境。这其中面临的问题主要有以下几个：

（一）各地区村民对"绿水青山"与"金山银山"重要性的认识差异较大

如图 1-4-5 所示，在"您认为环境保护和经济发展哪个更加重要？"的回答中，七个村村民认为"都很重要"的均占有相当的比例。

从总体情况看，虽然七个村的村民认为环境保护和经济发展都很重要的比例很大，但是在环境保护和经济发展哪个更重要的回答上，各地区村民的差

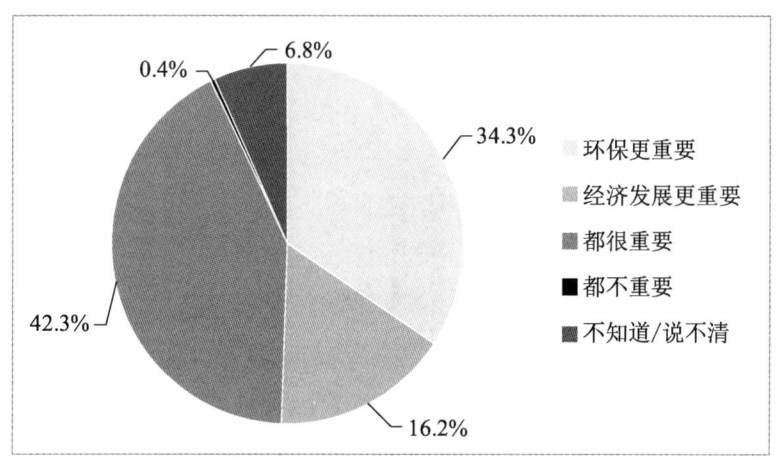

图 5　您认为环境保护和经济发展哪个更加重要?

异较为明显。普遍来看,认为"经济发展更重要"的比例,根据地理位置从东到西呈现升高态势。而相应地,村庄的经济发展水平却是从东到西呈现下降态势。调查情况显示,华宏村村民认为经济发展更重要的比例是最小的,而经济条件相对较差的江西下聂村、甘肃辘辘村反而比例更大。这也可以说明,当村庄经济较为发达、村民生活条件较好的时候,村民对于环境保护更为看重;当村庄经济有待更快发展、满足村民生存需要成为最急迫的任务时,环境保护就不是村民最为看重的事情了。就此而言,建设乡村生态伦理存在着经济发展与环境保护的现实张力。

(二)"绿水青山"不能有效转化为"金山银山"

当村民被问到"您认为可以通过建设美丽乡村(比如农家乐、有机食品等)实现致富吗?"的时候,华宏村、下聂村、赵家湾村和西岭村均有超过 60% 的人持认可态度,但是这其中又有大部分人认为,虽然可以赚钱,但是收入很有限。上述四个村的村民不认为可以通过乡村生态建设实现致富的都在 5% 以下。图 1-4-6 所示,辘辘村村民对通过乡村生态建设实现致富的看法与上述四个村的村民不尽相同,认为办农家乐、生产有机食品会很挣钱的比例只有 15% 左右,另有 31.4% 的村民认为以生态建设促进乡村致富作用很有限。这两个数据均较其他六个村低。

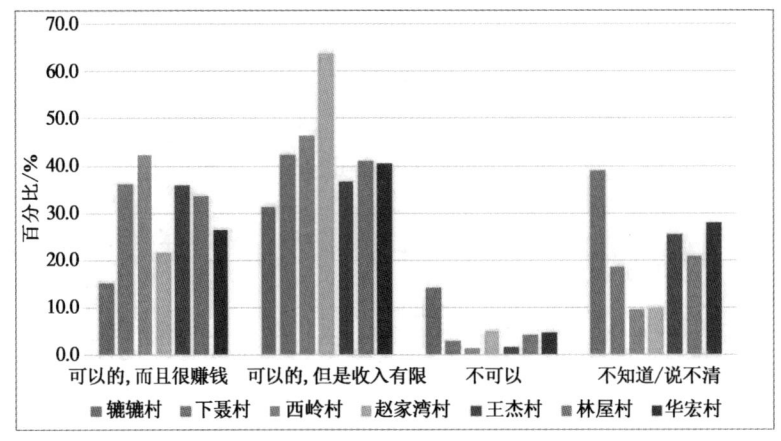

图 1-4-6　您认为可以通过建设美丽乡村(比如农家乐、有机食品等)实现致富吗?

在能否通过乡村生态文明建设实现乡村经济发展、农民增收,以乡村生态效益促进经济效益的问卷中,七个村庄中很大一部分村民均表示认可,但是在表示认可的人中,又有大部分人认为,虽然可以通过诸如办农家乐、生产生态食品而赚到钱,但是收入很有限。这表明,各村庄在利用生态环境优势转换为经济优势方面存在不足。即使是注意到利用乡村生态环境的潜力和优势,但是如何更好地使其发挥作用、形成真正的经济效益,尚存在较大的问题。辘辘村等气候相对恶劣、环境和资源禀赋相对较差的村庄中,大部分人不认为可以通过乡村生态建设促进经济发展,只有较少的人认为可以通过创造"绿水青山"赚到很多的钱。当前,如何挖掘和利用乡村的生态优势,充分发挥道德的激励作用,让乡村的"绿水青山"转化为"金山银山"是进行乡村生态伦理建设需要考量的重要课题。

(三)村民受教育程度普遍较低会制约农民环保意识的提高

对所有调研村民变量之间的相关系数研究发现(详见表 1-4-2),村民环保意识除了在工作态度、环保规范和宣传上具有相关性以外,还与其受教育程度呈正相关关系,相关系数为 0.272,且都在 0.01 的水平上显著相关。这表明,村民受教育程度对于自身环保意识具有一定的影响。

表 1-4-2　七村各变量之间的相关系数

	受教育程度	个人全年总收入	集体意识	工作态度	环保意识	环保规范与宣传
受教育程度	1	.084**	0.036	−0.033	.272**	.162**
个人全年总收入		1	.605**	0.014	0.059	−0.004
集体意识			1	−0.003	0.060	0.041
工作态度				1	.138**	0.045
环保意识					1	.125**
环保规范与宣传						1

现阶段,建设乡村生态伦理,以绿色发展引领乡村振兴,关键在于实现人的生态化。"农民是生态文明建设的主体,培养农民的生态文明意识是生态文明建设的基础。"[①]而受教育程度不高、文化水平较低的农民是不足以成为生态生产力的助推者的。由于受我国国情的影响,长期以来广大农民受教育的程度总体偏低,现代经济意识、生态意识普遍不强。当前,如何提高现代农民的生态思想和科学文化素质,培养农民的生态技能和生态本领,确保其为"生态人",不仅是一个乡村生态伦理建设迫切需要解决的重要问题,也是让农民积极投身乡村生态文明建设的关键所在。

三、完善乡村生态文明建设的伦理实践

习近平总书记多次对实施乡村振兴战略作出重要指示,强调要"尊重广大农民意愿,激发广大农民积极性、主动性、创造性,激活乡村振兴内生动力,让广大农民在乡村振兴中有更多获得感、幸福感、安全感"[②]。这表明,农民是乡村振兴的主体,农民的主体作用发挥是乡村振兴中各项事业的根本动力。就乡村生态伦理建设而言,应充分挖掘并培育农民的内生力量,激发他们建设乡村的自觉性和创造性,使农民对美丽家乡建设有着共同的思维和情怀。建设

---

① 黄正泉:《农村生态文明建设的目标与路径》,《湖南农业大学学报》(社会科学版)2010年第5期。
② 《习近平对实施乡村振兴战略作出重要指示强调 把实施乡村振兴战略摆在优先位置 让乡村振兴成为全党全社会的共同行动 李克强作出批示》,《人民日报》2018年7月6日。

乡村生态伦理,实现农民与乡村自然环境的共生共荣,应当让农民能够在生态伦理的指引下,借助乡村自然生态优势获得更多的物质财富、更好的社会地位和更高的道德尊严。当农民以成为农民而感到自豪时,农民就会以积极的热情投身乡村生态文明建设。为此,应当着重抓好以下五点:

(一)加强生态观念引领作用

七个乡村生态实践状况显示,乡村环保宣传以及农民受教育水平与农民环保意识有正相关的关系。从根本上说,建设生态文明必须要实现人的生态化。调研情况表明,七个村的农民受教育程度普遍不高于初中。当前,如何提高农民的教育文化素质,培养农民的生态观,确保其为"生态人",不仅是迫切需要解决的问题,也是让农民认可自身职业、积极投身生态文明建设的关键所在。通过对七村农民的访谈可以看出,农民具有一定的生态观念,很多农民把乡村的"绿水青山"看得格外珍重。在辘辘村,纵使该村土地相对贫瘠,种地不使用化肥和农药就很难有较好收成,但是辘辘村村民生态意识并没有因此而降低,反而在较大的脱贫致富压力下,村民们的生态意识普遍增强了。一位村民表示,乡村环境不能因为要赚钱就要被污染:

> 我不会同意有污染的工厂到我村里来,哪怕再赚钱也不行,总之有污染就不行,我们既要能通过劳动获得经济收入,又要保护环境,因为我们还有下一代。
> ——2017年7月20日 14:10—15:00 在辘辘村村委会会议室与普通村民 BZA 的访谈

另一位村民明确表示不同意有污染的工厂进入村里来:

> 我认为家乡变得更美比变得更富裕要好,所以我不愿意有污染的工厂到村里来,尽管它可以赚钱,但我也不愿意它在我们村子。我觉得有机、绿色食品非常好……我们村村民还是有环保意识的。
> ——2017年7月20日 15:00—15:40 在辘辘村村委会会议室与普通村民 LMY 的访谈

在下聂村,村民们也认为乡亲们的环保意识普遍得到了提高:

> 我希望村里能办工厂,但如果由于办工厂产生了污染那我不支持,这样宁可不办厂,因为环境比较重要,要办就办没有污染的。环境好了什么都可以,城市空气就没有乡下好。
> ——2017 年 7 月 26 日 19:50—20:27 在下聂村聂氏宗祠与家庭妇女 ZXL 的访谈

为此,乡镇各级政府应当凝聚各方力量,发挥各方优势,充分发挥农民重视生态环境的现实有利因素,努力构建多渠道、全方位的生态教育体系,以确保进一步有效增强农民的生态意识和整体能力,使其能够以符合生态文明要求的生产及生活方式行事,真正以亲近自然、顺应自然的理念建成人与环境之间和谐相处的新型人与自然的关系。对此,一要引导和教育广大农民自觉坚持"绿水青山就是金山银山"的理念。习近平总书记关于"绿水青山就是金山银山"的科学论断,表明在生态文明新时代,"绿色生态是最大财富、最大优势、最大品牌"[①]。应使农民感悟到坚持人与自然和谐共生的重要性,充分认识保护乡村生态环境就是推动经济社会发展、良好的生态环境就是老百姓的民生福祉,克服把生态环境仅仅作为低价的生产要素或者支撑发展的一个承载条件而不是作为经济社会发展的第一资源的错误观念,改变牺牲生态环境换取经济利益的传统思维方式,像保护眼睛一样保护环境,像珍惜生命一样珍惜生态,切实将经济活动和生活行为限制在自然资源和生态环境能够承受的限度内,打造生态环境"升级版",让乡村天更蓝、山更绿、水更清、环境更优美。二要强化生态观念对农民的引领作用。农民树立了生态观念和环保意识有助于树立尊重自然、顺应自然、保护自然的理念,增强参与乡村生态文明建设的积极性和自觉性,促进生产方式、生活方式、消费方式的转变,推动绿色发展、循环发展、低碳发展;同时,也有助于农民参与环境保护和生态治理,珍惜和节约自然资源,爱护乡村一山一水一草一木,抵制和纠正破坏自然资源和生态环境的不良行为。在绿色发展的推动下,农民的生态观念和环保意识得到增强,生

---

① 《习近平关于社会主义生态文明建设论述摘编》,中央文献出版社 2017 年版,第 33 页。

态生活习惯逐渐养成,生态生产技能不断提高,他们的获得感、幸福感、安全感亦能切实得到提升。

(二)加强乡村生态德治建设

党的十九大报告指出,要"加强农村基层基础工作,健全自治、法治、德治相结合的乡村治理体系"[①]。生态德治是加强乡村生态文明建设、完善乡村生态治理的重要手段之一。生态德治是乡村农民依靠舆论宣传、文化力量、社会风俗、传统习惯、内心信念等,引导自身形成一定的思想观念、道德认知和价值取向,进而影响和作用于生态环境行为。著名经济学家厉以宁先生认为,要形成优良的社会风尚,良好的道德是必不可少的,否则社会肯定是无序的,经济生活肯定是紊乱的。[②] 建设乡村生态文明的关键一点是要让乡村社会中的人在面对自然界的时候,能够以文明的方式而非野蛮的方式,以生态伦理的态度而非粗暴的态度对待自然环境。乡村生态德治是一种旨在挖掘生态环境治理中的道德力量,促进乡村形成关爱自然、保护环境、崇尚文明、维护乡村生态平衡的良好生态道德风尚,营造和传承文明乡风民俗的生态治理过程。当前,在加强乡村生态德治方面,应建立健全以下几项制度。其一,建立乡村生态伦理道德评判机制,明确乡村生态伦理道德观念和规范,同时广泛开展"环保道德模范""最美家庭"等评选活动,发挥榜样的示范带动作用,引导农民向上向善。其二,强化乡村生态伦理道德宣传机制,深入地开展乡村生态伦理道德宣传,弘扬社会主义核心价值观,强化农民的生态道德意识和法治观念,为促进乡村生态德治创造有利条件,促使广大农村形成讲文明、树新风、爱家园、美环境的良好氛围,让生态道德观逐步在广大农民的生产生活中建立起来。其三,完善乡村生态伦理道德教育体制,在发展农村环境教育事业和实施新型职业农民培育工程中,注重加强对农民生态文明意识素养的培育,强化生态意识,增强生态自觉,形成崇尚生态文明的新风尚,努力改变农民根深蒂固的传统观念和思维定式,使生态文明理念和技术内化于农民心里,外化于农民日常行动之中。

---

① 习近平:《决胜全面建成小康社会 夺取新时代中国特色社会主义伟大胜利——在中国共产党第十九次全国代表大会上的报告》,人民出版社2017年版,第32页。
② 参见厉以宁:《超越市场与超越政府:论道德力量在经济中的作用(修订版)》,经济科学出版社2010年版,第26页。

(三)塑造乡村生态文化氛围

以崇尚自然、保护环境、促进资源永续利用为特征的乡村生态文化,是农民在生产活动实践中形成的价值取向和价值追求,渗透在解决人与自然关系问题所体现的思想、观念、意识之中。在乡村营造一种生态文化气氛和生态伦理环境,使生活于其中的人们不自觉地受到社会主义生态文明的文化气氛的影响和熏陶,有益于农民自觉履行农村生态文明建设义务,有助于对违背农村生态伦理道德规范者形成一种强大压力,使其不敢或不愿破坏自然环境。个人道德上的完善只有在良好的社会政治文化环境中才能得以实现,良善的政治文化环境建设不到位,难免造成优良道德的"流产"。基于此,乡村生态伦理建设必须谋划和建设"保护环境,人人有责"的农村生态文化氛围,以解决和克服目前农村生态文化空白、生态文明建设氛围不足等问题。对此,一要建立健全乡村生态伦理规范,通过社会舆论、风俗习惯、内心信念等方式,对农民的生态环境意识进行调节和规范,包括合理保护与开发使用自然资源、指导自然生态活动、维护生态平衡与生物多样性、对自然生态活动进行科学决策的道德品质与道德责任等,引导农民强化生态意识,培育生态理念,提升生态认知,增强生态自觉,形成崇尚生态文明的思想观念和行为方式,充分发挥乡村生态伦理规范在美丽乡村建设中的保障与促进作用。二要积极营造乡村生态文化的浓厚氛围,通过广播电视、报纸杂志、手机通信软件、互联网等媒体,以及举办专题讲座、研讨交流、成果展示、典型剖析、道德讲堂和印发宣传材料等形式,大力弘扬社会主义核心价值观和新发展理念,积极传播绿色食品、有机食品、无公害食品、绿色建材、生态建筑等生态物质文化以及生态信息、生态旅游、生态媒介等生态形式文化。三要大力宣传介绍有关环境保护的法律法规、政策措施、制度规定、纪律约束等生态制度文化以及体现生态价值理念和行为方式要求的观念、准则、规范、心理状态等生态观念文化,以春风化雨、润物无声的方式,引导农民对土地、对生态、对环境讲道德、遵道德、守道德,为激发农民内生主体力量营造良好的生态文化环境。

(四)推动乡村生态产业发展

生态文明时代,农业的生态价值凸显,农业不仅提供传统的农产品,也在绿色能源提供、生物多样性保存、资源与环境保护、旅游休闲服务等方面发挥重要作用。① 乡村应立足于人们对绿色、循环、低碳生活的追求和健康诉求，依托城市难以寻找，也难以替代的生态优势和自然资源，走乡村特色转型之路。在王杰村，村民认为生态优势和文化优势是王杰村的突出特色，应该紧紧围绕这个做文章以求发展：

> 有些干部只想着引进大项目、大企业、建工厂，为此不惜污染环境、破坏传统，我们村的发展不能走这条道路，我们村的发展有属于自己的资源和特色，那就是红色资源与生态旅游，在加强文化和生态建设的同时也能够推动经济的发展。我们村有一定规模的大蒜、辣椒以及其他蔬菜、水果种植，我们以此建立生态园、采摘园，进而与红色文化和生态湿地建设联系在一起，这样一来，吸引的受众人群就可以从党员干部扩展到老年人、青年人、儿童等不同群体。但是，文化、生态等基础性建设是不能一蹴而就的，需要一点点地积累，然而这给村民带来的各方面益处却是持久而广泛的。
>
> ——2018年6月2日13:42—14:41在王杰村村委办公室与第一驻村书记MRH的访谈

在下聂村，一位文化局的干部谈到工业的发展方式不太适合乡村现状：

> 村办企业引进外资，我不赞同。村规民约规定不允许办企业，我们的宗旨是绿以兴村、文以立族、注意生态。办企业、办工厂在其他村可能比较合适，但在我们村不合适。……我的目标是建立文化休闲村，通过产业化的休闲生态文化，建设好生态旅游，这样人们还是可能回来的。
>
> ——2017年7月26日9:24—10:50在下聂村聂氏宗祠与临川区文化局退休干部NJB的访谈

---

① 参见林卿等：《生态文明视域中的农业绿色发展》，中国财政经济出版社2012年版，第15页。

在赵家湾村,一位村干部也认为,乡村的发展应该充分发掘生态优势,致力于绿色经济:

> 如果我们乡村想要有更好的发展,未来我们应该着力于发展绿色经济。在山区只能靠山吃山,我们这些山都是土山,林木资源都挺丰富的。发展旅游业也有前景,但是景点比较少,如果有资金的投入,还是能发展起来的,隔壁村准备建造一个生态公园,预测投资在16亿元左右,由本村的一个富豪邀请十来个个人投资,同时也争取一下政府投资支持。
>
> ——2017年7月14日11:10—12:25在赵家湾村村委会办公室与退休教师TYQ的访谈

新时代,乡村应转变乡村经济发展方式,促进提升农村产业发展质量,培育农村发展新动能,推动乡村空间布局方式、资源利用方式、生产管理方式的变革,大力发展生态产业、生态农业、生态服务业,以生态效益优先实现乡村经济的生态转型、生态发展、生态振兴。首先,牢固树立生态文明发展理念,明确生态职能定位,变工业逻辑的经济效益优先为生态绿色的生态效益优先,积极采取措施,实现乡村产业结构调整升级和生态经济发展,大力支持乡村生态产业,发展无公害、生态环保和有机食品产业,积极培育特色、优质农产品品牌,壮大经济实力,努力增加农民收入。著名经济学家黄宗智认为,随着中国改革开放进程的深入,中国人的食物消费结构将发生变革,除了更多的肉、鱼和蔬菜消费外,还应包括更高比例的精品蔬菜、鲜奶、绿色食品等的需求。[①] 绿色产品、有机产品因其具有绿色环保、健康卫生的生态价值,能够满足人们对于食品的生态需求。其次,坚持可持续发展战略,科学制定乡村产业结构调整升级规划,避免"一窝蜂"的现象。我国国土面积辽阔,地区之间水土、地域、气候等自然条件区别较大,而此次七个村庄的实地调研表明,全国各地区村庄的自然环境禀赋差异也较明显。对此,应当因地制宜地制定乡村产业结构调整升级

---

① 参见[美]黄宗智:《经验与理论:中国社会、经济与法律的实践历史研究》,中国人民大学出版社2007年版,第490页。

规划,明确各地乡村生态农产品种植和乡村生态工业发展,形成乡村生态特色建设的区域化,突出本地特色,避免重复建设。再次,通过税收、金融、价格等政策,给予乡村绿色产业税收优惠和补贴等,鼓励企业发展生态产业,生产生态产品,促进产业结构升级,实现乡村经济可持续发展,并以财政支付的方式,稳定农副产品价格,确保农民的利益不受损害。最后,加大对乡村生态产业的投入,引导金融企业参与乡村生态产业的发展,利用财政和金融工具,构建生态农业产业体系、生产体系、经营体系,支持和引导乡村生态农业、生态工业与生态服务业的发展,提高生态农业、生态工业和生态服务业的创新力和竞争力,指导乡村把"绿水青山"转化为"金山银山",切实把乡村生态优势转化为经济效益和社会效益。

(五)完善乡村生态法治

近年来,我国制定(修订)并实施了《中华人民共和国环境保护法》《中华人民共和国水污染防治法》《中华人民共和国防沙治沙法》《中华人民共和国农业法》《中华人民共和国节约能源法》等一系列环保法律法规,表明我国环境法律制度框架体系已基本形成。但对于乡村生态治理来讲,环境保护各个领域尚未完全能够做到有法可依,各环境要素监管领域尚没有得到全面覆盖。习近平总书记强调,要修订与环境保护有关的法律法规,"完善法律体系,以法治理念、法治方式推动生态文明建设"[①]。推进乡村生态治理现代化,应建立健全系统完善、与实际情况相适应的环境资源保护法律和制度规定,为乡村生态治理提供可靠保障。具体来讲,应建立和完善以下几项制度。一要考虑生态环境受到破坏以后农民利益受损的情况,同时考虑农民中的一部分人是社会弱势群体的问题,建立健全农民环境权利保障制度,明确农民的环境知情权、环境监督权和相关诉讼权利,制约污染企业破坏环境的行为。二要加强对重要生态系统保护,加强农业面源污染防治,严控农业用水总量,严管农业污染物排放,严格化肥和农药的使用,提高农村环境治理和监管能力。三要扩大乡村环保法律范围,将农产品产销的每一环节,不论是种植业、养殖业、畜牧业,还是生产加工业、流通运输业、销售服务业,切实把每个食品流动的环节都纳入动

---

① 《习近平关于社会主义生态文明建设论述摘编》,中央文献出版社2017年版,第110页。

态法律法规监管之中。此外,还要明确每一种生产要素的责任人,并在技术上能够做到从末端追查到前端,使责任主体对违法行为形成惩罚的预期,进而表现在行动上,切实做到不能、不敢、不愿违法。四要加强乡村环保法治宣传教育,普及环保法律知识,开展普及法律与送戏下乡相结合的活动,推动普法活动进田野、进社区、进学校、进家庭,引导农民学会用法律手段保护自身的合法权益。

执笔人:张月昕

第五节
专题四:中国乡村治理伦理研究调研报告[①]

党的十九届四中全会开辟了"中国之治"新境界,为国家治理体系和治理能力现代化设定了总体目标和重点任务。乡村是中国社会的基础,乡村治理状况将直接影响国家治理体系和治理能力现代化的进程。伴随社会转型的持续深入,乡村在得到逐渐发展的同时,其治理主体、机制和目标不断受到传统与现代的交互影响,亟待伦理价值的规范和指引。

一、乡村治理实践及其伦理困境

在社会转型过程中,乡村治理呈现出不同于以往的伦理状况。课题组围绕谁来治理、如何治理、治理成效等问题,对乡村治理的主体、机制、目标进行了田野调查。

(一)以乡村干部为主力,村民主体性价值彰显不足

谁来治理是治理能否取得成效的关键。在中国历史上,乡村很长一段时间由村庄内部力量把持,依靠家族族长和乡绅处理村庄事务。在传统乡村社会,"家族和乡绅是主导性力量,负责农业生产的安排、生活纠纷的协调、文化

[①] 本节内容部分已发表,参见刘昂:《中国乡村治理的伦理审视》,《道德与文明》2021年第1期。

教育的开展、公共设施的建设以及乡村治安的维护等事务"①。在血缘和地缘因素的调配下,家族族长和乡绅作为村庄的道德权威,能够有效凝聚村庄力量,调动村民参与乡村建设的积极性。

与此不同,当前乡村社会主要依靠具有政治权威的村干部进行治理。调研中,对于"您认为在乡村日常事务中谁的影响力最大?"这一问题,七个村庄中选择"村干部"的人数明显多于选择"德高望重的人"的人数。(详见表1-5-1)

表1-5-1　您认为在乡村日常事务中谁的影响力最大?

	选项	西岭村	赵家湾村	辘辘村	下聂村	华宏村	王杰村	林屋村
有效百分比/%	村干部	43.3	64.4	52.4	39.2	50.8	68.5	51.2
	经济上有实力的人	15.6	12.5	13.3	9.3	16.4	3.6	26.2
	大的家族势力	7.8	1.9	3.8	10.3	3.9	0.9	2.4
	德高望重的人	12.2	12.5	14.3	24.7	11.7	21.6	6.1
	黑社会势力	0	0	1.0	3.1	2.3	0	1.2
	不知道/说不清	21.1	8.7	15.2	13.4	14.9	5.4	12.9
	总计	100.0	100.0	100.0	100.0	100.0	100.0	100.0

当被问及"如果与他人发生了经济纠纷,您会怎么办?"时,七个村庄的村民将答案集中到"找村委员或村党支部解决",而选择"托熟人解决"等其他选项的村民相对较少。(详见表1-5-2)

表1-5-2　如果与他人发生了经济纠纷,您会怎么办?

	选项	西岭村	赵家湾村	辘辘村	下聂村	华宏村	王杰村	林屋村
有效百分比/%	忍了算了	21.1	27.1	19.0	26.3	15.6	20.9	20.7
	托熟人解决	7.8	13.1	16.2	14.7	10.9	10.0	6.7
	通过打官司解决	11.1	5.6	11.4	12.6	25.8	11.8	19.5
	找村委员或村党支部解决	36.7	50.5	34.3	29.5	25.8	42.8	31.1

---

① 李建华:《国家治理与政治伦理》,湖南大学出版社2018年版,第203页。

(续表)

	选项	西岭村	赵家湾村	辘辘村	下聂村	华宏村	王杰村	林屋村
有效百分比/%	带上一帮人来硬的	1.1	0.9	1.0	2.1	0.8	0	1.2
	上访	1.1	0	0	1.1	0	0	1.2
	其他	3.3	0.9	3.8	2.1	9.4	2.7	7.3
	不知道/说不清	17.8	1.9	14.3	11.6	11.7	11.8	12.3
	总计	100.0	100.0	100.0	100.0	100.0	100.0	100.0

乡村干部作为政府与村民之间的桥梁,既肩负着完成上级任务的责任使命,也具有维护村民正当利益的价值要求,在乡村治理过程中发挥了关键性作用。在访谈中,有村民提道:

> 我对村干部是满意的,他们能处处为老百姓着想。做好事、做对村民有益的事就是好的村干部,村干部修一条水泥路,我们有好水泥路走就是好事,没有不好的村干部,那种不干实事还贪财的村干部我们村没有。
>
> ——2017 年 7 月 26 日 19:50—20:27 在下聂村聂氏宗祠与家庭妇女 ZXL 的访谈

然而,值得注意的是,在乡村治理实践中,村庄内生性动力并没有得到充分激发,村民的主体性价值尚未完全凸显。课题组通过调研了解到,一些地方村民参与乡村事务的程度大多仅限于民主选举,他们对相关政策缺乏相应的了解,也难以真正完全出于自觉自愿参与乡村治理。

在调研问卷中,有题目提到"您认为国家三农政策在村庄得到落实了吗?",西岭村、辘辘村、下聂村、华宏村分别有 45.0%、51.4%、44.4%、50.8%的村民选择"不知道/说不清",位居各选项之首。与此同时,在"有关乡村发展的事情,你们村一般如何解决?"这一问题中,七个村庄选择"由村民主动提出意见或建议"这一选项的村民仅占少数(详见表 1-5-3)。此外,在调研中有村民直接表示:

我对村子里的村务信息不怎么关注,村干部选举会参加,也都是村民自己选,涉及切身利益的、有钱给的会关心点儿,对村子里发生的一些不好的事就很少管,私下里偶尔会跟朋友、邻居讨论一下。

——2018年8月14日16:42—17:50在林屋村便利店与便利店店主LSD的访谈

表1-5-3 有关乡村发展的事情,你们村一般如何解决?

	选项	西岭村	赵家湾村	辘辘村	下聂村	华宏村	王杰村	林屋村
有效百分比/%	召开村民(代表)会议讨论决定	50.6	55.0	20.0	39.2	34.6	56.1	58.5
	村干部到村民家中征求意见后决定	9.0	22.0	14.3	14.4	10.2	18.4	15.2
	村干部自己决定	14.6	9.0	26.7	30.9	16.6	11.4	9.1
	由村民主动提出意见或建议	3.4	5.0	8.6	7.2	8.7	5.3	4.9
	不知道/说不清	22.4	9.0	30.4	8.3	29.9	8.8	12.3
	总计	100.0	100.0	100.0	100.0	100.0	100.0	100.0

(二)以政策法规为主导,"地方性道德知识"难以凸显

如何治理是治理能否取得成效的核心。传统乡村是"伦理本位的社会"[①],注重同乡情谊之间的义务关系,以软性的、自由的情理约束为主,家族族长和乡绅大多依据村庄固有的村规民约和风俗惯习进行治理。然而,课题组在调研中发现,当前乡村治理实践中,以村规民约为载体的传统礼治在乡村治理中发挥的效用受到破坏,"地方性道德知识"的约束效力逐渐减弱,村庄主要根据成文的政策文件和法律规范进行治理。

近年来,大多数村庄虽然都有村规民约,但其约束力逐渐减弱,甚至沦落为一种可有可无的规矩。在调研中,一些村民无论是对粉刷在墙上,还是分发

---

① 梁漱溟:《乡村建设理论》,上海人民出版社2011年版,第25页。

到手中的村规民约都熟视无睹。调查问卷中涉及"您村的村规民约对村民有约束力吗?"这一问题,选择"有村规民约,并且对村民有很强的约束力"这一选项的村民在七个村庄中均居于少数,大部分村民选择了"没有村规民约""有村规民约,但完全没有用""有村规民约,但只有很少作用"或者"不知道/说不清"等,表示村规民约在乡村治理过程中缺乏真正实效的选项。(详见表1-5-4)与此同时,在访谈过程中,一些村干部也表达了村规民约在现实乡村治理中的尴尬处境:

> 自然的村规民约能够发挥的效力比较小,虽然大家也会请一些有威望的人出面,但主要的制约还是依靠村委会。
> ——2018年8月14日13:35—14:58在林屋村公共服务中心大厅与村书记LH的访谈

表1-5-4 您村的村规民约对村民有约束力吗?

	选项	西岭村	赵家湾村	辘辘村	下聂村	华宏村	王杰村	林屋村
有效百分比/%	没有村规民约	27.0	11.5	32.4	21.6	9.4	10.5	20.9
	有村规民约,但完全没有用	9.0	14.4	3.8	13.4	5.5	6.1	15.3
	有村规民约,但只有很少作用	13.5	31.7	5.7	13.4	20.3	8.8	19.0
	有村规民约,基本能起到约束作用	18.0	14.4	11.4	26.8	25.8	32.5	21.5
	有村规民约,并且对村民有很强的约束力	3.4	13.5	3.8	13.4	9.4	16.7	8.0
	不知道/说不清	29.1	14.5	42.9	11.4	29.6	25.4	15.3
	总计	100.0	100.0	100.0	100.0	100.0	100.0	100.0

与"可有可无"的村规民约相比,政策文件和法律规范在乡村治理的实际工作中具有无可替代的价值规范意义。其中,政策文件作为"顶层设计"的产物,能够为乡村发展提供价值指引,帮助村民解决现实问题;法律规范作为法

治社会的基本要件,能够有效维护村庄基本秩序,促进公平正义的实现。在访谈过程中,有村干部提道:

> 村里变化太大了,从我记事起,318国道还是石子路,全村没有一寸水泥路。以前田里两季的产量相当于现在一季的产量。现在大家都盖了楼房。政策也好,"五保户"生病都不要钱,政府出钱。教育方面,我们以前读书是在那种土砖盖的祠堂,老师也是村里的。现在政府全部盖成三层的抗震房,师资也是县里教育局统一安排。
>
> ——2017年7月14日在赵家湾村村委会二楼与村书记兼主任LXC的访谈

> 现在是法治社会,依靠国家政府给你解决问题,讲究公平公正。法律在地方基层有很大影响,人们有权利意识,法律意识也强了,讲究人人平等。以前弱的被强的欺负,人们会认为正常,现在就算再弱,别人也不敢欺负,都要摆着公正、公平的态度。
>
> ——2017年7月26日20:45—21:42在下聂村聂氏宗祠与村主任NYB的访谈

(三)以经济成效为主宰,伦理道德价值逐渐式微

良好的治理成效是乡村治理的价值追求。20世纪末期,乡村治理的有效性曾伴随"三农"问题的出现而受到质疑。进入21世纪,我国乡村治理出现了重大变革,"治理有效"作为乡村振兴战略的总目标之一,对乡村治理提出了更高要求。通过调研了解到,虽然不同地区的乡村对治理成效的具体要求有着不同界定,但大部分村庄都将经济发展状况作为衡量乡村治理成效及其村干部治理能力的重要指标。

面对调查问卷中"您认为一个好的村干部在哪个方面最重要?"这一问题,七个村庄中选择"能带动村里的经济发展,带领村民致富"这一选项的村民,位居各选项之首(详见表1-5-5)。甚至有村民在访谈中表示:

> 我希望我们的村干部能够更好地带我们致富,只要他们能带我们致富,他们从中捞一点儿钱也是无所谓的。
>
> ——2017年7月20日 15:00—15:50 在辘辘村村委会会议室与普通村民 BHZ 的访谈

表1-5-5 您认为一个好的村干部在哪个方面最重要?

	选项	西岭村	赵家湾村	辘辘村	下聂村	华宏村	王杰村	林屋村
有效百分比/%	能带动村里的经济发展,带领村民致富	64.4	47.6	44.8	46.4	55.1	66.7	57.1
	工作热情卖力,勤勤恳恳	4.4	10.5	6.7	7.2	3.9	6.3	4.3
	为人正直,大公无私,乐于奉献	22.2	38.1	33.3	32.0	22.8	23.4	27.0
	能协调好上下级的关系	0	1.9	1.9	0	4.0	0.9	0.6
	不知道/说不清	9.0	1.9	13.3	14.4	14.2	2.7	11.0
	总计	100.0	100.0	100.0	100.0	100.0	100.0	100.0

与此同时,在经济发展与环境保护之间,也有村干部愿意牺牲环境而发展经济,有人说:

> 我个人认为保护环境和发展经济是相互矛盾的,如果环境受到破坏能够换来村里经济的发展,我可以接受。
>
> ——2017年7月21日 11:40—12:50 在辘辘村村委会会议室与原辘辘村原村委会主任 BYA 的访谈

除此之外,谈到对未来的期望时,大多数村民也都是以经济状况作为衡量标准,希望经济待遇有所提高,并且将家庭矛盾的解决寄托于经济水平的提升。诸如有村民表示:

> 经济没问题,家里也不会有什么矛盾。
>
> ——2017年8月20日 13:00—14:10 在华宏村村委会与原华宏宾馆经理、村妇女主任 CYF 的访谈

将经济发展作为乡村治理有效性的重要指标毋庸置疑,然而,一些乡村在追求经济效益的同时,在某种程度上忽视了村庄伦理共同体的建设,放松了对村民的道德要求,致使道德权威的影响力和道德评价的约束性出现了不同程度的下降。

在上述提到的"您认为在乡村日常事务中谁的影响力最大?"和"您认为一个好的村干部在哪个方面最重要?"两个问题中,选择有关道德选项的村民仅占少数。(详见表1-5-1、表1-5-5)与此同时,在访谈过程中,也有人表示:

> 这两年经济发展了,人们生活水平提高了,但是我感觉村里的社会风气有所倒退。以前一家老小能够和和睦睦地生活在一起,而现在儿子和儿媳妇不孝顺的就多了。以前大家都能够相互帮助,而现在人际关系就疏远了一些,而且村民们现在除了村里的红白喜事,大家一般都不会聚在一起,都是待在家中各忙各的。
> ——2017年7月21日11:40—12:50在辘辘村村委会会议室与原辘辘村原村委会主任BYA的访谈

通过上述调研不难发现,当前乡村治理实践中既有值得肯定的一面,也存在亟待解决的问题。一方面,村干部能够主动承担职责,依靠政策法规治理乡村、发展村庄经济。另一方面,村民的主体性价值发挥不足、村庄"地方性道德知识"的独特作用未被充分重视、乡村伦理道德价值受到忽视。

二、乡村治理现状的伦理成因

当前乡村治理的伦理现状由村民个体、乡村社会、国家政权三个方面的因素共同制约而成。因此,对这一伦理现状进行原因分析,需要从"个体—社会—国家"三维视角进行阐释。

(一)小农伦理的延续

小农伦理产生于农业社会,在我国已有数千年的历史,对社会生产和生活曾产生过重要影响。当前,在社会化大生产的背景下,小农伦理产生的物质条件虽有所改变,但其作为一种道德观念和道德惯习仍具有一定影响。小农伦理中的自私狭隘、随意散漫等道德缺陷,不利于村民主体性价值的发挥,对乡村治理具有消极的阻碍作用。

小农伦理的出现与村民生产生活方式密不可分,一般是指"在农业社会里,人们被局限在狭小的生产和生活范围内,进行小规模的生产劳动时所形成的一些道德观念和道德习惯"[①]。基于马克思主义唯物史观的理解,小农"不仅仅在于其耕种土地面积之'小',更在于其缺少市场交换的生产方式之'小'和缺乏人际交往的生活世界之'小'"[②],从而导致其伦理观念中必然带有某些自私狭隘、随意散漫的缺陷。

一方面,小农作为小生产者,他们的生产方式较为单一、社会交往较为简单,容易形成自私、狭隘的伦理观念。"他们进行生产的地盘,即小块土地,不容许在耕作时进行分工、应用科学,因而也就没有多种多样的发展,没有各种不同的才能,没有丰富的社会关系。每一个农户差不多都是自给自足的,都是直接生产自己的大部分消费品,因而他们取得生活资料多半是靠与自然交换,而不是靠与社会交往。"[③]农民最直接的依靠是自家土地,只要自己的土地收成好,生活就总能过下去。至于别人家的土地,在他们看来,既没义务也没权利去照看。"他们所追求的最重要的是自己的'实惠',即个人的眼前实在利益,所思所想到的总是自己,是自己的个人得失,甚至在行动中奉行'个人利益第一'的原则"[④]。农民的这种观念导致其不能正确认识自身利益与他人利益、集体利益以及国家利益之间的关系,不能准确把握个人现实利益与长远利益之间的联系。因此,在乡村治理实践中,一些农民当暂时看不到自身参与治理活动所带来的益处时,便会选择退出,主动放弃其作为治理主体的地位。

另一方面,生产和生活环境的分散,导致小农道德行为中的自由和散漫。

[①] 陈瑛:《改造和提升小农伦理——再读马克思的〈路易·波拿巴的雾月十八日〉》,《伦理学研究》2006年第2期。
[②] 王露璐:《从"理性小农"到"新农民"——农民行为选择的伦理冲突与"理性新农民"的生成》,《哲学动态》2015年第8期。
[③] 《马克思恩格斯文集》第2卷,人民出版社2009年版,第566页。
[④] 陈瑛:《改造和提升小农伦理——再读马克思的〈路易·波拿巴的雾月十八日〉》,《伦理学研究》2006年第2期。

"小农人数众多,他们的生活条件相同,但是彼此间并没有发生多种多样的关系。他们的生产方式不是使他们相互交往,而是使他们互相隔离。"①春种秋收、夏耘冬藏,"一个在乡土社会里种田的老农所遇着的只是四季的转换"②,他们只需要掌握祖祖辈辈流传下来的经验,便足以应付日常生活,无须按照某种固定的纪律或章程从事生产。与此同时,"一小块土地,一个农民和一个家庭;旁边是另一小块土地,另一个农民和另一个家庭"③的分散生活环境,使得农民可以根据自身习惯安排生活,而不用考虑他人的需要。这种自由而散漫的道德行为,使得农民不习惯于被规章制度管束,以至其难以适应乡村治理对主体的规范化要求。

值得注意的是,小农伦理并非完全是一种负面评价,其中还蕴含着勤劳节俭、艰苦朴素等伦理思想,至今仍具有现实意义。与此同时,小农伦理既不是农民的专属,也不是农民的必然特征。中国作为传统农业大国,每一位国人都与农业、农村、农民有着不可分割的联系,人们的伦理观念和道德惯习在某种程度上也都或多或少地留有小农伦理的某些印记。此外,自私狭隘、随意散漫等小农伦理行为也并非是时刻发生的。当村庄具有较强的伦理约束、村庄成员处在一个共同体之中时,小农伦理中的道德缺陷会被最大限度地压制,而当村民处于原子化的乡村社会时,小农伦理的负面特征则容易被进一步激发。

(二)村庄伦理共同体的式微

村庄伦理共同体建立在血缘和地缘基础之上,人们拥有共同的生活,每个人都具有特定的伦理角色,彼此守望相助、互相依存,具有共同的价值取向和道德诉求。"人们在共同体里与同伙一起,从出生之时起,就休戚与共,同甘共苦。"④当前,伴随村民共同生活环境、特定的伦理角色以及共同的价值信念不断淡化,乡村伦理共同体逐渐式微,从而消解了村规民约的效力、道德权威的地位和道德评判的价值。

---

① 《马克思恩格斯文集》第 2 卷,人民出版社 2009 年版,第 566 页。
② 费孝通:《乡土中国》,人民出版社 2015 年版,第 62 页。
③ 《马克思恩格斯文集》第 2 卷,人民出版社 2009 年版,第 566 页。
④ [德]斐迪南·滕尼斯:《共同体与社会:纯粹社会学的基本概念》,林荣远译,商务印书馆 1999 年版,第 53 页。

共同的生活是乡村伦理共同体的基础。传统乡村是安土重迁的社会,人们"生于斯、死于斯","每个孩子都是在人家眼中看着长大的,在孩子眼里周围的人也是从小就看惯的"①,人们共同生活在一种"熟悉"的环境之中。共同的生活环境能够形成共同的生活惯习和生活印记,从而促进彼此的身份认同和心理认同,为乡村治理提供"地方性道德知识"。伴随现代化进程的深入,一方面,人口的流动性不断加剧,人们不再终老是乡;另一方面,传统村庄的边界逐渐模糊,人口的异质性增加,共同的"圈子"被打破。由此,村民生活的共同性不断瓦解,"村庄成员的归属感和认同感日渐弱化"②,从而在治理过程中,导致乡村凝聚村民的能力愈发不足,可供调用的"地方性道德知识"日渐匮乏。

特定的伦理角色是乡村伦理共同体的关键。"一个人的特定角色是依附于特定共同体的,没有跨越社会角色之外、具有普遍性的、涵括一切的伦理。"③基于血缘和地缘的乡村伦理共同体中,每一个个体都具有特定的伦理角色,担当着独特的伦理使命。诸如在经济方面,"兄弟乃至宗族间有分财之义;亲戚、朋友间有通财之义",彼此相互体恤、相互扶持,"有不然者,群指目以为不义",④从而为个体维持生计提供多重保障。在现代社会,个体的特定伦理角色逐渐模糊,其所承担的伦理责任也相应消失,"分财"和"通财"被限定在极其私密的范围之内,甚至消失。在传统乡村社会可以通过共同体完成的事情,现代社会可能需要更为复杂的市场参与才能实现,从而弱化了道德约束在乡村治理中的地位,并且在无形中强化了经济效益的价值。

共同的价值标准是乡村伦理共同体的内核。共同的生活环境和特定的伦理角色,能够促使共同体成员在熟悉的基础上产生信任,"这信任并非没有根据的,其实最可靠也没有了,因为这是规矩"。这种"发生于对一种行为的规矩熟悉到不假思索时的可靠性"⑤的信任,进一步促进共同体内价值认同和道德判断的一致性。然而,在现代乡村社会,这种因熟悉而产生的信任,由于彼此不再熟悉而逐步消解。与此同时,村庄人际关系的梳理,进一步导致那种"把

---

① 费孝通:《乡土中国》,人民出版社2015年版,第6页。
② 王露璐:《乡村伦理共同体的重建:从机械结合走向有机团结》,《伦理学研究》2015年第3期。
③ 万俊人:《美德伦理如何复兴?》,《求是学刊》2011年第1期。
④ 梁漱溟:《乡村建设理论》,上海人民出版社2011年版,第27—28页。
⑤ 费孝通:《乡土中国》,人民出版社2015年版,第7页。

人作为一个整体的成员团结在一起的特殊的社会力量和同情"①受到瓦解,从而使得乡村治理实践中,原有道德权威的影响逐步减弱,价值认同和道德判断难以获得普遍认可。

（三）现代国家建构的伦理诉求

现代国家建构是国家发展的关键问题,并以"'民族国家'(nation state)的形式结构与'立宪民主'(constitutional democracy)的实质结构"②为主要标识。我国的现代国家建构是一个从传统到现代的历史转型过程,包含了一体化和民主化两个方面的伦理任务,由此,促进了乡村治理主体、机制以及目标的伦理转向。

行政下乡是现代国家建构一体化的重要举措。行政下乡是指"国家通过行政体系将国家意志传递到乡村,从而将分散的乡村社会整合到国家体系"③。在传统中国,限于官僚行政体系的能力,皇权难以将乡村社会整合到国家体系之中,从而使得乡土社会成为远离皇权的"世外桃源",只能依靠内部成员进行自治。近代以来,多个政权为了强化自身统治,曾试图对乡村进行控制,但都以失败告终。中国共产党以"农村包围城市"的路线取得政权后,将行政体系建构与群众参与相结合,将党和国家的意志向乡村延伸。借助"乡政村治"模式,"政府的行政功能由村级的基层自治组织得以延伸和拓展至乡村的各个角落"④。乡村干部虽然是村民利益的代言人,但同时也是基层政权在村庄的代理者,承担着传达国家意志、落实国家政策的任务,因而在乡村治理中能够以政治权威的身份,发挥主力作用。

法治建设是现代国家建构民主化的重要内容。法治需要优良性和强制性两个基本要件共同规定,是指"已成立的法律获得普遍的服从,而大家所服从的法律又应该本身是制订得良好的法律"⑤。传统中国虽不缺少法律,但无论

---

① ［德］斐迪南·滕尼斯:《共同体与社会:纯粹社会学的基本概念》,林荣远译,商务印书馆 1999 年版,第 71-72 页。
② 任剑涛:《在悬而未决之际:现代国家建构技艺的理论》,《学术月刊》2017 年第 10 期。
③ 徐勇:《"行政下乡":动员、任务与命令——现代国家向乡土社会渗透的行政机制》,《华中师范大学学报》(人文社会科学版)2007 年第 5 期。
④ 李建华:《国家治理与政治伦理》,湖南大学出版社 2018 年版,第 221 页。
⑤ ［古希腊］亚里士多德:《政治学》,吴寿彭译,商务印书馆 1965 年版,第 202 页。

是在优良性还是在强制性方面,法律都未得到有效实施,取而代之的是道德规范在国家建构中的普遍运用。现代社会的生产和生活方式打破了传统道德发挥机制的条件,法治建设得到了进一步加强。新中国成立以来,法治向乡村的延展,促进了乡村治理法治化水平的提升。事实上,乡村治理的发展,本身就是法治化的结果。《中华人民共和国村民委员会组织法》从试行到历次修订,为乡村治理提供了法律依据,也在无形中提升了村民的法律意识,增强了法律规范在村庄的约束效力。

发展经济是现代国家建构的必然选择。"物质生活的生产方式制约着整个社会生活、政治生活和精神生活的过程"[①],现代国家无论是一体化建设还是民主化发展,都离不开经济建设。在现代国家建构过程中,将发展经济作为改善生产方式的重要一环,是乡村治理有效性的重要表现。近年来,村庄通过招商引资、项目引进、合作经济等形式,有效改善了村庄经济水平。在此过程中,经济活动改变了传统社会中"士农工商"价值序列,并被赋予了积极的正面评价,"进而使以各种数字(收入、利润等)为直接表征的经济成就获得了在个人和社会评价上的价值优先性"[②]。由此,经济发展在乡村社会中的地位日益凸显。

三、完善乡村治理的道德实践

乡村治,百姓安,国家稳。良好的乡村治理是多方协调运作的结果,完善乡村治理离不开道德伦理的参与。针对当前乡村治理的伦理现状及其成因,可以从构建村庄公共道德平台、提升乡村德治水平、追求村民"美好生活"三个方面着手,以此增强村庄内生性动力、完善乡村治理体系、实现村庄善治。

(一) 构建公共道德平台,增强村庄内生性动力

构建公共道德平台是凝聚个体力量、发挥主体性价值的重要途径。一般而言,公共道德平台是指"在公共生活中形成的具有道德评价、道德传播和道

---

① 《马克思恩格斯文集》第 2 卷,人民出版社 2009 年版,第 591 页。
② 王露璐:《从〈百鸟朝凤〉看乡村道德评价》,《中国社会科学报》2016 年 6 月 28 日。

德约束等功能的特定场所、空间或活动"①。构建乡村公共道德平台需要从内容、形式和效果切入,让村民能够参与、愿意参与、参与有所收获,以此增强乡村治理的内生性动力。

内容建设是构建村庄公共道德平台的基础。在选择建设何种公共道德平台时,既要考虑村民的认知水平和现实需求,也要注重内容的价值取向,以选择符合村民道德知识水平的健康内容为主要建设目标。传统的"电影下乡"如今在一些村庄之所以受到冷落,一定程度上是因为其背离了村民的需要。访谈中有村干部表示:

> 平时我们这里也有电影下乡的,看的也只有几个老头和我们这些干部,加在一起也不过十几二十人,几乎没人看,现在家家户户都有电脑、电视嘛。
> ——2017年7月14日10:00—11:15在赵家湾村村委会办公室二楼与村委会副主任WYG的访谈

与此同时,村庄中的棋牌室等虽然能够满足一部分人的需求,但其伴随的赌博风险容易对村民生产生活造成不良影响,不利于村庄内生性动力的提升。

形式建设是构建村庄公共道德平台的关键。村庄应选取村民喜闻乐见的形式包装内容,让村民愿意参与公共道德平台建设。在调研过程中,大部分村庄的村民和村干部都提到了广场舞,他们表示广场舞是一种能够有效聚集村民的形式。

> 最近两年兴起的一些活动,比如搞那个广场舞,搞得也挺好。条件好一点儿的家庭的儿媳,买个一二百块钱的小音响,下载几首歌,放在一个地方,大家就开始跳广场舞,活动到晚上9点,我们规定最晚不能到9点半,大家都要休息……包括我爱人在内,晚饭一吃,碗啊之类的还在桌上,也不收拾了,就赶去跳广场舞,跳到9点钟结束

---

① 王露璐:《从"熟人社会"到"熟人社区"——乡村公共道德平台的式微与重建》,《湖北大学学报》(哲学社会科学版)2020年第1期。

了,才恋恋不舍地回家。

——2017 年 7 月 14 日 10:00—11:15 在赵家湾村村委会办公室二楼与村委会副主任 WYG 的访谈

参与有所收获是村庄公共道德平台建设的目标。村民能够参与、愿意参与是公共道德平台建设的前提,而村庄公共道德平台最终要发挥"道德评价、道德传播和道德约束"功能,培养村民的公共精神。公共道德平台的建设应为个体参与公共活动提供良好的环境,使其通过与他者之间的良性互动,有效提升对群体的认同感和归属感,从而增强道德价值的影响力,促进公共精神的培育,提升参与乡村治理的积极性和主动性。

(二)提升乡村德治水平,完善乡村治理体系

党的十九大报告提出,要"健全自治、法治、德治相结合的乡村治理体系",为德治参与乡村治理提供了重要政治依据。提升乡村德治水平,既要加强村庄道德资源建设,也要重塑村庄道德权威,从而"以德治滋养法治、涵养自治,让德治贯穿乡村治理全过程"[①],不断完善乡村治理体系。

"在乡村社会治理中借助德治之力,充分发挥道德的规范和引领作用,不仅是以德治国的现实需要,也是承继礼治社会优良传统的历史必然。"[②]德治作为我国传统乡村社会的主要治理方式,在此过程中形成了较为丰富的道德规范内容。这其中既有值得继承的优秀传统道德知识,也有需要摒弃的封建迷信活动。当前加强村庄德治内容建设,需要对传统道德资源进行梳理。以"取其精华、去其糟粕"的态度,深入开展移风易俗活动,"遏制大操大办、相互攀比、'天价彩礼'、厚葬薄养等陈规陋习"[③]。在此基础上,村庄还要充分挖掘"地方性道德知识"。"任何一种道德知识或者道德观念首先都必定是地方性的、本土的,甚或是部落式的。"[④]我国幅员辽阔,不同地域之间、不同经济发展水平之间的村庄,基于自身生产和生活方式,形成了各具特色的"地方性道德知

---

① 《乡村振兴战略规划(2018—2022 年)》,人民出版社 2018 年版,第 71 页。
② 孙迪亮:《论乡村社会治理的系统性》,《齐鲁学刊》2019 年第 4 期。
③ 《乡村振兴战略规划(2018—2022 年)》,人民出版社 2018 年版,第 72 页。
④ 万俊人:《道德谱系与知识镜像》,《读书》2004 年第 4 期。

识","这些'活着的'乡村道德文化传统,已然内化为村民日常生活交往中的行为规则"①。在乡村治理实践中,应该充分利用这些"特殊"的道德资源,发挥地方性优势,"科学把握乡村的差异性和发展走势分化特征,做好顶层设计,注重规划先行、因势利导、分类施策、突出重点、体现特色、丰富多彩"②。

良好的德治水平离不开道德权威的参与。传统乡村社会对道德权威具有强烈的价值认同和道德依附,他们以自身德行和人格魅力为基础,对村民日常言行及其关系作出道德评价和道德判断,以此维护村庄良好秩序。伴随社会的转型,道德权威在乡村治理中的地位逐渐式微,村庄德治也受到严重影响。当前,发挥德治在乡村治理中的优势,必须重塑村庄道德权威。第一,培养个体道德水平。道德权威自身首先需要良好的道德知识和素养,离开了必备的道德支撑,道德权威将难以存在。第二,营造村庄道德文化氛围。良好的道德文化氛围是道德权威生成的沃土,乡村应主动发掘村庄好人好事、宣传村民善义之举,"注重以文化人、以文养德,建立道德讲堂、文化主题公园、文化礼堂等阵地,引导人们讲道德、守道德,用道德理念滋养乡村社会"③。第三,提供必要的制度保障。道德权威的获得虽不以制度保障为前提,但良好的制度支持有利于道德权威持久效果的发挥。村庄可以通过建立道德评议制度、失信惩戒机制、道德听证会等形式,为道德权威的效用保驾护航。

(三)追求村民"美好生活",实现村庄善治

实现村民的美好生活是乡村治理的价值旨归,其内含着村民对经济、政治、文化、社会、环境等各方面的期待与诉求。追求村民的美好生活,一方面要促进个体"全面而自由的发展"④,克服小农伦理的道德缺陷;另一方面要提升乡村整体实力,破除经济在村庄发展中的宰制性地位。

人的"全面而自由的发展"是马克思在批判资本主义基础之上,对新社会中个体状态的描述。新时代村民美好生活的实现首先是个体的自由发展。自

---

① 刘昂:《乡村治理制度的伦理思考——基于江苏省徐州市 JN 村的田野调查》,《中国农村观察》2018 年第 3 期。
② 《乡村振兴战略规划(2018—2022 年)》,人民出版社 2018 年版,第 13 页。
③ 陈锡文等:《中国农村改革 40 年》,人民出版社 2018 年版,第 151 页。
④ 《马克思恩格斯文集》第 5 卷,人民出版社 2009 年版,第 683 页。

由并不是无所欲为,而是在生产力不断发展、生产关系逐渐完善的背景下,个体素质得以提升,旧的社会分工得以打破,人们可以根据需要、兴趣和特长作出选择,"追求美好事物时受到较少的限制"①。拥有美好生活的村民可以自由选择成为农民还是工人抑或是其他,可以自主决定生活在城市还是乡村,从而使农民成为受到尊重的职业,乡村成为人们自愿选择的栖息地。其次,个体的全面发展,内含着"人的各项素质和能力的全面养成和提高"②。在追求美好生活的过程中,需要不断完善村民的社会关系,进一步丰富个体活动,促使村民自身追求进步的欲望日益强烈,综合素质得以提升。最后,克服小农伦理的道德缺陷。村民在追求美好生活的过程中,"全面而自由的发展"也是逐渐摆脱自私狭隘、保守散漫的消极伦理因素的过程。个体不再囿于小块土地和简单的社会交往,以主体的姿态有序参与到乡村治理之中。

美好生活的实现还需要村庄的综合治理。党的十九大报告提出乡村振兴战略,指出要按照"产业兴旺、生态宜居、乡风文明、治理有效、生活富裕"的总要求发展村庄,为乡村治理指明了方向。村民美好生活的实现并不是某一方面的美好,而是经济、政治、文化、生态、社会综合方面的美好。"资本的本性是追逐利润,如果让资本成为乡村社会的主宰,乡村振兴就会成为资本的盛宴。"③面对当前一些乡村将经济发展作为宰制性目标的现状,村庄应尽快调整方向,"以产业兴旺为重点,以生态宜居为关键,以乡风文明为保障,以治理有效为基础,以生活富裕为根本",④综合治理村庄,促进乡村全面振兴,实现村民美好生活。

执笔人:刘昂

---

① [美]德尼·古莱:《发展伦理学》,高铦、温平、李继红译,社会科学文献出版社 2003 年版,第 53 页。
② 秋石、陈志尚:《人的自由全面发展论》,《求是》2003 年第 19 期。
③ 吴重庆、张慧鹏:《以农民组织化重建乡村主体性:新时代乡村振兴的基础》,《中国农业大学学报》(社会科学版)2018 年第 3 期。
④ 参见《乡村振兴战略规划(2018—2022 年)》,人民出版社 2018 年版,第 4-5 页。

第二章

调研方案与组织实施

2017年7月—2018年8月,课题组先后对湖南省郴州市西岭村、湖北省黄冈市赵家湾村、甘肃省定西市辘辘村、江西省抚州市下聂村、江苏省无锡市华宏村、山东省济宁市王杰村和广东省湛江市林屋村7个村庄进行了田野调查。在选定作为个案的上述村庄后,实际调研工作大体分为调研方案的制订、问卷访谈的设计、田野调查的实地实施、访谈录音资料的整理及问卷数据处理与统计分析3个阶段。课题组在抽样方案设计、问卷题目设计、调查组织实施及调查数据处理各个环节采取了一系列措施,防止或减少了各环节可能出现的问题,尽最大努力保证调研数据和结果的真实可靠。7个村庄的调研共收回有效问卷805份,与74位村民进行了深度访谈。

一、方案制订及问卷设计

(一)村庄基本情况

课题组选取了位于全国不同地区的7个典型村庄,其中华宏村为2007年首访,2017年再访,具有一定的对比研究意义。7个村庄的基本情况如下:

西岭村位于湖南省宜章县莽山瑶族乡西部。该村有5个村民小组,共2个自然村,农户230户,农业人口794人,其中瑶族人口占总人口60%以上,大部分村民在村庄从事农业生产,以种植茶叶为主,外出务工人员仅有60人左右。

赵家湾村隶属于湖北省罗田县骆驼坳镇。全村版图面积5.8平方公里,山林面积6 850亩,耕地面积11 685亩,其中水田868.5亩、旱地1 300亩。全村分14个村民小组,共有468户,共计1 518人。村民分散居住在27个自然村落,人口分布极不平均,"三一八"沿线20%的土地居住着80%的人口。村民的生产生活除传统农业、畜牧业外，新发展了板栗、西瓜、蔬菜等种植业，大部分青壮年劳动力在外务工。

辘辘村隶属于甘肃省岷县梅川镇，地处西秦岭末端向北部黄土高原过渡区，地形为浅山河谷川区，海拔 2 530 米左右。根据辘辘村村委会提供的户籍花名册，截至 2017 年 7 月，全村共有 284 户、1326 人，其中 98% 的村民为药材种植户。

下聂村位于江西省抚州市中心城区南郊，距市行政中心约 9 公里，是一个行政隶属于上聂村的自然村，现有常住人口 600 余人。村中地少人多，青年村民在外（本市以及外市、外省）打工，常居人口较少。村中白天留守的多为老人、幼儿和带孩子的妇女，傍晚在本市（附近）打工的中青年村民会返回村中，而在外市和外省打工的村民一般只在春节假期返回本村。

华宏村位于江苏省无锡市江阴市周庄镇西南镇村结合部，距镇区约 2.5 公里，东邻三房巷村，西接周西村。全村共有耕地面积 2 100 亩，下辖 14 个自然村，66 个村民小组，共有农户 2 210 户，村民 8 650 人。该村辖区共有工业企业 90 余家，厂区占地 150 公顷，村级经济总量列全市第七。

王杰村原名华堌村，是英雄王杰的故乡，1968 年当地人民为纪念王杰将村名改为"王杰村"。该村由 4 个自然村组成，位于山东省济宁市金乡县城以北 2 公里，东临 105 国道，西邻王杰湿地公园风景区，北依新万福河，南接开发区，区位优势明显。王杰村现共有 420 户、1 400 余人。

林屋村位于广东省湛江市吴川市黄坡镇西南部，共有 7 个村民小组、13 个自然村庄。全村总人口为 7 200 余人，人均耕地面积 0.6 亩，拥有 1 所中学、3 所小学、2 所幼儿园，2006 年被评为"中国十大魅力乡村"。

（二）方案设计

本次调研拟定采用问卷调查、深度访谈和现场观察相结合的研究方法。课题组在对前期资料进行整理和分析的基础上，根据研究主题，从中国乡村家庭伦理、中国乡村经济伦理、中国乡村生态伦理和中国乡村治理伦理四个维度设计了调查问卷和访谈提纲，并初步拟定了调研的基本思路。

问卷调查遵循系统抽样的方法，依照村委提供的户籍花名册，根据确定的样本容量进行等距抽样,根据各村在村人数的多少,确立以每隔几人次为距离,最终抽取出样本。为保证各抽样地点选取的样本量有足够代表性和统计意义,课题组在样本量和抽取方法上充分考虑了不同调研区域的实际情况和组织实施的可操作性。

访谈工作以半结构式的深度访谈(semi-structured depth interview)①方式进行。受访对象或由村委工作人员根据课题组提出的兼顾年龄、性别、职业、收入的原则安排和联络,或由课题组成员直接联系。受访对象的选择兼顾年龄、性别、职业、收入等各个方面的条件。访谈过程由2—3位调研人员合作完成,访谈人员根据事先部分准备的有关受访对象的个人背景信息、乡村家庭伦理、乡村经济伦理、乡村生态伦理和乡村治理伦理五个方面的问题与受访者进行深度访谈。访谈过程中需要访谈人员根据受访者的具体情况对问题进行具体的修改,并从受访者的日常生活史切入,从其经验图式,即生平经验中理解其处境、行动和态度。

除问卷调查和深度访谈之外,课题组成员还深入当地村民的现实生活,进行了细致的现场观察。课题组成员提前做好准备,熟知此次调研的具体目标,设计、制订需要观察的事项,以便系统地观察、记录有关现象。在各村实地观察时,课题组成员随时随地观察当地村民的生活习惯、行为方式、人际关系、心理状态等。同时,在观察的过程中避免过分感情投入,确保对观察的现象进行更为理性的分析。

二、田野调查的实地实施

(一) 西岭村

西岭村实地调研时间为2017年7月8日—7月12日。

---

① 汤姆·文格拉夫(Tom Wengraf)指出,半结构式深度访谈具有两个最重要的特征。第一,它的问题是事先部分准备的(半结构的),要通过访谈员进行大量改进。但只是改进其中的大部分:作为整体的访谈是你和你的被访者的共同产物(joint production)。第二,要深入事实内部,获取更多的细节知识,并了解表面上简单、直接的事情在实际上是如何更为复杂的。参见 T. Wengraf: *Qualitative Research Interviewing — Biographic Narrative and Semi-structured Methods*, London: SAGE Publication, 2001. //杨善华、孙飞宇:《作为意义探究的深度访谈》,《社会学研究》2005年第5期。

1. 问卷调查

根据西岭村村委会提供的选举名册(该名册已经预先排除了年龄低于18周岁的人口),截至2017年7月,西岭村在籍选民总数共569人,除去全村常年在外打工人口和年龄高于70周岁的人群后,调查总体为343人。因该村实际可调查的总体人数较少,设定50%的抽样比例。遵循系统抽样的方法,依照村委会提供的户籍花名册,根据确定的样本容量进行等距抽样(343/171≈2.01),确立以每隔1人次为距离,最终共抽取出171个样本。

考虑到该村地处山区,地形复杂,且课题组成员对瑶族的民俗习惯也了解不多,为避免过多打扰村民生活和减少无意冒犯,根据实际情况,课题组讨论决定放弃入户调查方式,采取分时段、相对集中地进行问卷调查的方式。问卷实施主要地点定在西岭村村委会活动中心,在西岭村村委会的大力支持下,西岭村DSM支委专门留守活动中心负责协助我们的调研工作。D支委携第一至第四村民小组组长通知各个被抽取到的调查对象来西岭村村委会活动中心集中参加问卷调查。因第五村民小组离活动中心路程比较远,山中也没有公共交通工具,考虑村民前来进行问卷调查的方便性与实际可操作性,我们在最靠近第五村民小组集中居住的西岭村跳石子莽山黑豚饭店设立了问卷实施点,派两名工作人员驻守跳石子莽山黑豚饭店实施点进行问卷调查,由第五村民小组组长负责通知被抽取到的调查对象。在调查中,课题组把受过一定程度教育、有自行答题能力的调查对象集中到一个时段,一人一座,由访问员按照统一要求逐题读卷,调查对象独立作答,并统一收回问卷;把另一部分文化程度相对较低、不能自行答题的调查对象集中到另一时段,由访问员一对一地按照统一要求逐题读卷,并协助调查对象记录所需答案。在整个读卷、做卷过程中,督导员和其余访问员协助维持现场秩序,确保调查对象在相对集中的环境下不受干扰,从而保证调查质量。实际调查后共收回147份问卷,完全有效问卷90份,废卷3份,剩余54份为村民代替被抽取家人进行答卷以及主动要求进行答卷的部分。

2. 深度访谈

此次调研一共对西岭村的十名村民进行了深度访谈,包括4名男性和6名女性,其中年龄最大的60岁,最小的20岁。访谈对象涵盖了村委会委员、村书记、基层公职人员、大学生、人民教师、"致富能手"、普通家庭妇女,均具有典型性。访谈名单确定后,由村委会支委协助课题组通知村民到村委会活动中心参加访谈(第五村民小组另行安排)。访谈分两组在村委会办公室进行,一位组员主导谈话,另外一位组员负责记录,每例访谈时间从0.5—2小时不等。访谈过程中,访谈者根据受访者的文化水平、职业、年龄等适当调整访谈内容,消除了受访者的戒备之心,访谈双方语言沟通顺畅,村民热情回应,较好地完成了访谈任务。十例访谈均在征得受访者同意后进行了录音。

3. 现场观察

在调研期间,课题组成员深入西岭村的田间山头,也走进莽山瑶族乡茅庵村街道、莽山瑶族乡政府、黑豚养殖农场等地,系统观察了当地人民的生活习惯、行为方式、人际关系以及当地的治理现状和风土人情等。西岭村后山上山间小路两旁的野草、蔬菜、茶园、竹林,不禁让人感叹乡村风光之美。西岭村村委会外墙上的大型横幅"我最牵挂的还是困难群众""绿化美化净化,靠你靠我靠他——提高环保意识,建设美好家园",则体现了乡村治理伦理和乡村生态伦理的发展要求。与之形成鲜明对比的是莽山瑶族乡茅庵村街道一处山坡上的垃圾堆,这引起了课题组成员对"山村的生活垃圾到底该如何处理?村民们的环境保护意识到底如何?这种污染对他们的影响又有多大?"等问题的思考。夜晚莽山瑶族乡政府前热闹的广场舞、球类运动、跳皮筋比赛,充分体现了居民的生活幸福感。

(二)赵家湾村

赵家湾村实地调研时间为2017年7月13日—7月17日。

1. 问卷调查

根据赵家湾村村委会提供的户籍花名册,截至2017年7月,赵家湾村在籍居民总数共1 518人,除去全村年龄低于18周岁和高于70周岁的人群后,调查总体为892人。根据课题组设定的5%的抽样比例,样本容量应是44.6。考虑到外出打工的人数相对较多,为保证实际能访问到的样本量充足,故课题组决定把样本容量放宽到200。遵循系统抽样的方法,依照村委会提供的户籍花名册,根据确定的样本容量进行等距抽样(892/200≈4.46),确立以每隔

4人次为距离,最终共抽取出223个样本。

调查过程中,根据实际情况课题组讨论决定采取相对集中的方式进行问卷调查,问卷实施点定在赵家湾村村委会三楼会议大厅。在赵家湾村村委会的大力支持下,负责人和村书记提前通知各个被抽取到的调查对象于7月15日上午来赵家湾村村委会三楼会议大厅集中。在调查前,课题组子课题负责人李志祥教授首先用家乡话向调查对象介绍了调查人员的身份和来意,随后由调查人员向调查对象说明调查的基本内容,尤其强调了调查结果不会对调查对象产生任何负面影响的实际情况,从而有效地降低了调查对象的抵触心理和思想顾虑。在调查中,调查员巡视,调查对象遇到不明白意思的地方举手示意,调查员做出解释,调查对象独立作答,问卷统一收回。针对一部分不太懂也不会讲普通话的调查对象,调查人员专门请当地人员用方言逐一读给他们听,并做出相应的解释,确保意思表达正确,从而保证调查质量。实际调查最终共收回107份有效问卷。

2. 深度访谈

在赵家湾村,课题组进行了13例深度访谈,访谈对象包括大学生、村委会经部委员、村委会妇女主任、村书记兼村委会主任、村委会副主任、退休教师、保险业务员、挖掘机操作人员、百货商店老板、桃园园主、低保户及其他普通农民,年龄从20—64岁不等,男性10名,女性3名,均具有典型性。为确保访谈顺利进行,课题组子课题负责人李志祥教授提前一天与村书记协商,确定了代表各个方面的访谈名单,村书记当场与受访对象取得联系,确保其在次日能顺利接受访谈。

访谈地点安排在村部二楼的小办公室或会议室中,分为3组进行。由于多位受访者普通话不太好,基本只能用湖北罗田方言交流,所以在分配受访者时,普通话较好的受访者由一组(该组成员均不懂罗田方言)进行访谈,普通话一般甚至不会使用普通话的受访者由二组和三组(二组、三组各有一人懂罗田方言)进行访谈。访谈过程为:先由访问者简单介绍来意和具体流程,再请访谈对象介绍自己的成长经历和现在的基本状况,然后就访谈者所感兴趣的问题进行深入的交流。从总体来说,交流非常顺利,每例访谈用时0.5—2小时不等。所有访谈均在征得受访者同意后进行了录音。

3. 现场观察

在做问卷和访谈之余,课题组成员走进赵家湾村在各个地方,系统地观察、记录了村民的日常生活和乡村建设的具体情况。在党员群众服务中心,课题组成员观察并收集了党群活动建设的相关资料,发现该村党员群众服务中心在基础设施保障方面较为完善。在对老李桃园的走访观察中,课题组成员观察、记录了村民老李自创的桃树和番鸭混养的生态种养模式,体会到生态农业对农民生活的切实影响,更感慨于农业技术指导对农业发展的重要性。在与村民一起跳广场舞的过程中,课题组成员了解到相比于政府组织的电影下乡活动,村民们更喜欢广场舞这种形式的活动。以广场舞为载体的"百姓大舞台"为村民提供了一个互相倾诉的场所,使得村民能够在交流中对日常乡村生活中发生的事情形成相对一致的价值判断,逐渐形成新时期的道德共识,增强乡村凝聚力,发挥伦理共同体的独特优势。

(三)辘辘村

辘辘村实地调研时间为 2017 年 7 月 19 日—7 月 23 日。

1. 问卷调查

根据辘辘村村委会提供的户籍花名册,截至 2017 年 7 月,辘辘村在籍居民总数共 1 326 人,除去全村年龄低于 18 周岁和高于 70 周岁的人群后,调查总体为 886 人。根据调查组设定的 5% 的抽样比例,样本容量应是 44.3。考虑本地区在外打工的人数相对较多,而且辘辘村本地村民文化程度较低,所以为保证实际能访问到的样本量充足和调研的顺利性和有效性,故课题组讨论决定把样本容量放宽到 150。遵循系统抽样的方法,依照村委会提供的户籍花名册,根据确定的样本容量进行等距抽样(886/150≈5.91),确立以每隔 6 人次为距离,最终共抽取出 148 个样本。

实地调查中,由村书记通知各村组长识别抽中名单中的本组成员,再由村组长协助通知各个被抽取到的调查对象来辘辘村村委会集中。在调查中,受过一定程度教育、有自行答题能力的调查对象独立作答,访问员做必要的疑问解答,调查对象作答后由访问员统一收回问卷。文化程度相对较弱、不能自行答题的调查对象由访问员一对一地按照统一要求逐题读卷,并协助调查对象记录所需答案。在整个读卷、做卷过程中，督导员和其余访问员协助维持现场秩序，确保调查对象在相对集中的环境下不受干扰，从而保证调查质量。因为辘辘村村民文化水平和普通话水平较低，有相当数量的调查对象不识字且与访问员不能有效沟通，因而在实地调查中，课题组发动了一部分当地受过良好教育的青年人作为"编外访问员"，由他们担当"语言中介"帮助课题组完成跟调查对象的访问和沟通工作。访问员严格把控、监督整个问答过程，确保意思表达正确、调查对象的真实想法可以落实到问卷上。最终共收回105份有效问卷。

2. 深度访谈

在辘辘村，课题组对包括幼儿园教师、原村委会主任、原岷县交警大队协警、原村委会会计、外出务工人员以及以种植当归为生的普通村民进行了11例访谈。其中，男性8名，女性3名，年龄从19—55岁不等。

调研正式开始当天上午，课题组在村书记家确定好访谈对象名单，并由村书记电话通知受访者到村委会办公室进行访谈。访谈于当日下午正式开始，分两组在村委会会议室进行。每组访谈由一位组员主导谈话，另外一位组员负责记录，每例访谈时间用时0.5—2小时不等。在访谈过程中，访问者根据村民的实际情况，有针对性地调整访谈内容，得到了受访者的热情回应。由于部分受访者普通话表达能力不够好，而访谈者又不懂当地方言，因此在访谈过程中有时会出现交流不畅的情况，但最终访谈都较为顺利地完成了。11例访谈均在征得受访者同意后进行了录音。

3. 现场观察

在辘辘村的现场观察中，课题组深入村民的生活当中，与他们聊天交心。村民们虽然声称重视教育，也希望自己的孩子能够接受更好的教育，然而课题组成员观察到的现实情况却是八九岁的孩子还没有开始接受小学教育，家长任由他们在田间地头玩耍。因此，实际上在村民心中，教育是学校的事情，与家庭家风无关。山路崎岖狭窄、旱厕蚊蝇环绕、没有自来水设施，这些都是村民在访谈和问卷当中提到的贫困问题的切实印证。经观察发现，大山阻隔了一切，阻隔了人际交往也妨碍了辘辘村村民的视野，辘辘村的贫困不仅仅是由于自然资源的匮乏，更多还在于村民思想的保守和封闭。

（四）下聂村

下聂村实地调研时间为 2017 年 7 月 25 日—7 月 28 日。

1. 问卷调查

村中的行政事务由本村宗祠的理事长兼职打理，无法提供完整的村民信息，仅能提供本村的户籍信息。因此在保证抽样样本量有足够代表性和统计意义的前提条件下，从调研的实际操作性出发，课题组决定改为考虑不同年龄段，由村祠堂理事从不同年龄段中抽取在村的人口作为样本。与此同时，下聂村由于白天留守的多为老人、幼儿和带孩子的妇女，傍晚在本市（附近）打工的中青年村民才会返回村中，而在外市和外省打工的村民一般要在过年才会返回本村，在综合考虑不同人群的作息时间以及大致的流动情况的前提下，课题组确定以定点抽样和入户抽样两种形式进行调查。

定点抽样由村祠堂理事从不同年龄段中抽取在村的人口作为样本，集中在村祠堂填写问卷。入户调查在晚上进行，采取随机方式，排除已参与定点调查的村民，仅对该家庭的中青年村民进行调查。调查共抽取了 120 个样本，最终共收回 97 份有效问卷。

2. 深度访谈

在下聂村，课题组共对九位村民进行了深度访谈，其中包括 3 名女性、6 名男性，年龄从 21—69 岁不等。受访者的职业分别为原临川区文化局局长、建筑工人、家庭妇女、村主任和普通农民等，均具有典型性。

在了解课题组希望访谈对象兼顾职业、收入、年龄、性别等方面要素之后，嵩湖乡乡长和协助工作的一位年轻村干部表示，村里 20—50 岁的年轻劳动力基本上全部在外打工，这一年龄段的样本几乎无法前来参加访谈。同时，村里有一部分年轻人白天在抚州市打工，晚上才会回到村里。因此，在村主任的建议下，课题组成员上午先进行部分访谈，晚上再次返回村里，由村干部帮助课题组成员入户寻找 20—50 岁的中青年样本进行访谈。访谈分两组在聂氏宗祠进行，由两位组员合作进行访谈，一位组员负责主导谈话，另外一位组员主要负责记录，每例访谈时间 0.5—2 小时不等。访谈双方语言沟通顺畅，受访者热情回应，较好地完成了访谈任务。所有访谈均在征得受访者同意后进行了录音。

3. 现场观察

在下聂村,课题组成员深入聂氏宗祠、津达书院等地进行系统的观察和走访,村庄中每一户人家的正门上方都有一块牌匾,牌匾内容是乡政府为了弘扬传统礼治,根据各家实际状况和夙愿,为村庄的每户人家所题写的。在津达书院,课题组成员收集了书院成立和发展的相关资料,也亲自参与了正在书院举行的支教活动。种种所见所闻,都反映出礼治等传统文化在村庄中的影响。

(五) 华宏村

华宏村实地调研时间为 2017 年 8 月 19 日—8 月 22 日。

1. 问卷调查

本村籍居民相对集中于华宏世纪苑小区,外来人口多聚集于农贸市场和华宏集团。在保证各个抽样地点选取的样本量有足够代表性和统计意义的前提条件下,课题组充分考虑了不同调查区域的实际情况和调查组织实施的可操作性,按照户籍人口和流动人口这一特征指标,来具体分配样本量。调查共抽取了 220 个样本,其中本地人员样本 140 个,外来人员样本 80 个。本地人员样本量具体按照户籍人口的实际分布情况制订了相应的样本采集方案,外来人员样本量根据人口的流行性和作息时间等实际情况制订了相应的样本采集方案。

在调查中,课题组成员以中立研究者的身份说明了来意及基本的调查内容,以了解民意为调查目的进行了访问,从而有效地降低了调查对象的敏感度和思想顾虑。调查使用入户面对面式问卷访问的方式,采用访问员读录法,即由访问员读出问卷上的问题,由调查对象回答,访问员在问卷上填答案。最终共收回 128 份有效问卷,其中本地人员的 76 份,外来人员的 52 份。

2. 深度访谈

此次调研一共对华宏村的 12 名村民进行了深度访谈,其中男性 8 名、女性 4 名,年龄最大的 71 岁,最小的 21 岁。受访者涵盖了治安管理者、原建筑工人、退休教师、村干部、宾馆经理、会计、农贸市场经理、华宏集团领导等,均具有典型性。

村委会委员按照事先的沟通,为课题组联系了访谈对象。访谈对象的选择兼顾了职业、收入、年龄、性别,其中既有 2007 年 1 月课题组在华宏村开展为期近十天的田野工作时曾访谈过的对象,也有此次新安排的访谈对象。由于部分受访者不愿或不方便集中到村委会进行访谈,因此访谈地点安排在华宏村村委会、华宏世纪苑活动中心和华宏集团大楼。访谈过程进行得十分顺利,访谈双方语言沟通顺畅,受访者热情回应,每例访谈用时 0.5—2 小时不等。所有访谈均在征得受访者同意后进行了录音。

3. 现场观察

在华宏村的走访观察中,由于华宏村城市化程度高,村民对于陌生人的防备心比较强,课题组成员在融入村民当中与他们交流谈心时,很多村民不愿意与之交流,这给系统观察和了解村民真实的生活状况和心理状态造成了一定的困难。但是,在参观村委会办公楼、走访村企业的过程中,课题组成员还是收集到了大量关于该村发展的重要资料。

(六) 王杰村

王杰村实地调研时间为 2018 年 5 月 31 日—6 月 3 日。

1. 问卷调查

本地居民相对集中于村内,外出打工的流动人员较少。在综合考虑了不同人群的作息时间以及大致的流动情况的前提下,课题组以王杰村村委会为中心积极展开了调查。在保证选取的样本量有足够代表性和统计意义的前提条件下,充分考虑调查区域的实际情况和调查组织实施的可操作性,课题组按户籍人口这一特征指标具体分配样本量。根据王杰村村委会提供的户籍花名册,遵循系统抽样的方法,根据抽样比例,每隔一定间距抽取 1 个个人样本,共抽取了 236 个样本,全为本地人员样本。

在调查中,课题组成员以中立研究者的身份说明了来意及基本的调查内容,以了解民意为调查目的进行了访问,从而有效地降低了调查对象的敏感度和思想顾虑。调查使用入户面对面式问卷访问的方式,采用访问员读录法,即由访问员读出问卷上的问题,由调查对象回答,访问员在问卷上填答案。最终共收回 114 份有效问卷。

2. 深度访谈

在王杰村，课题组一共进行了12例深度访谈，访谈对象包括小学教师、保洁员、卫生院医生、村书记、信用社业务员、热力公司门卫及普通村民，其中男性9名，女性3名，年龄最大的79岁，最小的28岁，均具有典型性。为确保访谈顺利进行，课题组提前与王杰村村书记、村委会主任等主要干部见面，确定了具体的访谈名单，并由村干部通知受访对象，确保其能顺利接受访谈。

访谈地点安排在村委会图书室和村委会办公室。访谈由两位组员合作完成，一位主导谈话，另一位山东籍组员负责"翻译"和记录工作。虽然部分受访者由于年龄较大，无法用普通话进行沟通，但是在山东籍组员的"翻译"下，访谈工作进行得非常顺利。访谈过程中，访谈者根据受访者自身的特点，从不同角度切入话题，消除了受访者的戒备之心，访谈双方语言沟通顺畅，村民热情回应，每例访谈用时0.5—2小时不等。12例访谈均在征得受访者同意后进行了录音。

3. 现场观察

在王杰村走访观察的过程中，村内笔直且纵横交错的马路、每家每户都有的小院子、村口的自助银行取款机、村里可以送外卖的小饭馆等，无不反映了王杰村较高的经济发展水平和生活条件。村口最显眼的位置张贴着"让王杰精神绽放新时代光芒"的标语；村庄路上随处可见摘录于王杰日记中的警句——"当兵是为人民、为党、为祖国而来的，不管任何工作，党指到哪里就冲到哪里，就是需要献上青春也没有怨言""在平凡的工作岗位上，只要像雷锋一样全心全意地为人民服务，做一颗永不生锈的螺丝钉，同样会做出伟大的事业"；村委会到处张贴着王杰"二不怕三不伸手"精神的海报，这些内容都时刻提醒着人们不忘王杰精神，向王杰烈士学习，也体现了该村精神文明建设做得非常不错。在走访观察过程中，每家每户门口所堆放的大量成捆成袋的大蒜使观察者深感欣慰，认为这一定可以换来可观的收入，但通过与村民交流后得知，目前大蒜收益并不好，基本上卖不出去，更谈不上有什么收益。村民纷纷表达以后再也不想种蒜了。

(七) 林屋村

林屋村实地调研时间为2018年8月13日—8月17日。

1. 问卷调查

在林屋村村干部无法提供相对完整的村庄花名册的情况下,课题组通过综合考虑样本结构、村民聚散状况和村庄实际情况,遵循"村—样本个人"的程序对林屋村村民进行多阶段抽样。第一阶段,根据测算和实地考察,课题组从全村抽取林屋村公共服务站、李姐便民服务店、林屋机械厂、农贸市场4个典型人群聚集地作为第一阶段样本;第二阶段,从第一阶段抽取的人群聚集地中选取不同性别、不同年龄层的村民进行问卷调查。与此同时,在兼顾样本全面性和代表性的基础上,课题组对部分自然村庄进行入户抽样。此次田野调查共收回164份有效问卷。

在田野调查过程中,课题组成员在村干部和"李姐"的带领下,利用村庄"熟人关系"对村民进行问卷调查,从而有效降低了调查对象的敏感度和思想顾虑。与此同时,在充分考虑村民的文化程度并保证调查结果客观性的前提下,此次问卷调查采用"访问员访问"的方式进行。访问员事先经过统一培训,按照培训要求,以统一口径为被调查者读出问卷题目,然后记录调查对象的答案。利用这种方式,一方面,可以通过访问员与调查对象的直接交流,避免不必要的误解,进而达到较为理想的效果;另一方面,由访问员按照统一要求读出问卷上的问题,并记录下调查对象所选择的答案,能够有效地规范访问员的访问行为,保证每一位访问员提供的信息和资料都是按照统一口径获得的,从而减少因个人行为而导致的误差。

2. 深度访谈

在林屋村,课题组对包括村书记、中学退休教师、便利店店主、公司退休员工、公司在职员工及普通村民在内的7人进行了深度访谈。其中,男性受访者4名,女性受访者3名,年龄从30—78岁不等。

由于林屋村无法提供具体的花名册,在访谈对象的选择上,课题组以林屋村公共服务站、李姐便民服务店、林屋机械厂、农贸市场4个典型人群聚集地作为取样地点,观察并挑选合适的访谈对象。同时,抽样的访谈对象因各种原因无法前往村委会服务站进行访谈,有的是忙于家务、照看孩子,有的是工作繁忙无法抽身,因此访谈地点也频频更换,从林屋村公共服务站到林屋村便利店,再到林屋村粤凯机械有限公司会晤室。对于实在不便外出接受访谈的村民,课题组成员对其进行了上门访谈。由于部分受访者普通话表达不好,而访谈者又不懂当地吴川方言,因此在访谈过程中有时会出现交流不畅的情况。每例访谈用时 0.5—2 小时不等。所有访谈均在征得受访者同意后进行了录音。

3. 现场观察

在到林屋村公共服务站、李姐便民服务店、林屋机械厂、农贸市场等地挑选问卷和访谈的样本时,课题组成员得以对整个林屋村的基本面貌和村民的真实生活进行细致入微的观察。通过观察,三层小楼是大多数人家住房的"基本配置",最高的甚至达到五层。家中的装修、家具、家电也都与城市几乎没有差别,反映出了村民较高的居住条件和日常消费水平。课题组成员在与村中小朋友玩耍时得到了他们的喜爱。通过观察可以发现,孩子们表达喜欢的方式十分独特,"骂'死'你""打'死'你"等口头禅是其中一种,这显然是缺乏家长的正确教育引导所致。村民对孩子散养的方式也使得这群孩子缺乏足够的家庭教育。孩子的教育不能单单依靠学校,而在这里,家庭教育的缺失或是造成孩子"独特"表达方式的原因。在入户调查时,课题组成员起初得到了一户人家的热情招待,后又遭到对方质疑。在课题组成员看来,他们最初之所以热情招呼大家应该是出于好客的习惯,而冷言拒绝接受调查则是出于对自身利益的保护。这两者虽然表现形式不同,但本质上都是对"安全第一"这种生存伦理的追求。

三、访谈资料整理和问卷数据处理与统计分析

在完成实地调查工作后,访谈录音资料由记录员结合访谈笔记全部整理为文字材料。为更加清晰地呈现访谈内容,在保持访谈者叙述原意的同时,记录和整理人员对少量过于口语化和方言化的内容进行了适当删改。同时需要说明的是,访谈记录仅仅是对访谈内容的呈现,课题组并未对叙述内容的真伪进行核实。

问卷调查结果采用 SPSS(Statistical Product and Service Solutions)高级统计分析软件进行数据处理及统计汇总分析。具体过程为:

1. 在全部问卷收回后,由专人录入相关信息,并进行条目编码;

2. 指派专人对初次录入数据表进行两次复核,尽可能减少人为操作失误造成的登记误差;

3. 使用最新 SPSS 高级统计分析软件进行数据查错工作,以确保统计数据的质量,为最终完成数据汇总分析工作打好基础;

4. 使用最新 SPSS 高级统计分析软件进行抽样调查高级统计分析工作,最终完成数据处理及统计汇总分析工作。

四、质量控制

(一) 访问工作的奖惩机制

为了调动访问员工作的积极性,并能有效监控访问员的工作质量,课题组在调查过程中设定了严格的奖惩机制,坚决反对任何在问卷填写过程中的弄虚作假、粗制滥造行为,奖励在访问中诚实、认真、负责等表现良好的访问员。

(二) 质量过程控制

此次调查的质量过程控制贯穿整个调查执行过程当中,多道监督、复核程序确保了问卷数据的科学性和准确性。在问卷设计过程中,课题组聘请专家、学者及当地行政管理部门的官员,多次讨论,针对调查问卷多次易稿,确保了问卷设计、调查方案的制订都具备高水平、高质量的特点。在调查实施过程中,督导员负责解答访问员在访问过程中发现的任何关于问卷内容和抽样方法的问题,督导员不定时地进行入户陪访,负责调查对象的确认、配额检查、现场访问工作的指导和访问质量的监控。督导员负责每天对该地访问员交回的所有访问问卷进行至少两次卷面审查,卷面不符合规定要求的及时返工,确保问卷的有效性和完整性。

在全部问卷收回后,录入所有的数据信息并派专人对初次录入数据表进行两次复核,尽可能减少人为操作失误造成的误差。对初次复核过的数据,使用最新 SPSS 高级统计分析软件再次进行数据查错工作和统计分析工作,以确保统计数据的质量,最终完成数据汇总分析工作。

需要说明的是,为了更为直观地体现村民对调研问题的反映,调研数据最终以饼图的形式呈现。系统在生成饼图过程中,对百分号前的数值进行了四舍五入,仅保留1位小数,从而可能造成部分饼图各选项数值之和大于或小于100%的现象。

第三章 调研问卷与基本数据

第一节
调 研 问 卷

编号：_____

中国乡村伦理研究调查问卷

国家哲学社会科学基金重大项目"中国乡村伦理研究"课题组

（问卷首页）

1. 调查地点
   _____省_____市_____区(市、县)_____镇(乡)_____村
2. 调查员(签名)_____
3. 初　检(签名)_____
   复　检(签名)_____
   终　检(签名)_____

尊敬的女士/先生：

　　您好！

　　我是国家哲学社会科学基金重大项目"中国乡村伦理研究"课题组的调查员，我们正在进行一项关于乡村生活和乡村伦理的社会调查。依据系统抽样方法，选中了您进行调查。本次调查是匿名的学术调查，旨在了解我国当前乡村伦理的现状与问题，调查的最终结果表现为统计数据形式，并且完全用于学术研究。我们将严格按照《中华人民共和国统计法》对您的回答情况保密。因此，本次调查既不会泄露您的个人隐私，也不会给您带来任何方面的不良影响。您的合作与支持对我们的研究非常重要，在此向您表示衷心的感谢！

"中国乡村伦理研究"课题组
2017 年 7 月

个人调查表(主卷)

请调查员先翻到问卷最后一页填写调查开始时间。

A 部分　个人基本情况

A1. 您的性别：_____。

　　1. 男　　　2. 女

A2. 您现年多少周岁？_____周岁。

A3. 您当前的婚姻状况是_____。

　　1. 未婚　　　　2. 初婚有配偶　　　3. 再婚有配偶

　　4. 离婚　　　　5. 丧偶

A4. 您的户口是_____。

　　1. 城镇户口　　2. 农村户口　　　　3. 其他

A5. 您的受教育程度是_____。

　　1. 未受过正式教育　2. 小学　　　　3. 初中

　　4. 职高、技校、中专　5. 高中　　　　6. 大专

　　7. 本科　　　　8. 研究生及以上　　9. 私塾

　　10. 其他

A6. 您的政治面貌是_____。

　　1. 群众　　　　2. 中共党员(含预备党员)

　　3. 民主党派　　4. 共青团员　　　　5. 其他

A7. 您的宗教信仰是_____。

　　1. 基督教　　　2. 佛教　　　　　　3. 伊斯兰教

　　4. 其他　　　　5. 无宗教信仰

A8. 您的籍贯地在本地吗？

　　1. 在　　　　　2. 不在

A9. 您的户口所在地在本地吗？

　　1. 在　　　　　2. 不在

A10. 您目前的职业是_____。

1. 国家机关、党群组织、企业、事业单位人员

2. 专业技术人员

3. 办事人员和有关人员

4. 商业、服务业人员

5. 农、林、牧、渔、水利业生产人员

6. 生产、运输设备操作人员及有关人员

7. 军人

8. 不便分类的其他从业人员

9. 离退休(下面回答离退休前的单位状况)

10. 失业/下岗(下面回答失业下岗前的单位状况)

11. 在校学生跳答 A14 题

A11. 您去年全年的个人总收入大约在_____。(单位:元)

1. 3 000 以下　　2. 3 000—7 999　　3. 8 000—19 999

4. 20 000—49 999　5. 50 000—99 999　6. 100 000 及以上

a. 不知道/说不清　　b. 拒绝回答

注:总收入是指包括工资、各种奖金、补贴、分红、股息、经营性纯收入、银行利息、馈赠等所有收入。(A12、A13 题同)

A12. 您今年全年的个人理想总收入大约是_____。(单位:元)

1. 5 000—9 999　　2. 10 000—29 999　　3. 30 000—59 999

4. 60 000—99 999　5. 100 000 及以上　　a. 不知道/说不清

b. 拒绝回答

A13. 您家去年全年家庭各种收入大约在_____。(单位:元)

1. 3 000 以下　　2. 3 000—7 999　　3. 8 000—19 999

4. 20 000—49 999　5. 50 000—99 999　6. 100 000 及以上

a. 不知道/说不清　　b. 拒绝回答

A14. 总的来说,您对目前家庭的收入水平是否满意?

1. 很不满意　　2. 不太满意　　3. 一般

4. 比较满意　　5. 非常满意　　a. 不知道/说不清

b. 拒绝回答

A15. 总的来说,您对自己的生活状况是否满意?

1. 很不满意　　　2. 不太满意　　　3. 一般

4. 比较满意　　　5. 非常满意　　　a. 不知道/说不清

b. 拒绝回答

B 部分　中国乡村伦理研究

B1. 在下面的几种美德中,您认为哪个最为重要?

1. 勤劳　　　　　2. 节俭　　　　　3. 诚信

4. 宽容　　　　　5. 公正　　　　　6. 无私

7. 其他　　　　　a. 不知道/说不清

B2. 您与他人交往时最看重的是什么?

1. 看他的人品如何　　　　　2. 看他是否和自己投缘

3. 看他是否有权有势　　　　4. 看他是否很有钱

5. 看他今后是否对自己有用　6. 是不是对自己好

7. 其他　　　　　　　　　　a. 不知道/说不清

B3. 在现代社会,您认为个人成功最需要的是什么?

1. 钱　　　　　　2. 权力　　　　　3. 能力

4. 家庭背景　　　5. 人际关系　　　6. 人品

7. 学历　　　　　8. 其他　　　　　a. 不知道/说不清

B4. 您认为这些年来,村里人变得如何?

1. 越来越会为自己算计,各家自扫门前雪

2. 主要为自己着想,但也能适当为村里事和邻里乡亲着想

3. 为村里事和大伙着想的人越来越多,为大家想就是为自己想

4. 心里全装着乡亲们,没有私心杂念

5. 没什么太大变化

a. 不知道/说不清

B5. 您对工作的基本态度是什么?

1. 得过且过,混口饭吃而已

2. 既然做了,就要认认真真做好

3. 单位有纪律,想不认真也不行

4. 工作让人感觉充实,是一件很快乐的事

5. 认真工作就能取得成绩,从中可以获得成就感

6. 其他

a. 不知道/说不清

B6. 您选择工作时主要考虑的是什么?（最多选三项）

1. 收入越多越好　　2. 工作不能太累　　3. 工作环境不能太差

4. 工作不能伤身体　5. 离家远近　　　　6. 能否学到新本领

7. 有没有发展空间　8. 其他　　　　　　a. 不知道/说不清

B7. 您认为最理想的职业是什么?（最多选三项）

1. 公务员　　　　　2. 企业管理者　　　3. 教师、医生等专业技术人员

4. 个体工商业者　　5. 商业、服务业人员　6. 农民

7. 工人　　　　　　8. 军人　　　　　　9. 其他

a. 不知道/说不清

B8. 您觉得孩子读书有用吗?

1. 非常有用　　　　2. 有用　　　　　　3. 有一点用

4. 没有用　　　　　5. 其他　　　　　　a. 不知道/说不清

B9. 您打算继续在本村住下去吗?

1. 是的,因为在这里生活得很好

2. 是的,因为住这里时间长了,习惯了

3. 不是的,如果有更好的环境就离开

4. 不是的,只是由于一些特殊的原因才留在这里

a. 不知道/说不清

B10. 您平日里闲时都干些什么?（最多选三项）

1. 一年四季忙到头,没有闲的时候　　2. 和人聊天交流

3. 看电视、报纸、杂志　　　　　　　4. 棋牌活动

5. 电脑或手机上网　　　　　　　　　6. 睡觉

7. 其他　　　　　　　　　　　　　　a. 不知道/说不清

B11. 您在选择结婚对象时会主要考虑哪些因素?（最多选三项）

1. 家庭条件   2. 两个人的感情   3. 个人外在条件

4. 人品   5. 是否有手艺   6. 是否志同道合

7. 其他   a. 不知道/说不清

B12. 您认为恋爱结婚的主要目的是什么？

1. 生娃   2. 实现父母愿望   3. 生活有依靠

4. 有自己的家   5. 相亲相爱一辈子   6. 其他

a. 不知道/说不清

B13. 您认为影响夫妻感情的主要因素是哪些？（最多选三项）

1. 是否忠诚有责任心   2. 收入高低   3. 思想观念是否一致

4. 性生活是否和谐   5. 家庭暴力   6. 子女问题

7. 与对方家人相处是否融洽   a. 不知道/说不清

B14. 您认为理想的婚姻家庭是怎样的？（最多选三项）

1. 不为吃穿发愁   2. 夫妻感情好

3. 家庭成员身体健康，相处和谐   4. 孩子懂事有出息

5. 夫妻没有长久的两地分居   6. 父母和子女经常沟通交流

a. 不知道/说不清

B15. 您如何看待婚前性行为？

1. 反对   2. 双方愿意无可厚非

3. 可以理解，但不会做   4. 属于个人隐私不做评论

5. 满足感情需要可以理解   6. 确定结婚可以

a. 不知道/说不清

B16. 您如何看待婚外性行为？

1. 反对   2. 互相愿意无可厚非

3. 可以理解，但不会做   4. 属于个人隐私不做评论

5. 满足感情需要可以理解   a. 不知道/说不清

B17. 您认为生养孩子的首要目的是什么？

1. 老了有依靠   2. 生男孩以传宗接代

3. 为社会尽义务   4. 活着有意义

5. 感情的寄托   6. 家庭完美

a. 不知道/说不清

B18. 您认为农村小孩的家庭教育应重视哪些方面的内容？（最多选三项）

1. 思想品德教育,懂道理孝敬父母
2. 学习习惯培养,爱学习
3. 生活技能教育,自立自强
4. 安全教育,不做危险事
5. 心理情感教育,培养好性格好心态
6. 生活行为习惯培养,没有恶习和不良嗜好

a. 不知道/说不清

B19. 您觉得尽孝要做到哪些？（最多选三项）

1. 不打骂父母
2. 让父母有安身之处
3. 必要时提供物质和生活照料
4. 经常探望和关心
5. 让父母感到有面子
6. 自立自强

a. 不知道/说不清

B20. 您家经济收入的主要来源有哪些？（最多选三项）

1. 离家外出打工
2. 开矿开厂
3. 做生意
4. 种植
5. 养殖动物
6. 本地企业上班
7. 打短工
8. 其他
a. 不知道/说不清

B21. 如果与他人发生了经济纠纷,您会怎么办？

1. 忍了算了
2. 托熟人解决
3. 通过打官司解决
4. 找村委员或村党支部解决
5. 带上一帮人来硬的
6. 上访
7. 其他
a. 不知道/说不清

B22. 您家主要的经济支出是什么？（最多选三项）

1. 住房
2. 子女教育
3. 子女结婚
4. 穿衣吃饭
5. 人情往来
6. 医疗
7. 其他
a. 不知道/说不清

B23. 您对家庭支出的态度是怎样的？

1. 要尽可能地少花

2. 该花的花,不该花的不花

3. 赚得多,花得多;赚得少,花得少

4. 有多少花多少,享受最重要

5. 花钱是为了赚钱

6. 其他

a. 不知道/说不清

B24. 如果有可能赚钱的机会,您会如何做?

1. 只要赚到钱就行,其他的暂不考虑

2. 想尽一切办法去赚,但会遵纪守法

3. 赚钱往往有风险,还是安稳点好

4. 其他

a. 不知道/说不清

B25. 如果有人向您借一万元,您会借吗?

1. 无论如何都不借

2. 借,但必须要打欠条

3. 借,但必须要到公证处公证

4. 借,只要熟人担保就可以,不用打欠条

5. 借,但必须要打欠条,而且要找熟人担保

6. 借,但只借熟人

7. 其他

a. 不知道/说不清

B26. 如果急需数目较大的一笔钱,您会怎么办?

1. 向亲戚朋友借,不打欠条,不付利息

2. 向亲戚朋友借,打欠条,不付利息

3. 向亲戚朋友借,打欠条,付利息

4. 借高利贷

5. 向农村信用社或银行借贷

6. 其他

a. 不知道/说不清

B27. 您对个人收入差距的看法是什么?

1. 不公平,收入应该人人平等

2. 不公平,富人可能采用了不正当的手段

3. 很正常,做得多拿得就应该多

4. 很正常,收入有差距才能激发人通过努力去赚钱

5. 可以有差距,但差距不能太大

6. 其他

a. 不知道/说不清

B28. 请问您种地的时候是否会大量使用农药和化肥?

1. 会大量使用　　2. 会少量使用　　3. 不会使用

a. 不知道/说不清

B29. 您在从事种地或养殖的时候是否会考虑环保、生态、健康等因素?

1. 会考虑　　2. 会很少考虑　　3. 根本不考虑

a. 不知道/说不清

B30. 现在乡村是否有环保法规?

1. 有,而且很完善　　2. 有,但不完善　　3. 没有,但很需要

4. 没有,也不需要　　a. 不知道/说不清

B31. 您认为环境保护和经济发展哪个更加重要?

1. 环保更重要　　2. 经济发展更重要　　3. 都很重要

4. 都不重要　　a. 不知道/说不清

B32. 您认为可以通过建设美丽乡村(比如农家乐、有机食品等)实现致富吗?

1. 可以的,而且很赚钱　　　　2. 可以的,但是收入有限

3. 不可以　　　　　　　　　　a. 不知道/说不清

B33. 村里是否有关于环保的宣传?

1. 有,也会自觉做到

2. 有,但是没有人理会

3. 没有,但是大家感觉需要环保的宣传教育

4. 没有相关宣传,也并不需要

a. 不知道/说不清

B34. 您能准确说出最近一次民主选举产生的村干部名字吗?

　　1. 能全部说出　　　　　　2. 能说出一半及以上

　　3. 只能说出一半以下　　　　4. 完全不知道

B35. 您主要通过哪些渠道了解村里的管理情况?

　　1. 村里会议　　　2. 村务公开栏　　　3. 村级广播

　　4. 询问村干部　　5. 上网查阅　　　　a. 不知道/说不清

B36. 当村干部的决策损害您和大多数村民利益时,您通常会怎样?

　　1. 主动联合其他村民,制造舆论给村干部施压

　　2. 观望一段时间,有人反对就一起加入,没人反对就默默忍受

　　3. 上访

　　4. 向新闻媒体反映

　　5. 始终不管不问

　　6. 直接向村干部提出

　　a. 不知道/说不清

B37. 有关乡村发展的事情,你们村一般如何解决?

　　1. 召开村民(代表)会议讨论决定

　　2. 村干部到村民家中征求意见后决定

　　3. 村干部自己决定

　　4. 由村民主动提出意见或建议

　　a. 不知道/说不清

B38. 您认为在乡村日常事务中谁的影响力最大?

　　1. 村干部

　　2. 经济上有实力的人

　　3. 大的家族势力

　　4. 德高望重的人

　　5. 黑社会势力

　　a. 不知道/说不清

B39. 您认为一个好的村干部在哪个方面最重要?

　　1. 能带动村里的经济发展,带领村民致富

2. 工作热情卖力,勤勤恳恳

3. 为人正直,大公无私,乐于奉献

4. 能协调好上下级的关系

a. 不知道/说不清

B40. 您认为国家三农政策在村庄得到落实了吗?

1. 得到了主动落实

2. 在村民的争取下基本得到落实

3. 即使在村民的争取下也得不到基本落实

a. 不知道/说不清

B41. 您村的村规民约对村民有约束力吗?

1. 没有村规民约

2. 有村规民约,但完全没用

3. 有村规民约,但只有很少作用

4. 有村规民约,基本能起到约束作用

5. 有村规民约,并且对村民有很强的约束力

a. 不知道/说不清

B42. 人们在社会生活中总要和不同的人打交道,下列成员,您在多大程度上信任他们?

	完全信任	比较信任	一般	比较不信任	完全不信任	说不清	拒绝回答
家庭成员							
亲戚							
朋友							
邻居							
同事							
单位领导							
村长①							
同村人							
陌生人							

---

① 村长,即村主任,此部分按照调查表实录,未做修改(下同)。

B43. 您是否有出村的经历？

	从来没有	偶尔有	经常有	将来会有	说不清
村外					
镇外					
市外					
省外					
国外					

调查到此结束，谢谢您的合作！

调查时间

	访谈日期（月、日）	开始时间（时、分）24小时制	结束时间（时、分）24小时制	成功与否 1. 成功 2. 失败	未成功的原因
问卷访谈					

注：未成功的原因选项：01. 不能调查（被访者生病） 02. 被访者要求调查员稍后再来 03. 完成了部分调查，必须再来 04. 遭被访者拒绝

住户地址_____（非必填） 住户电话_____（非必填）

第二节
问卷基本数据

一、西岭村问卷调查基本数据

A1. 您的性别：_____。

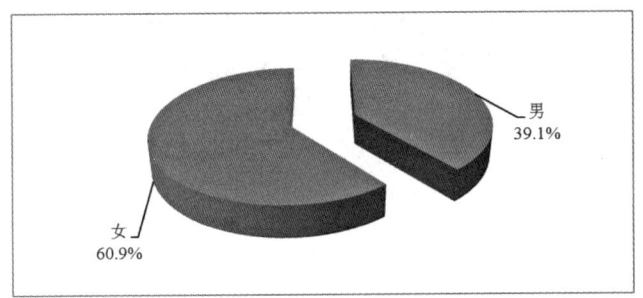

A2. 您现年多少周岁？_____周岁。

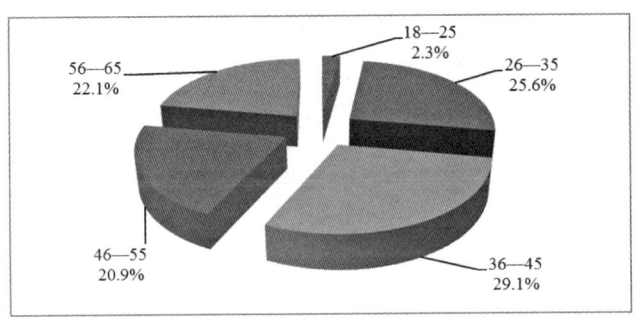

A3. 您当前的婚姻状况是_____。

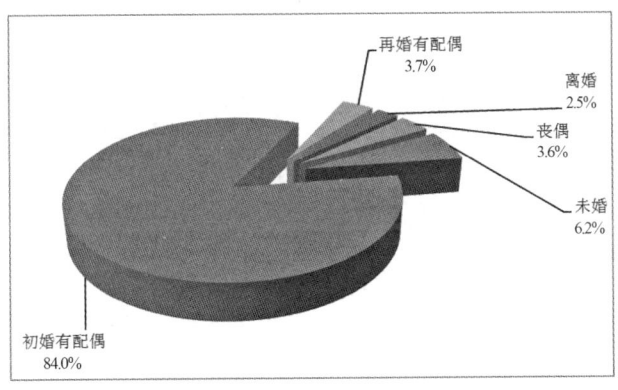

A4. 您的户口是_____。

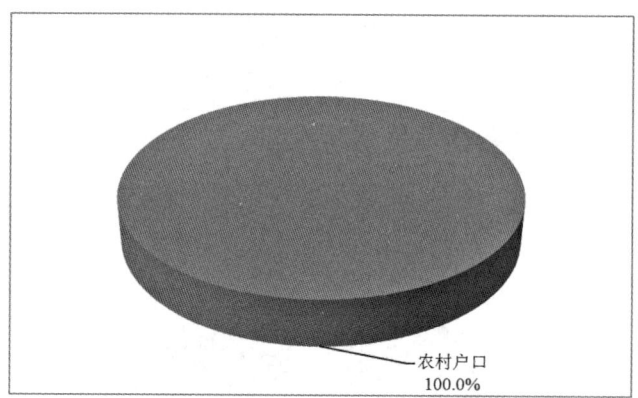

A5. 您的受教育程度是_____。

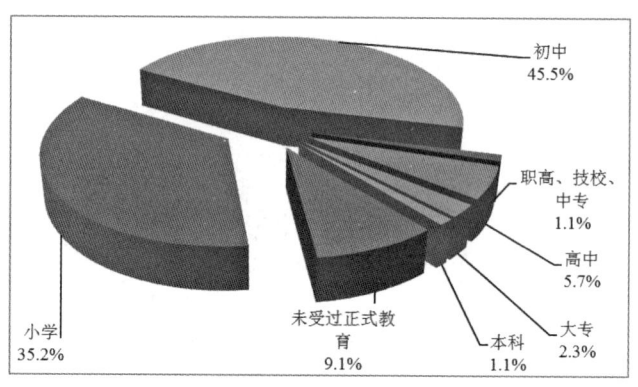

A6. 您的政治面貌是_____。

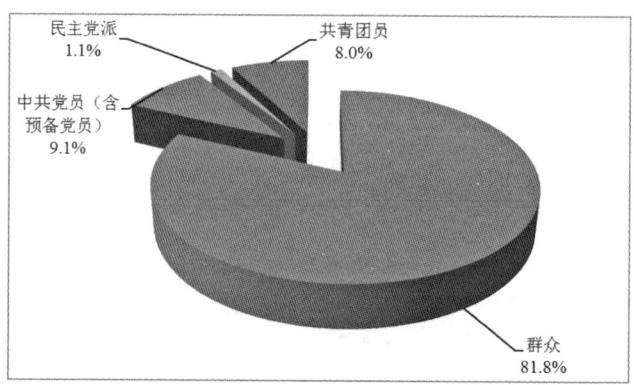

A7. 您的宗教信仰是_____。

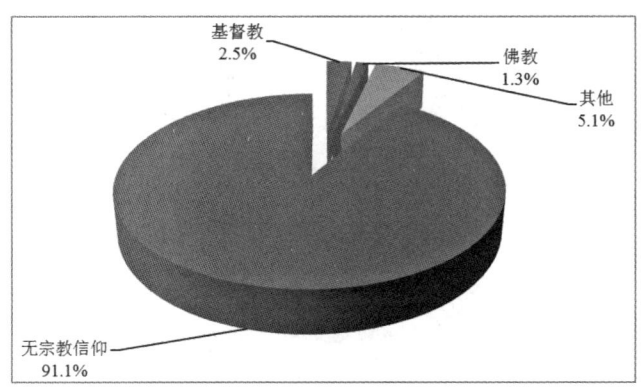

A8. 您的籍贯地在本地吗?

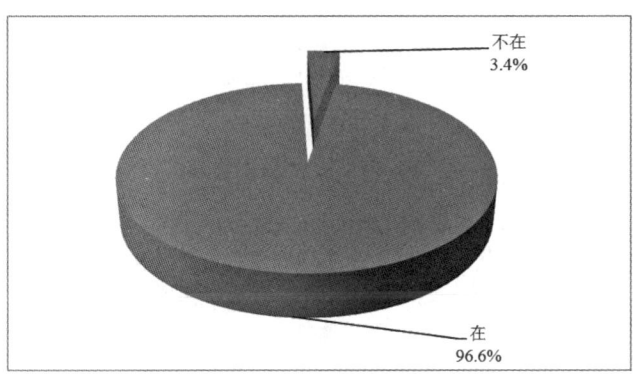

A9. 您的户口所在地在本地吗?

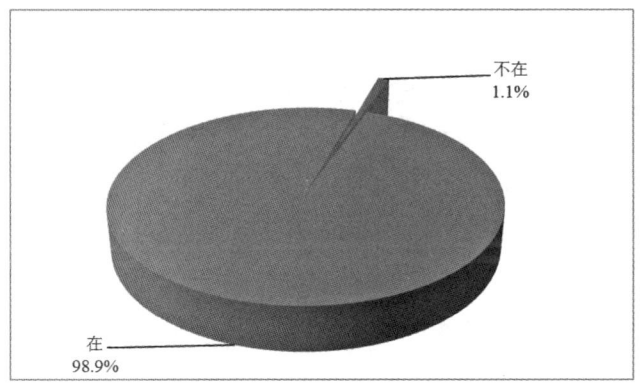

A10. 您目前的职业是_____。

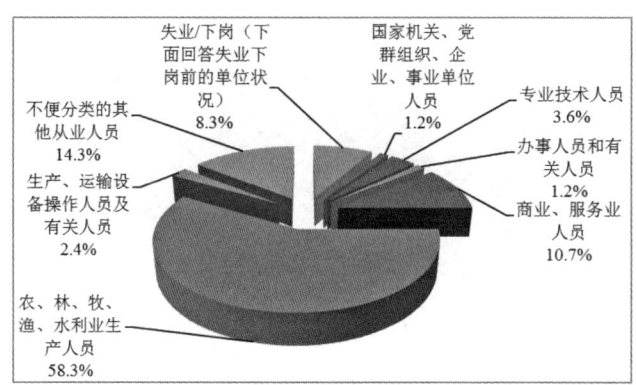

A11. 您去年全年的个人总收入大约在_____。（单位：元）

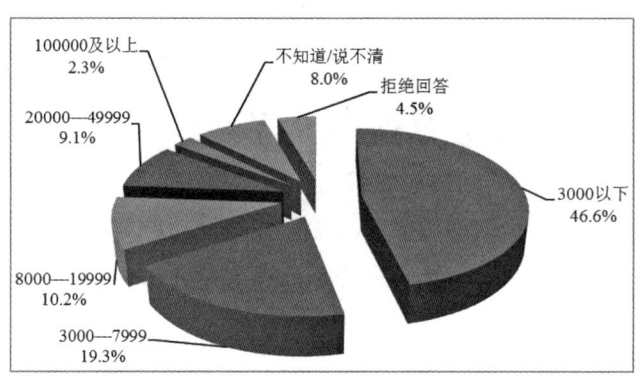

A12. 您今年全年的个人理想总收入大约是_____。（单位：元）

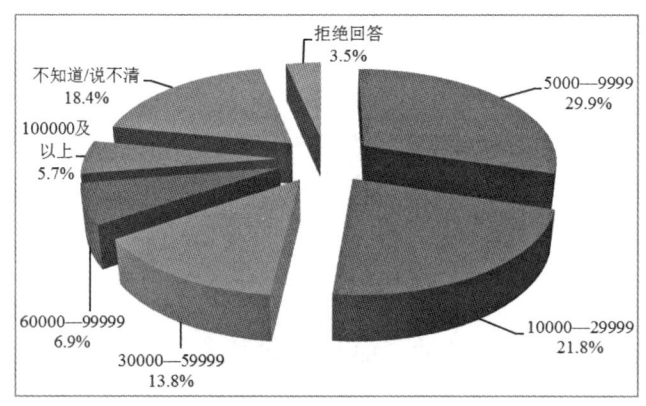

A13. 您家去年全年家庭各种收入大约在_____。（单位：元）

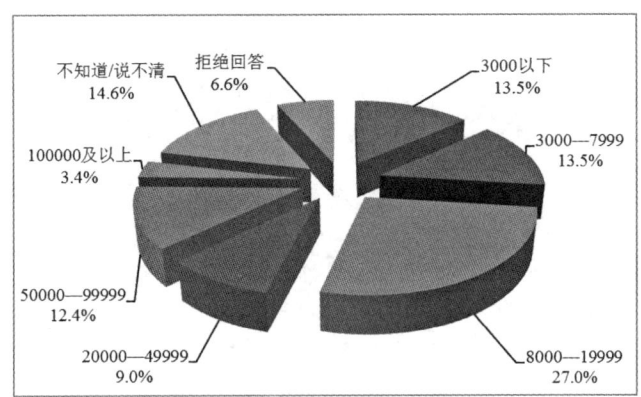

A14. 总的来说，您对目前家庭的收入水平是否满意？

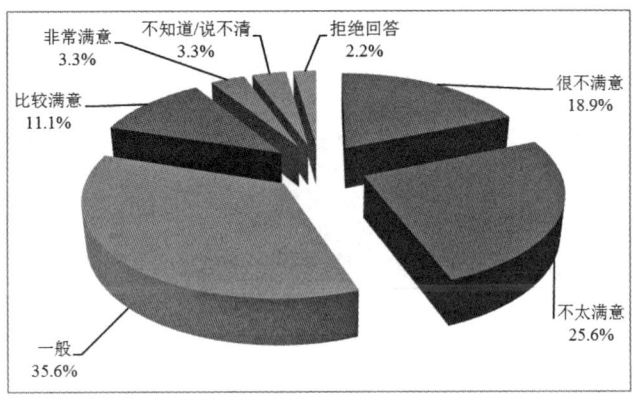

A15. 总的来说，您对自己的生活状况是否满意？

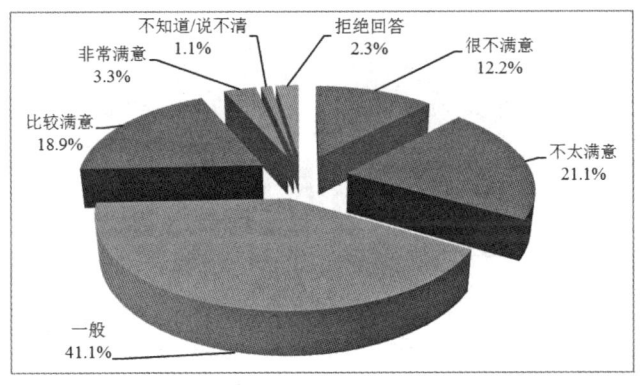

B1. 在下面的几种美德中,您认为哪个最为重要?

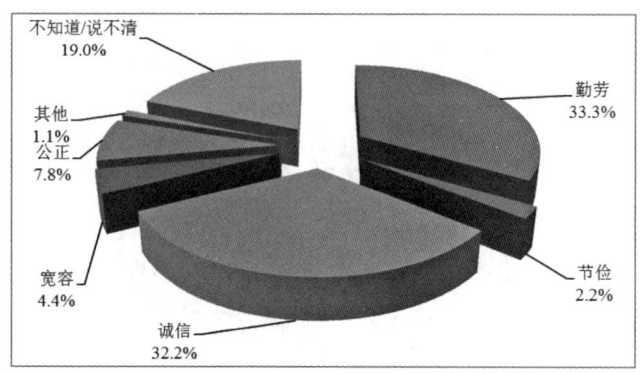

B2. 您与他人交往时最看重的是什么?

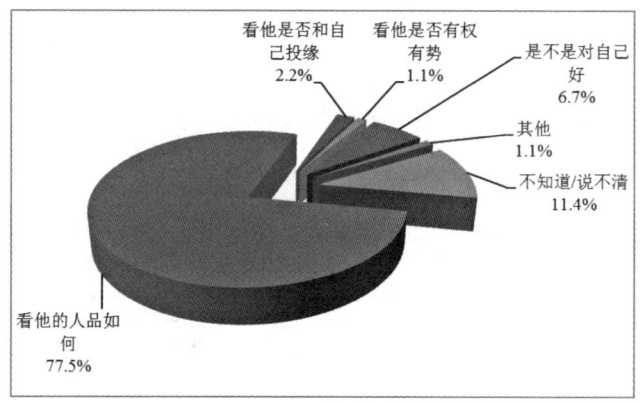

B3. 在现代社会,您认为个人成功最需要的是什么?

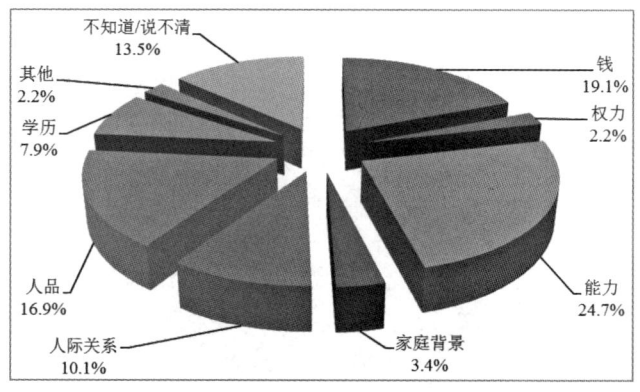

B4. 您认为这些年来，村里人变得如何？

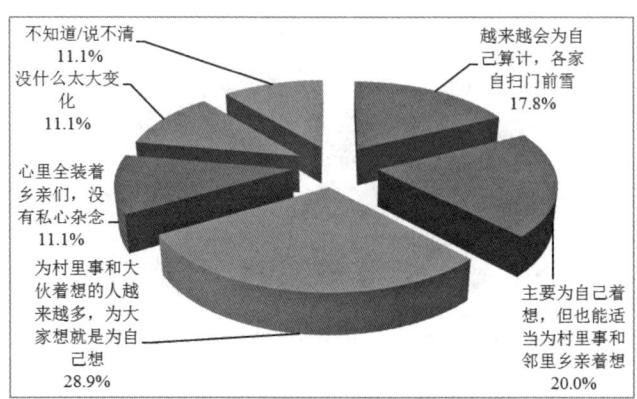

B5. 您对工作的基本态度是什么？

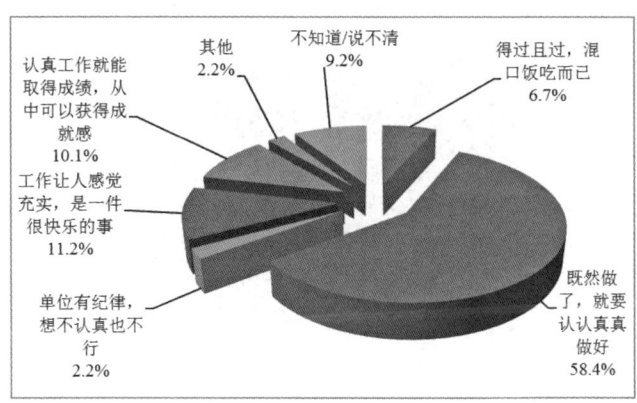

B6. 您选择工作时主要考虑的是什么？（最多选三项）

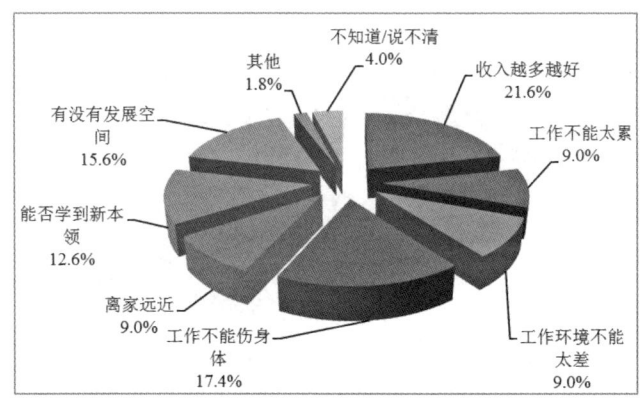

B7. 您认为最理想的职业是什么？（最多选三项）

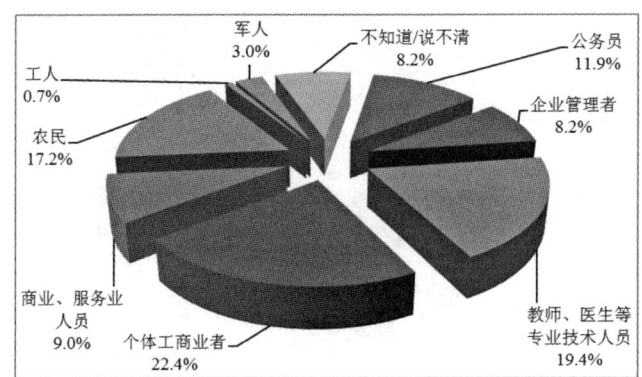

B8. 您觉得孩子读书有用吗？

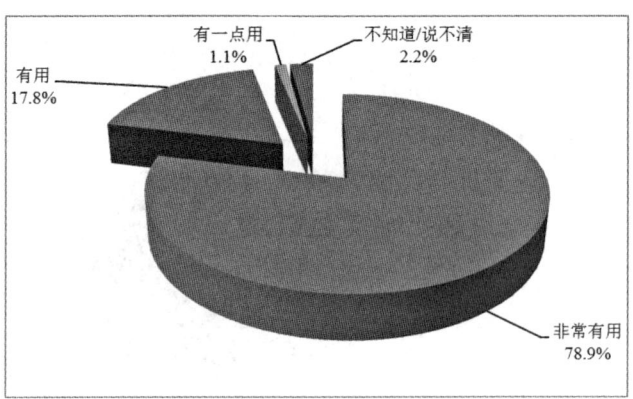

B9. 您打算继续在本村住下去吗？

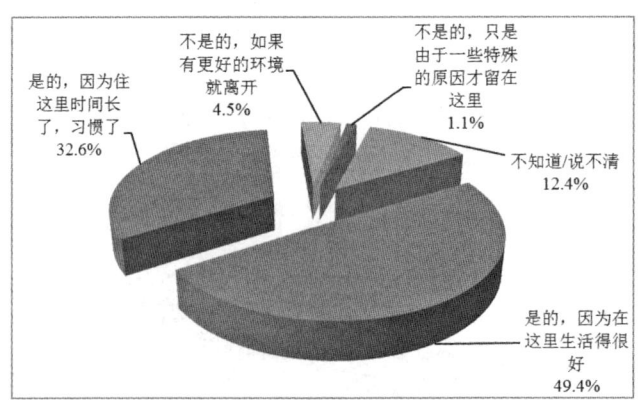

B10. 您平日里闲时都干些什么？（最多选三项）

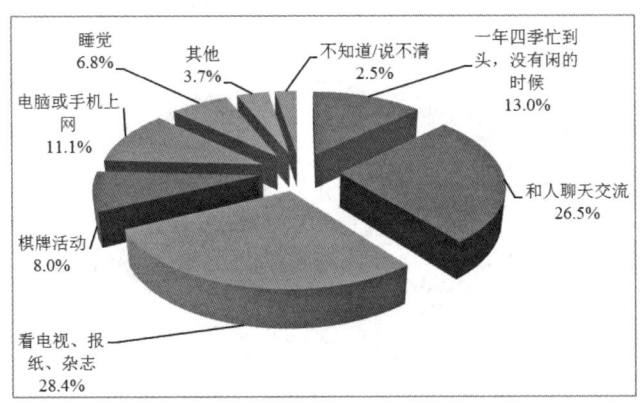

B11. 您在选择结婚对象时会主要考虑哪些因素？（最多选三项）

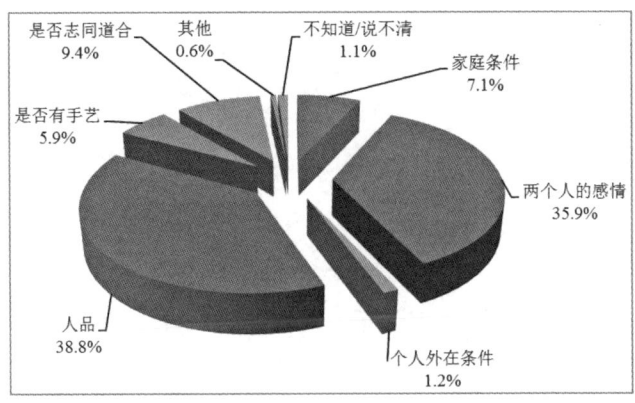

B12. 您认为恋爱结婚的主要目的是什么？

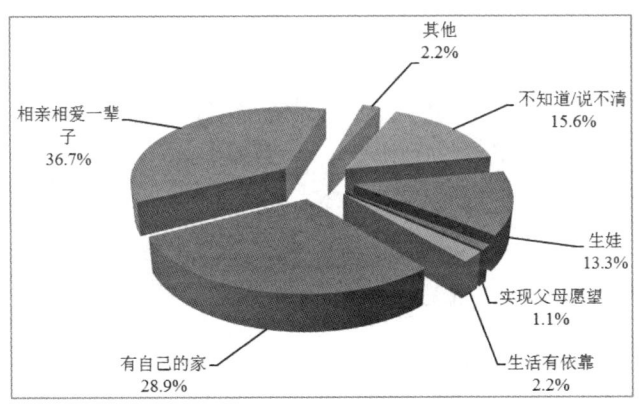

B13. 您认为影响夫妻感情的主要因素是哪些？（最多选三项）

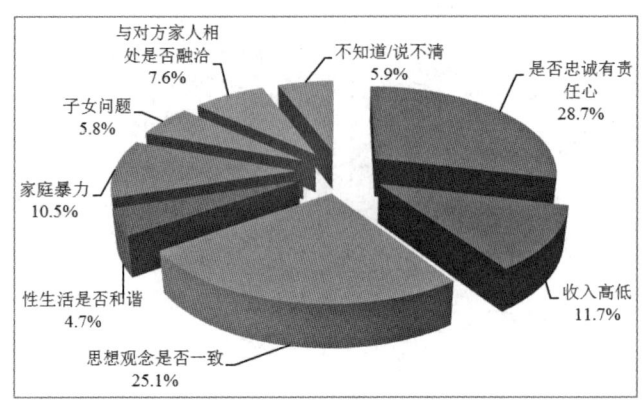

B14. 您认为理想的婚姻家庭是怎样的？（最多选三项）

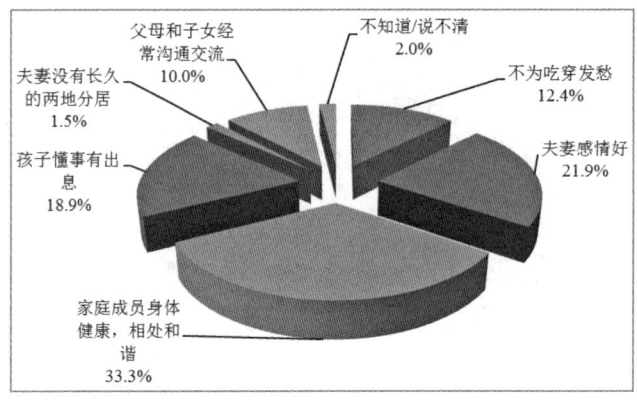

B15. 您如何看待婚前性行为？

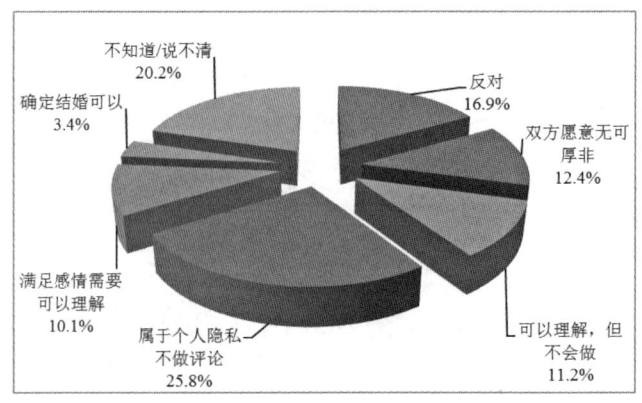

B16. 您如何看待婚外性行为？

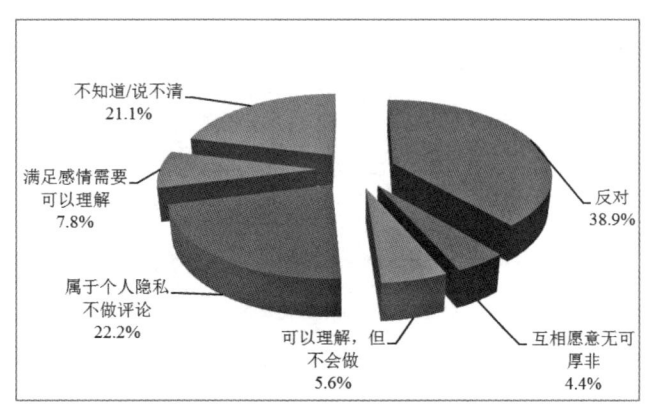

B17. 您认为生养孩子的首要目的是什么？

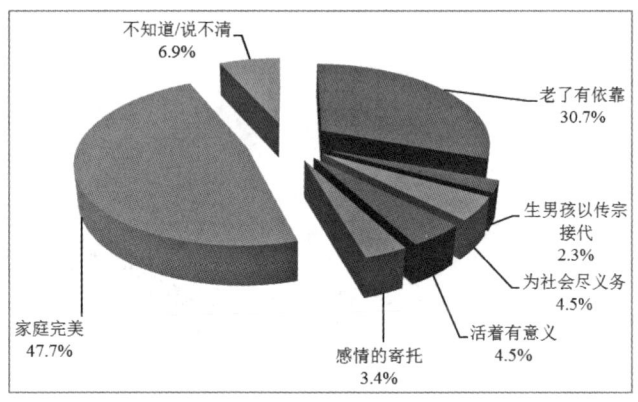

B18. 您认为农村小孩的家庭教育应重视哪些方面的内容？（最多选三项）

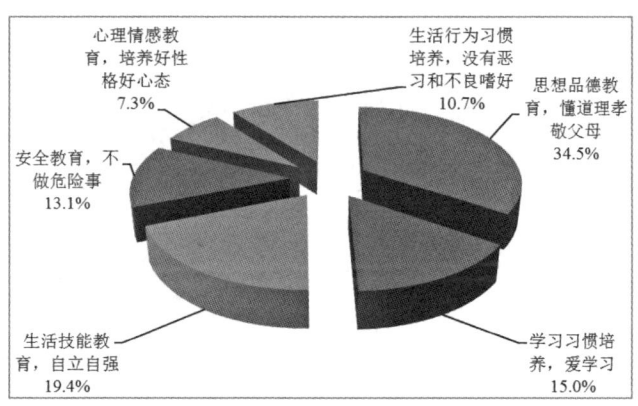

B19. 您觉得尽孝要做到哪些？（最多选三项）

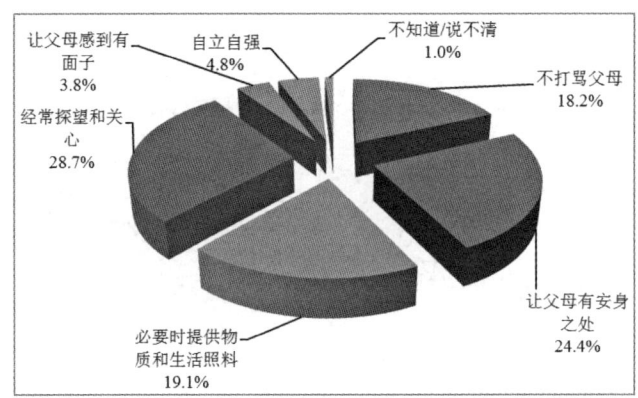

B20. 您家经济收入的主要来源有哪些？（最多选三项）

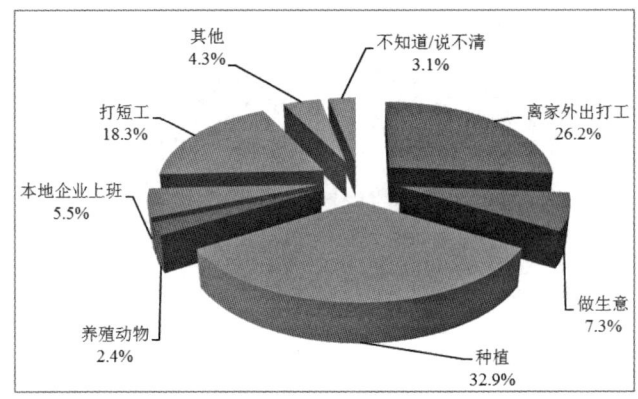

B21. 如果与他人发生了经济纠纷，您会怎么办？

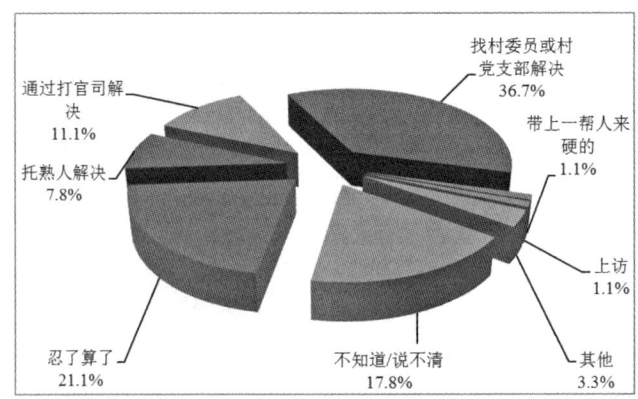

B22. 您家主要的经济支出是什么？（最多选三项）

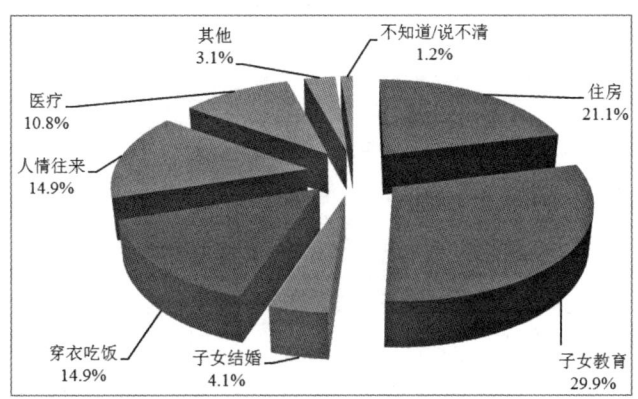

B23. 您对家庭支出的态度是怎样的？

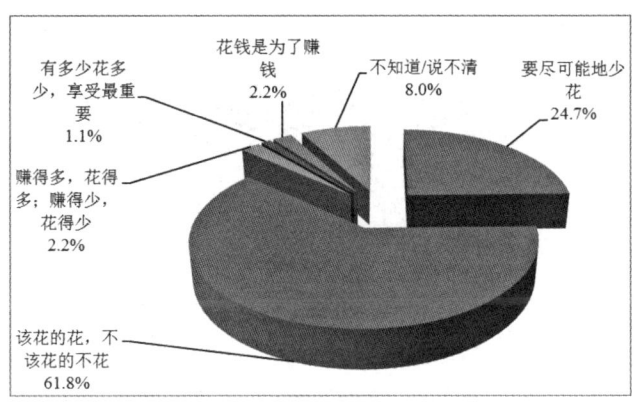

B24. 如果有可能赚钱的机会,您会如何做？

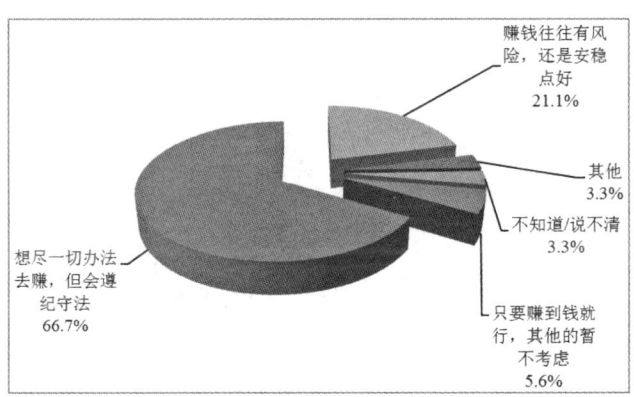

B25. 如果有人向您借一万元,您会借吗?

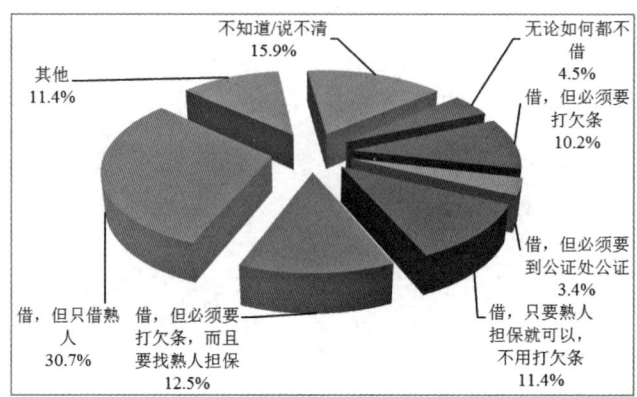

B26. 如果急需数目较大的一笔钱,您会怎么办?

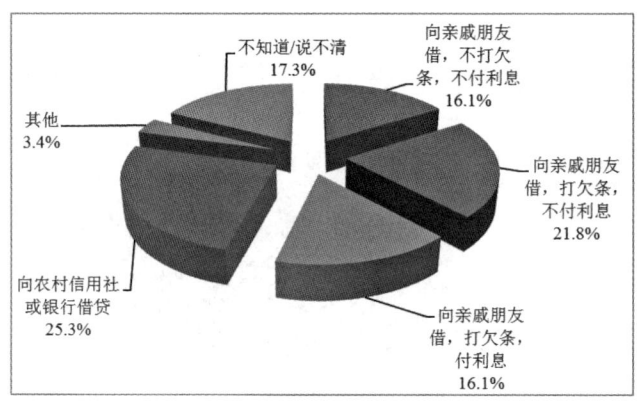

B27. 您对个人收入差距的看法是什么?

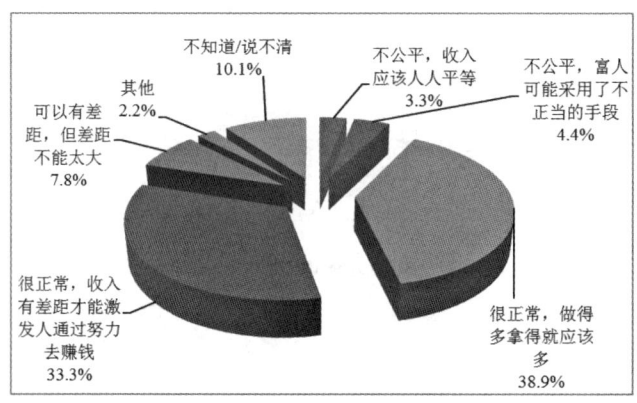

B28. 请问您种地的时候是否会大量使用农药和化肥？

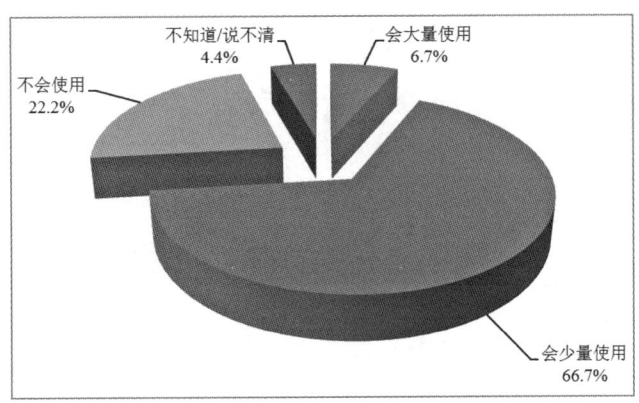

B29. 您在从事种地或养殖的时候是否会考虑环保、生态、健康等因素？

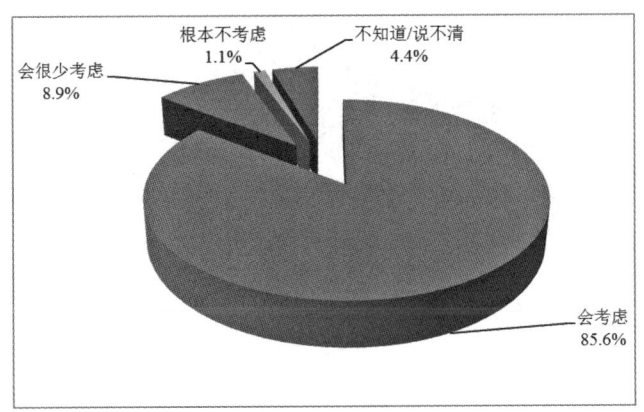

B30. 现在乡村是否有环保法规？

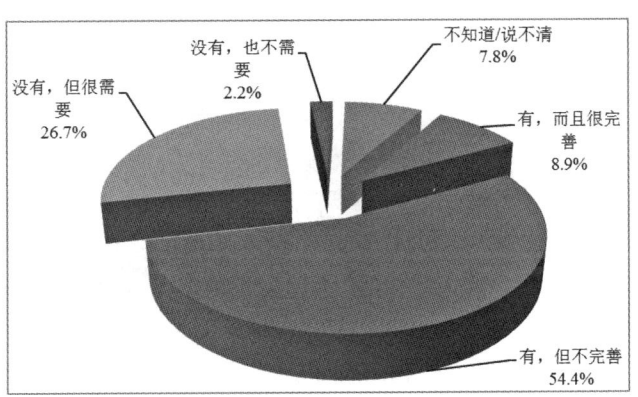

137

B31. 您认为环境保护和经济发展哪个更加重要？

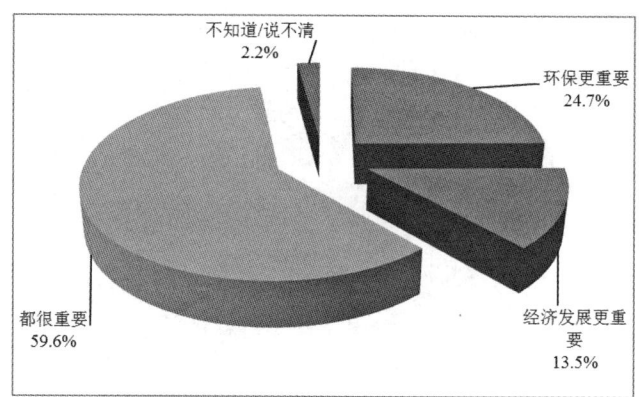

B32. 您认为可以通过建设美丽乡村（比如农家乐、有机食品等）实现致富吗？

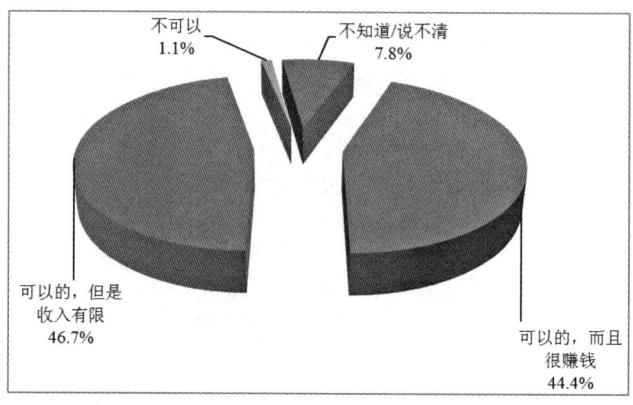

B33. 村里是否有关于环保的宣传？

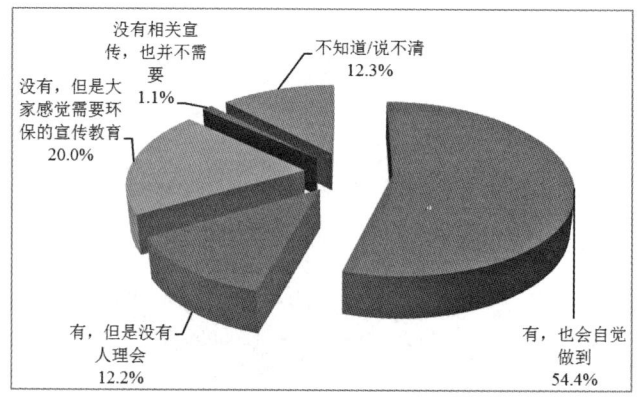

B34. 您能准确说出最近一次民主选举产生的村干部名字吗？

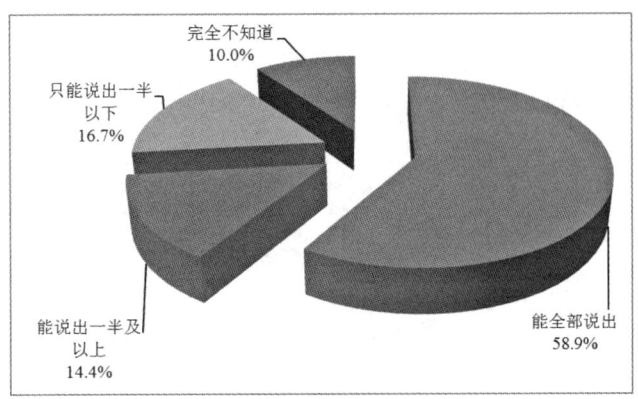

B35. 您主要通过哪些渠道了解村里的管理情况？

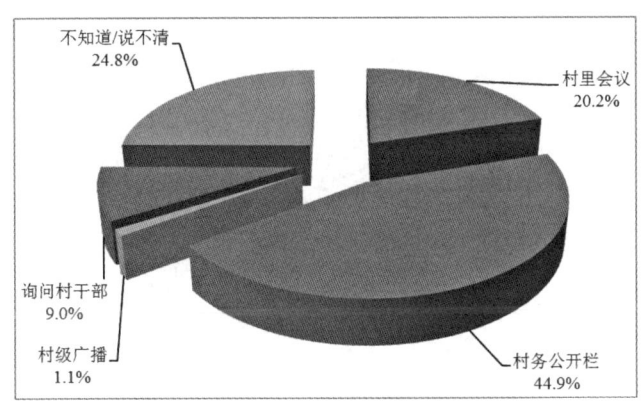

B36. 当村干部的决策损害您和大多数村民利益时，您通常会怎样？

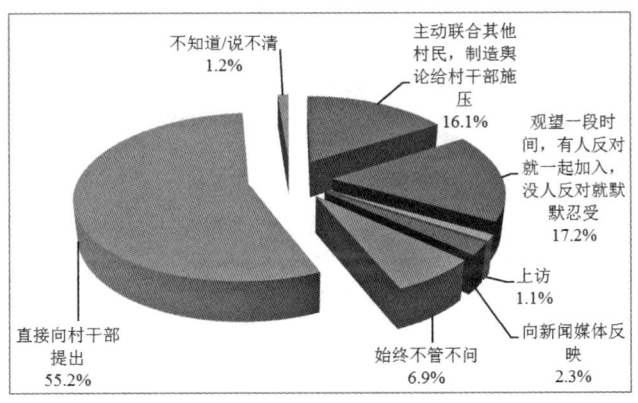

B37. 有关乡村发展的事情，你们村一般如何解决？

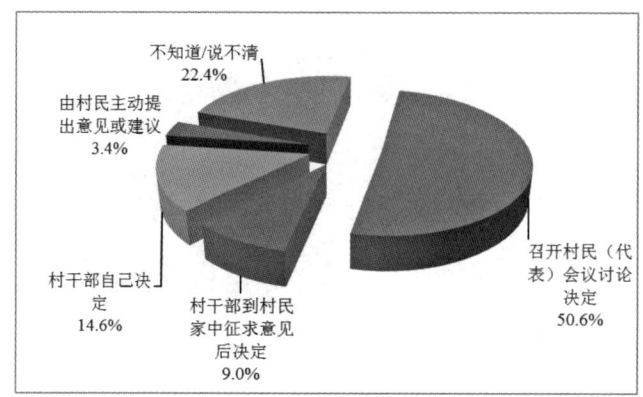

B38. 您认为在乡村日常事务中谁的影响力最大？

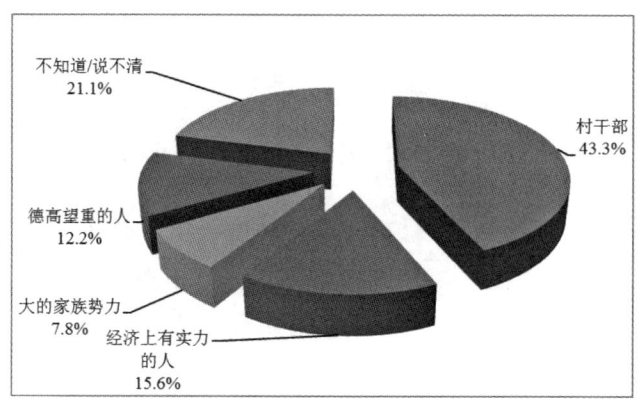

B39. 您认为一个好的村干部在哪个方面最重要？

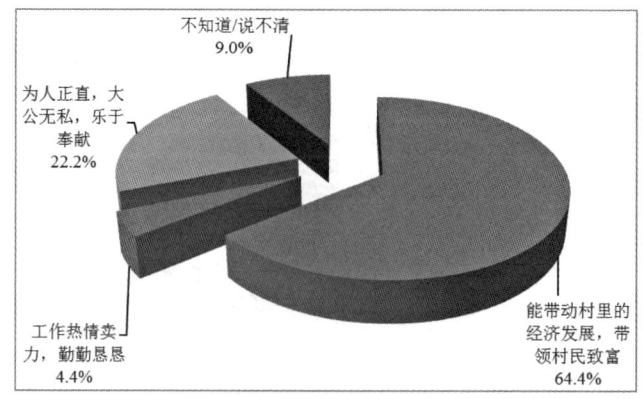

B40. 您认为国家三农政策在村庄得到落实了吗？

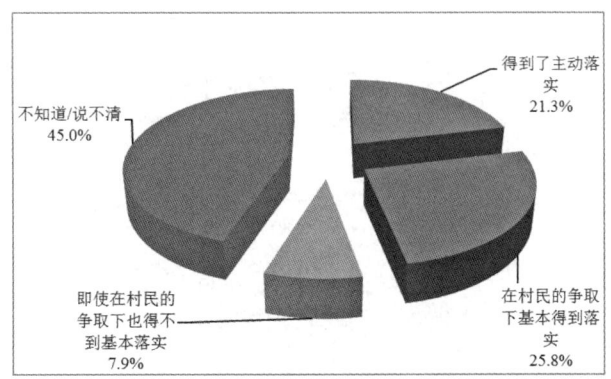

B41. 您村的村规民约对村民有约束力吗？

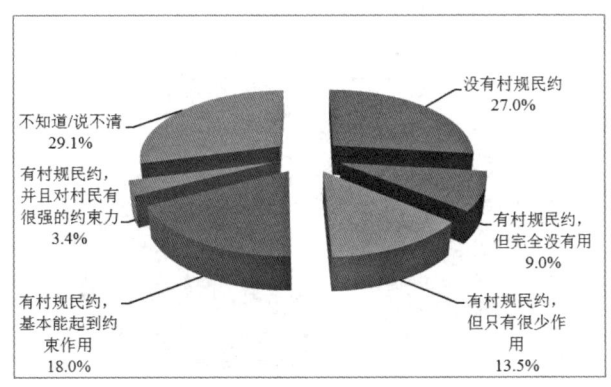

B42. 人们在社会生活中总要和不同的人打交道，下列成员，您在多大程度上信任他们？

（1）您在多大程度上信任家庭成员？

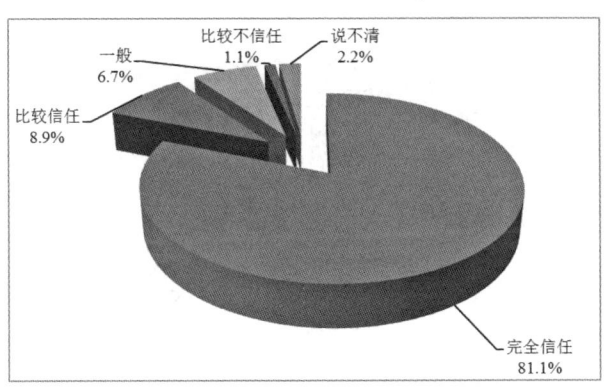

（2）您在多大程度上信任亲戚？

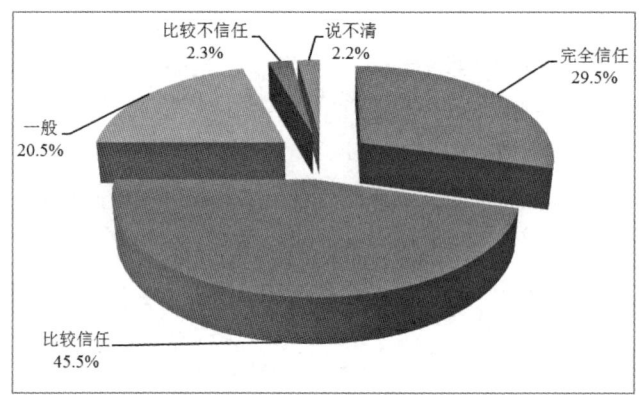

（3）您在多大程度上信任朋友？

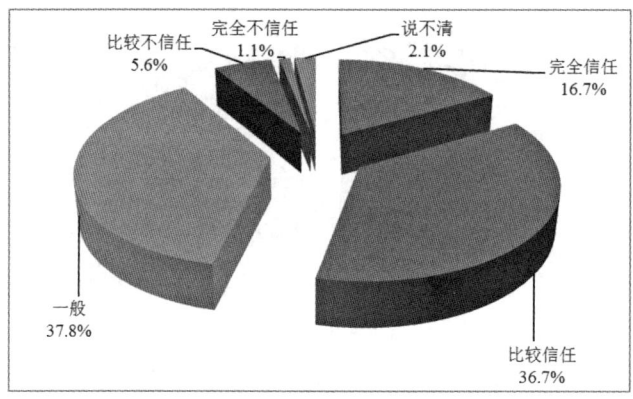

（4）您在多大程度上信任邻居？

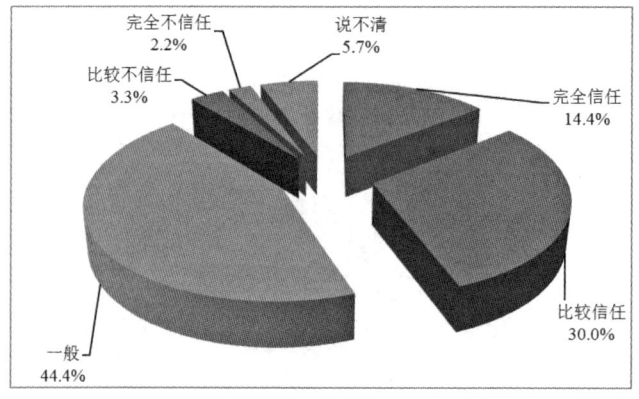

（5）您在多大程度上信任同事？

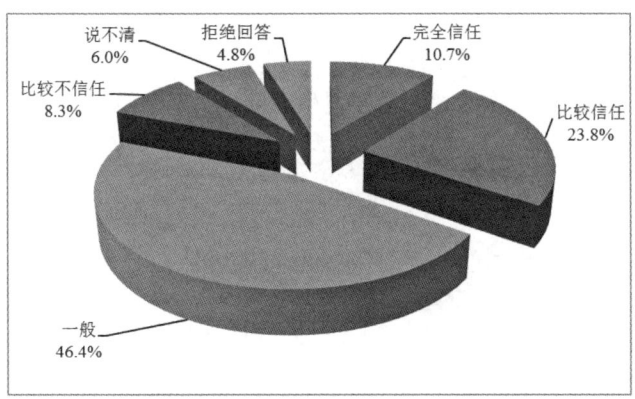

（6）您在多大程度上信任单位领导？

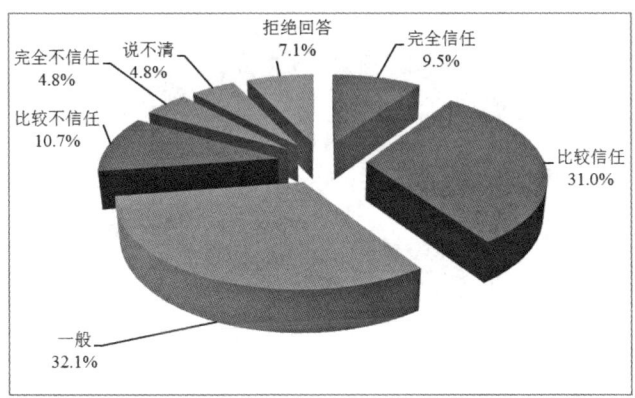

（7）您在多大程度上信任村长？

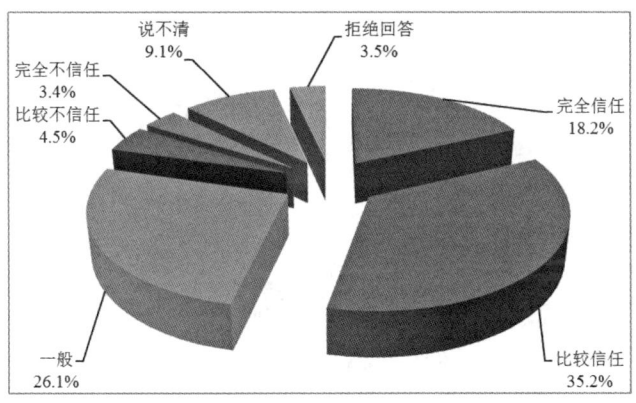

（8）您在多大程度上信任同村人？

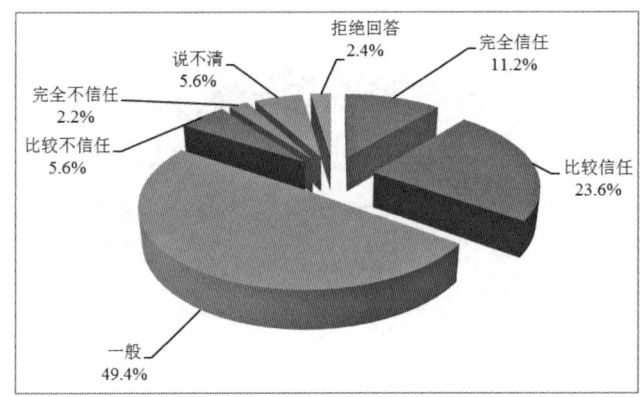

（9）您在多大程度上信任陌生人？

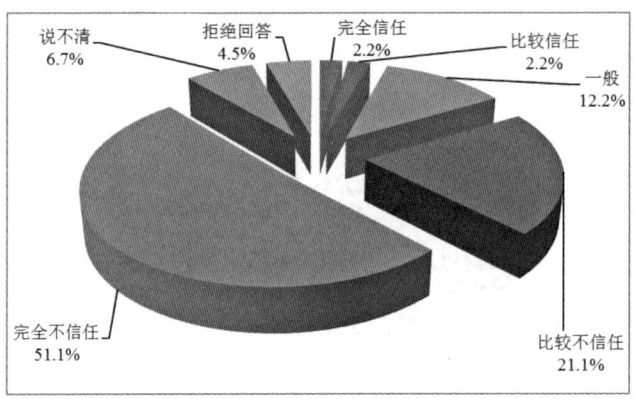

B43. 您是否有出村的经历？

（1）村外：

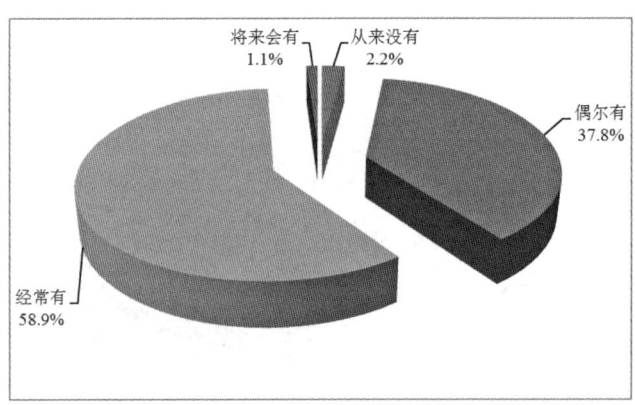

（2）镇外：

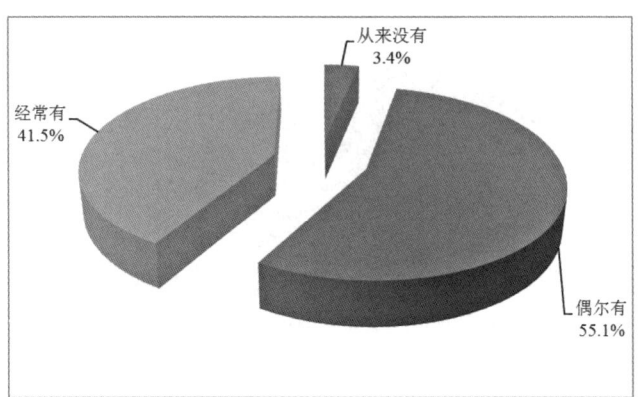

（3）市外：

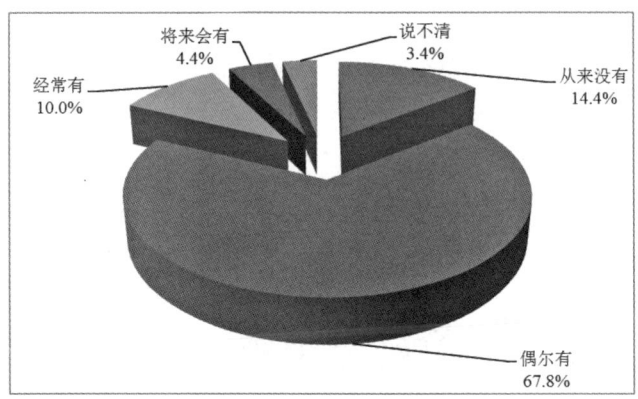

（4）省外：

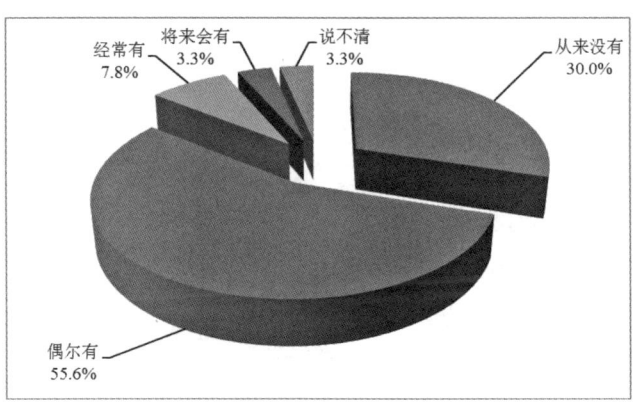

（5）国外：

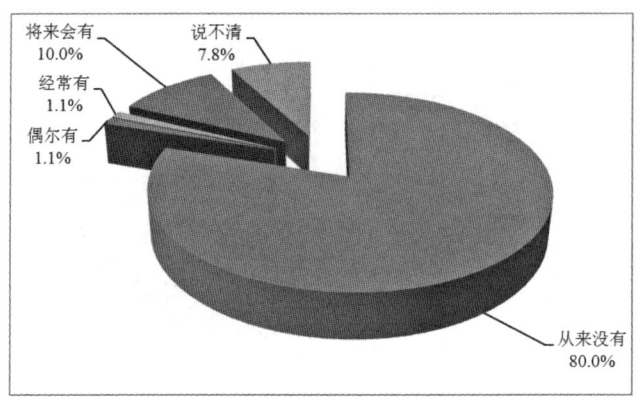

二、赵家湾村问卷调查基本数据

A1. 您的性别：_____。

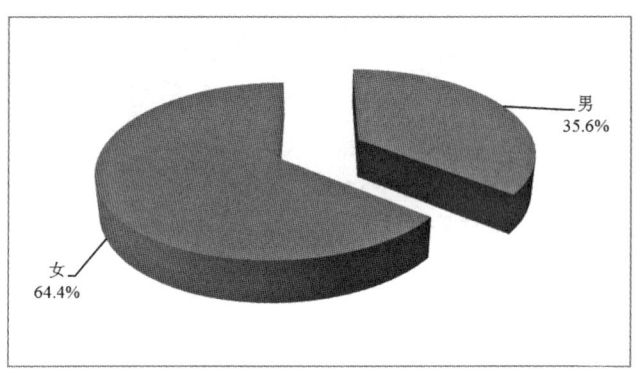

A2. 您现年多少周岁？_____周岁。

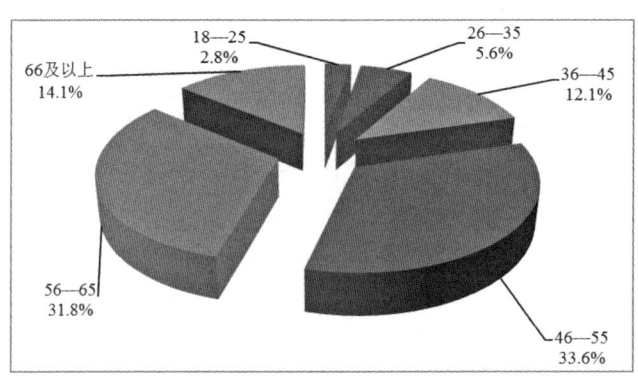

A3. 您当前的婚姻状况是_____。

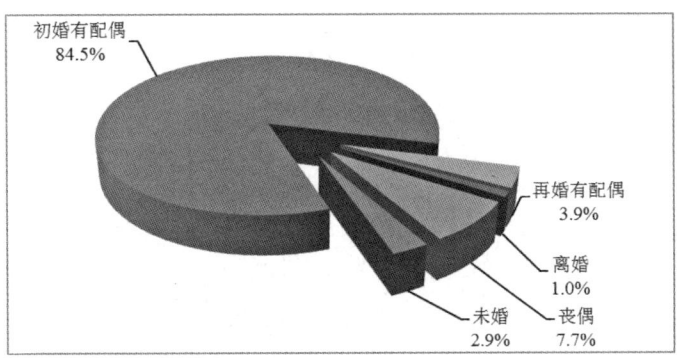

A4. 您的户口是_____。

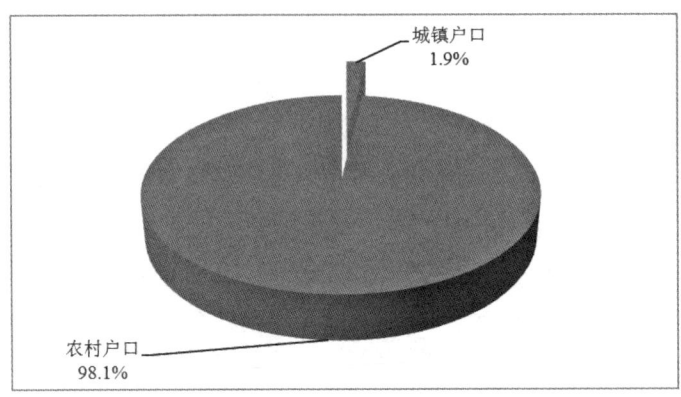

A5. 您的受教育程度是_____。

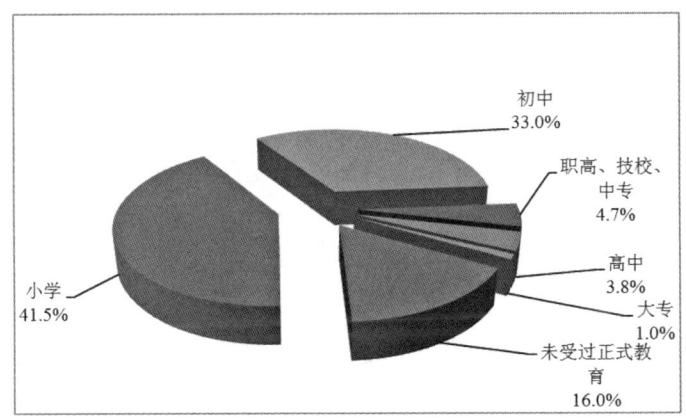

A6. 您的政治面貌是_____。

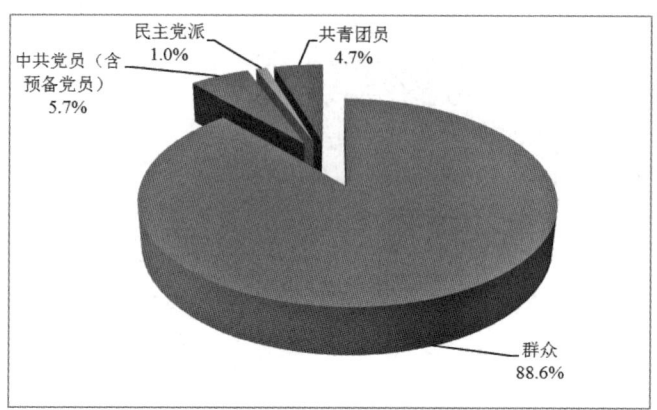

A7. 您的宗教信仰是_____。

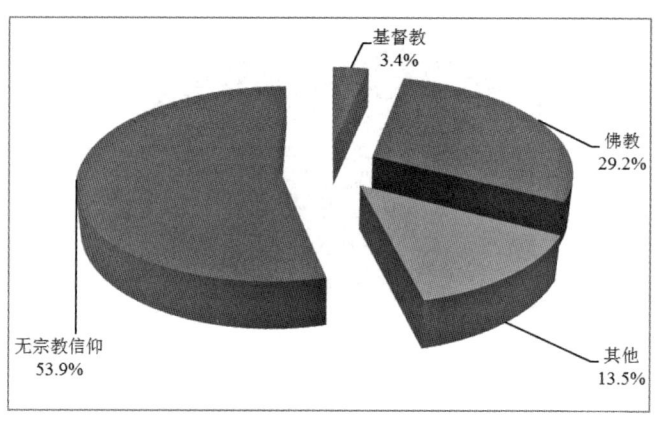

A8. 您的籍贯地在本地吗？

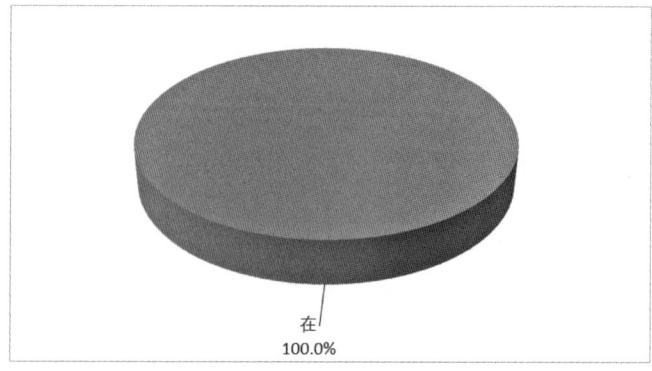

A9. 您的户口所在地在本地吗？

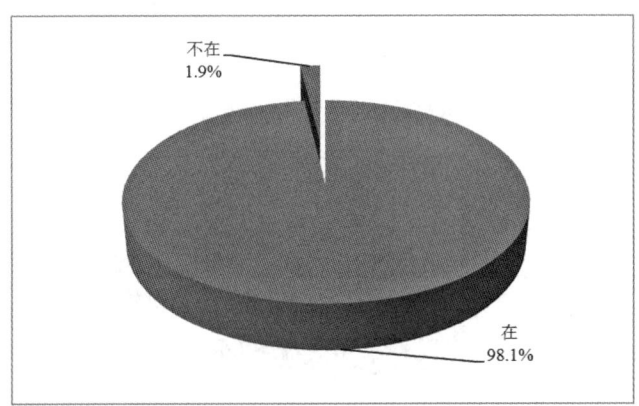

A10. 您目前的职业是_____。

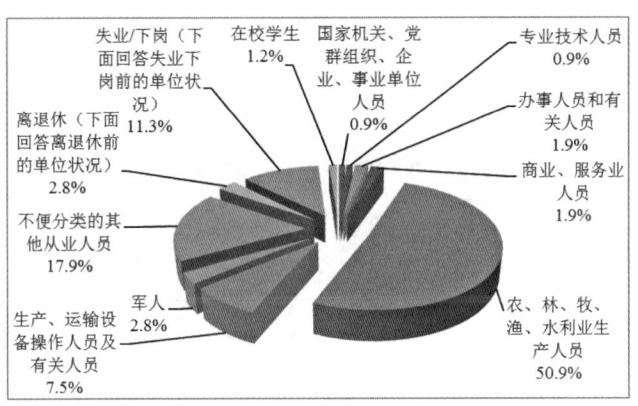

A11. 您去年全年的个人总收入大约在_____。（单位：元）

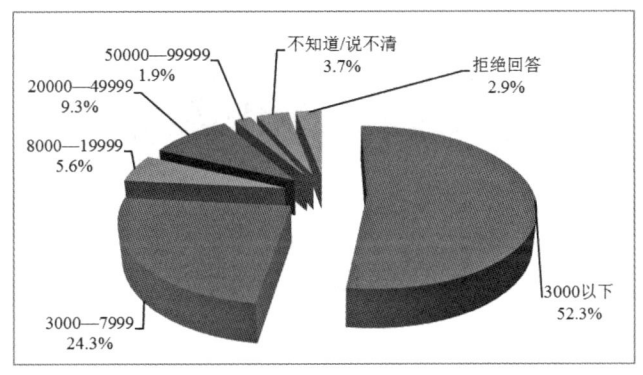

A12. 您今年全年的个人理想总收入大约是_____。（单位：元）

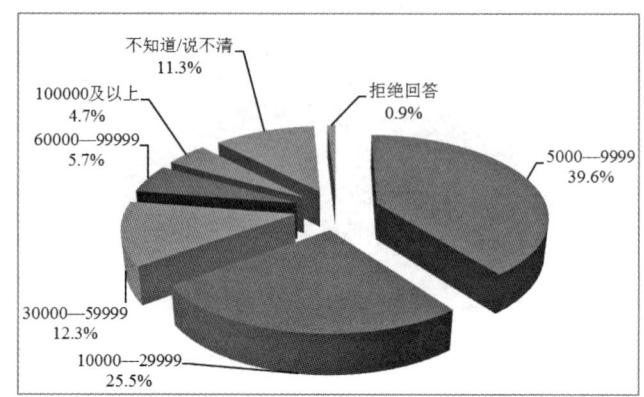

A13. 您家去年全年家庭各种收入大约在_____。（单位：元）

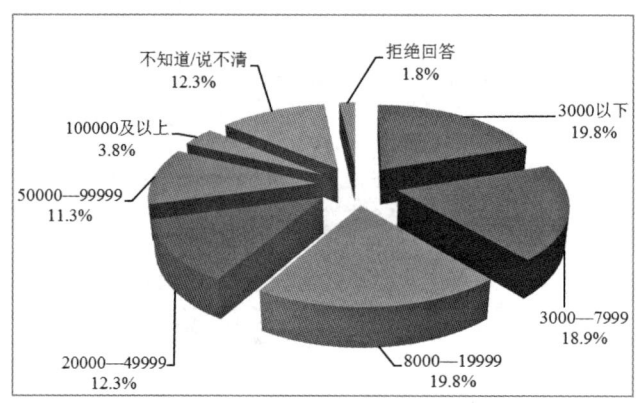

A14. 总的来说，您对目前家庭的收入水平是否满意？

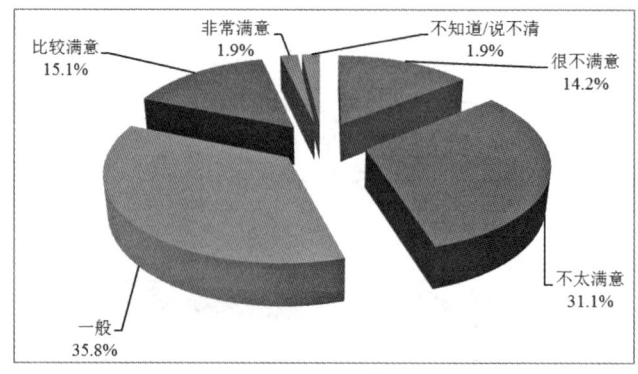

A15. 总的来说，您对自己的生活状况是否满意？

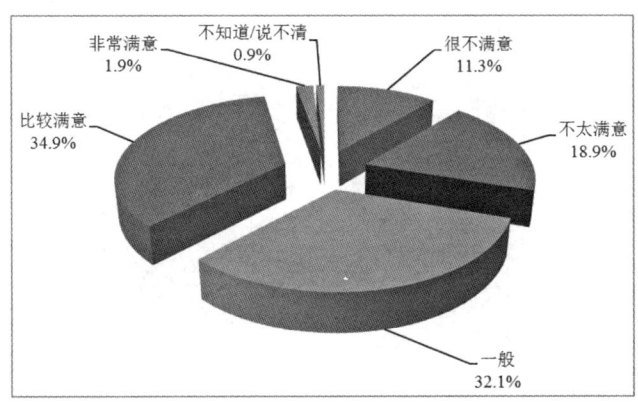

B1. 在下面的几种美德中，您认为哪个最为重要？

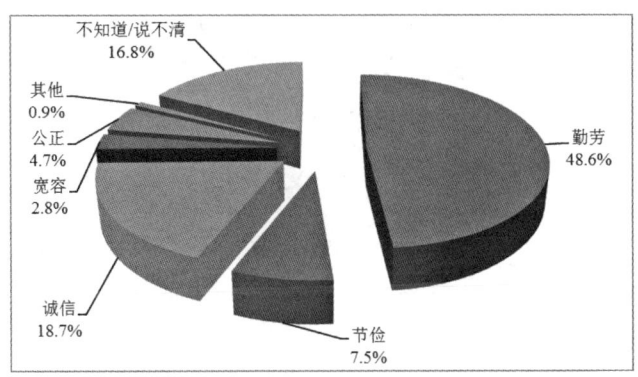

B2. 您与他人交往时最看重的是什么？

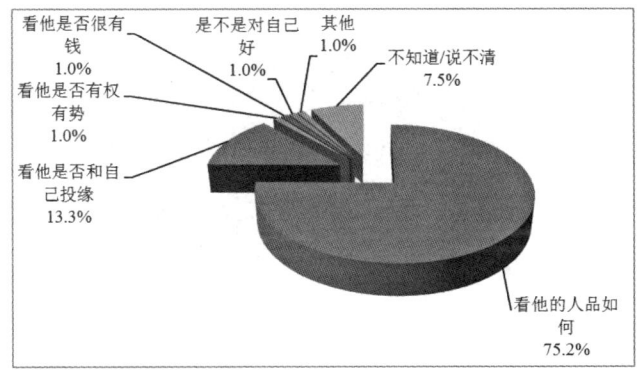

B3. 在现代社会,您认为个人成功最需要的是什么?

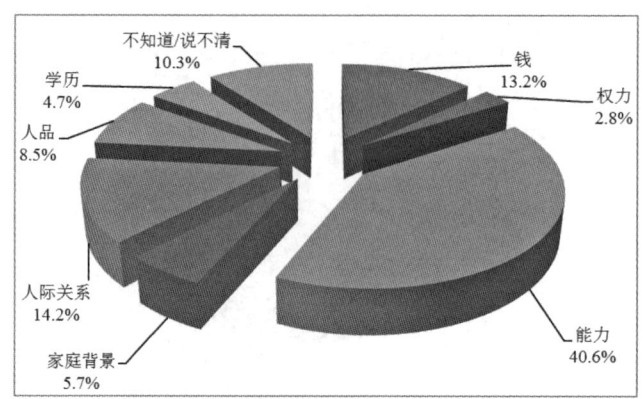

B4. 您认为这些年来,村里人变得如何?

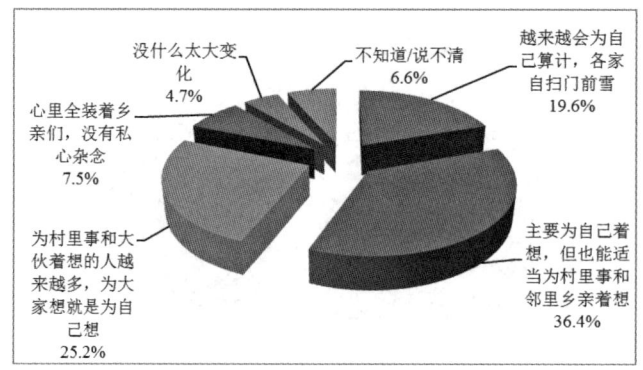

B5. 您对工作的基本态度是什么?

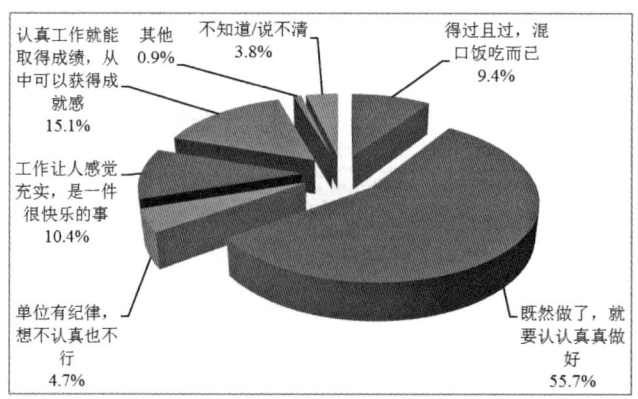

B6. 您选择工作时主要考虑的是什么？（最多选三项）

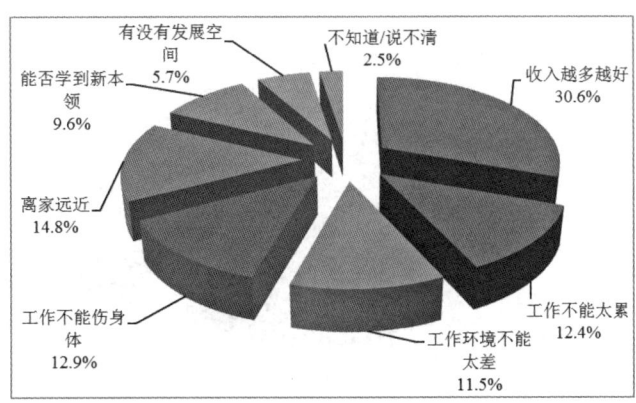

B7. 您认为最理想的职业是什么？（最多选三项）

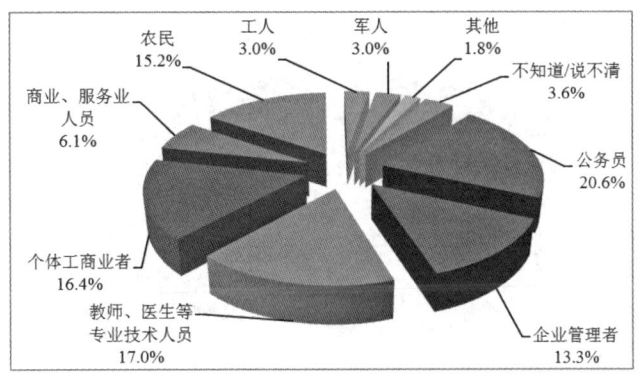

B8. 您觉得孩子读书有用吗？

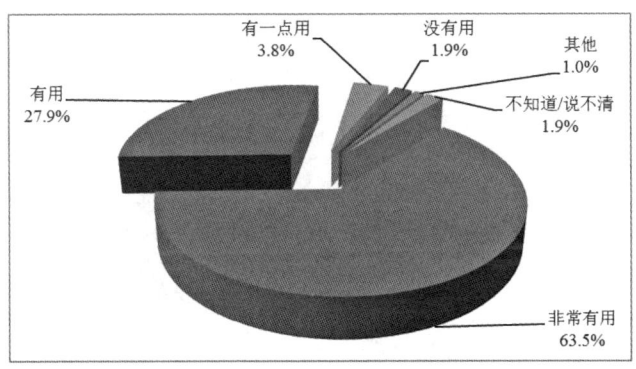

B9. 您打算继续在本村住下去吗？

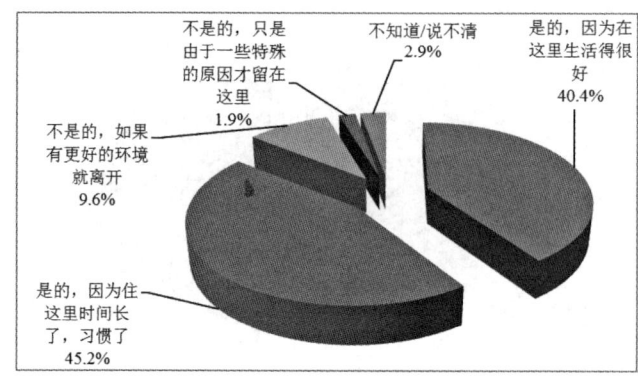

B10. 您平日里闲时都干些什么？（最多选三项）

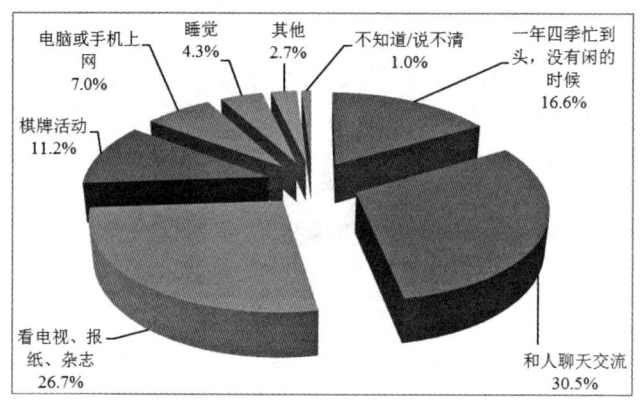

B11. 您在选择结婚对象时会主要考虑哪些因素？（最多选三项）

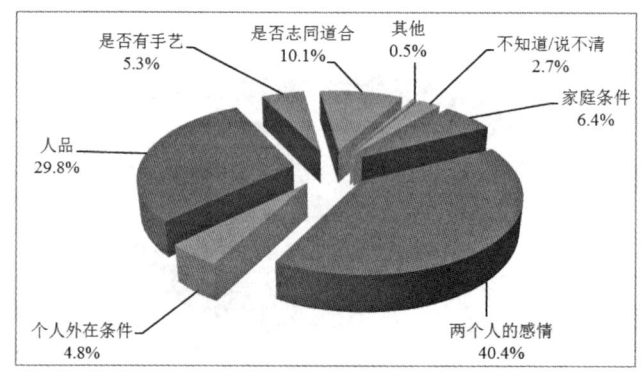

B12. 您认为恋爱结婚的主要目的是什么？

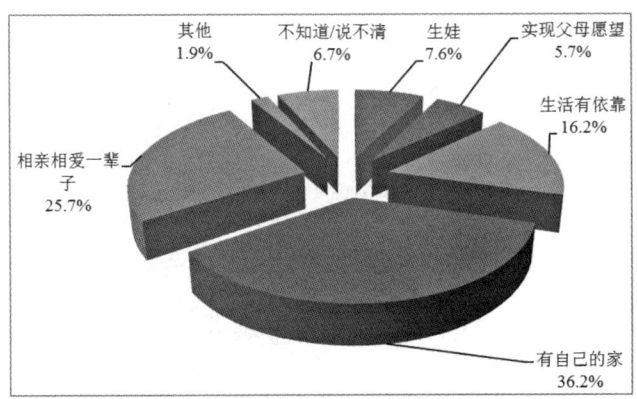

B13. 您认为影响夫妻感情的主要因素是哪些？（最多选三项）

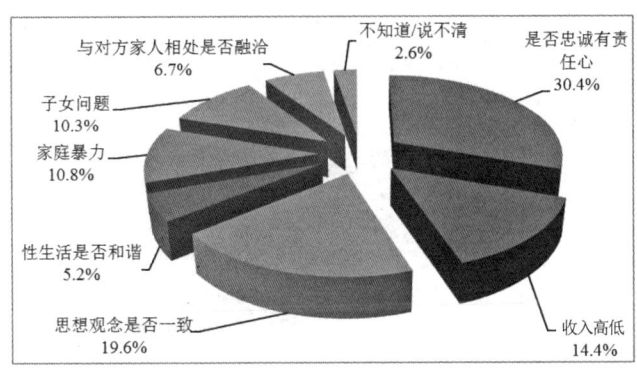

B14. 您认为理想的婚姻家庭是怎样的？（最多选三项）

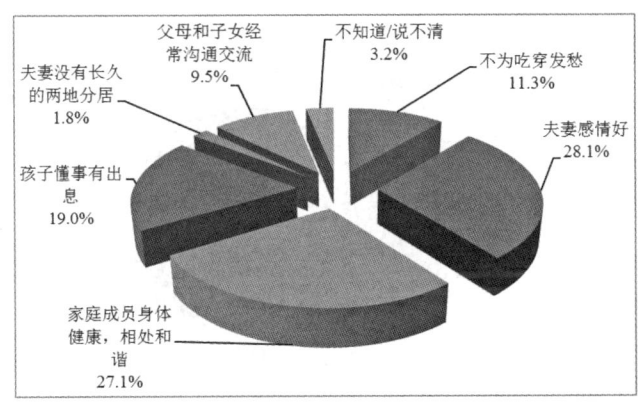

B15. 您如何看待婚前性行为？

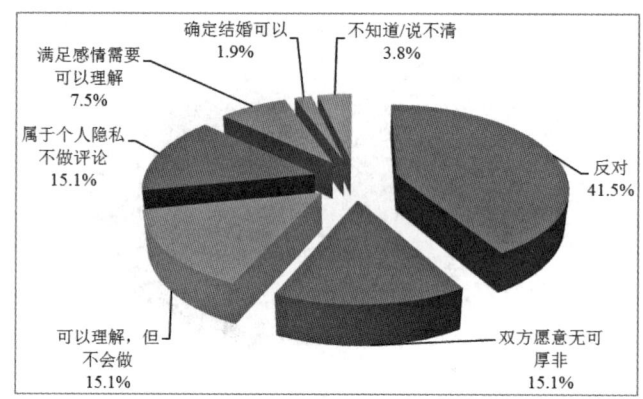

B16. 您如何看待婚外性行为？

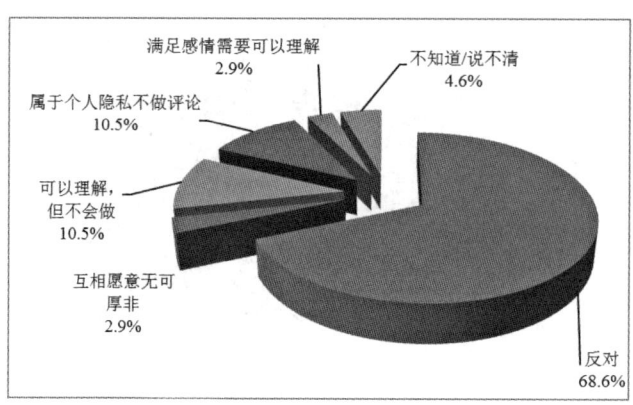

B17. 您认为生养孩子的首要目的是什么？

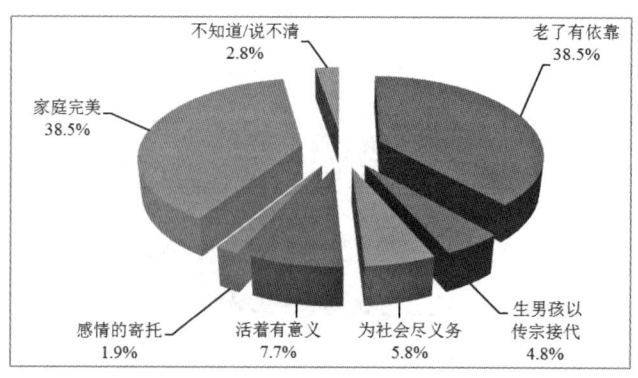

B18. 您认为农村小孩的家庭教育应重视哪些方面的内容？（最多选三项）

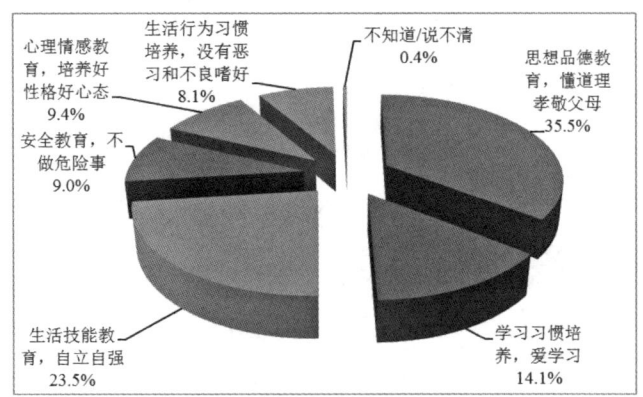

B19. 您觉得尽孝要做到哪些？（最多选三项）

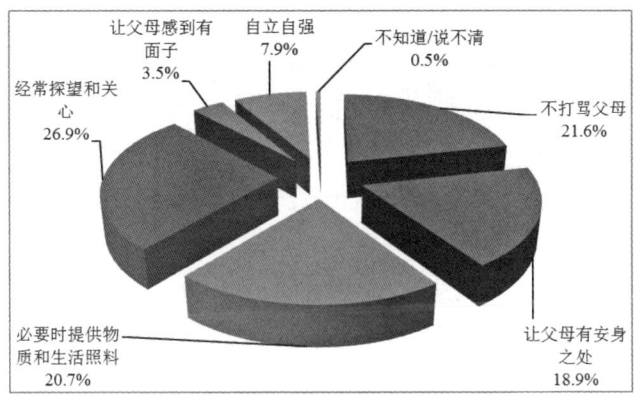

B20. 您家经济收入的主要来源有哪些？（最多选三项）

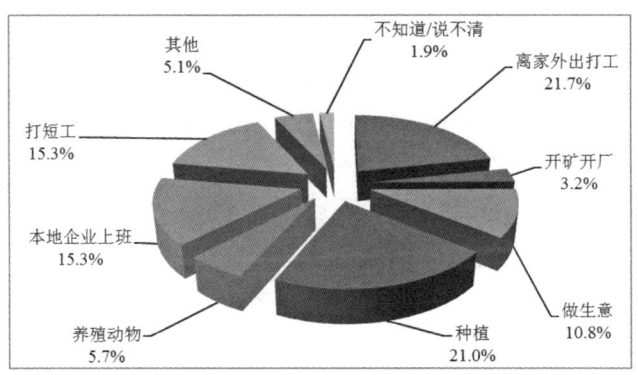

B21. 如果与他人发生了经济纠纷,您会怎么办?

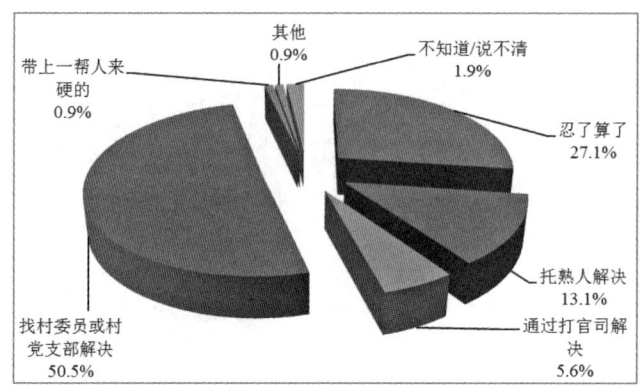

B22. 您家主要的经济支出是什么?(最多选三项)

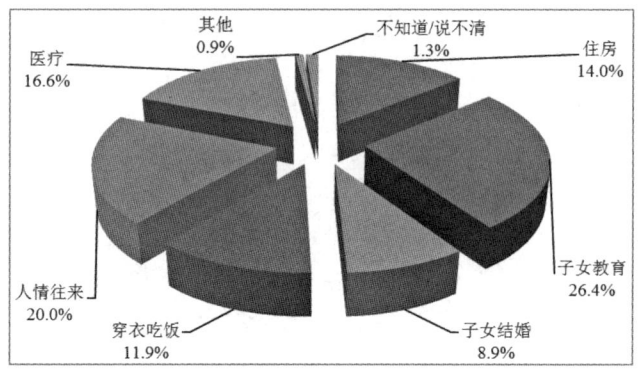

B23. 您对家庭支出的态度是怎样的?

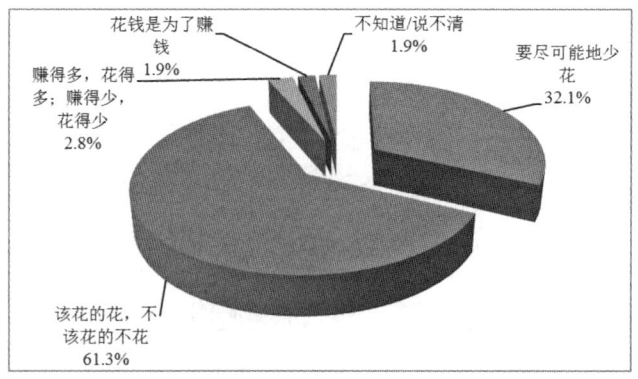

B24. 如果有可能赚钱的机会，您会如何做？

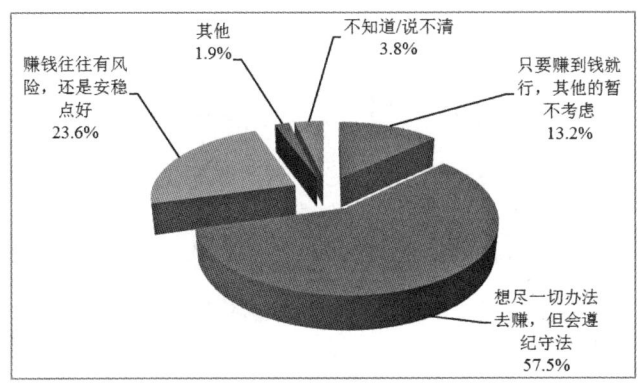

B25. 如果有人向您借一万元，您会借吗？

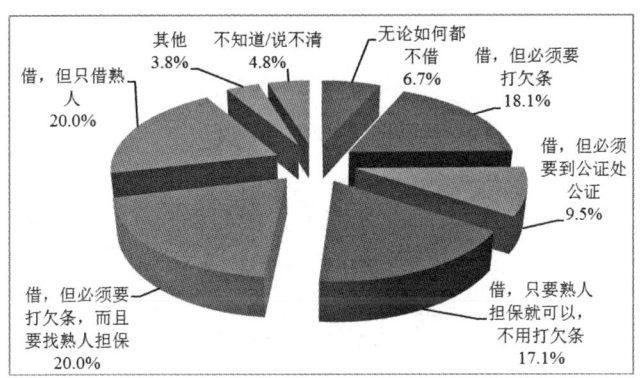

B26. 如果急需数目较大的一笔钱，您会怎么办？

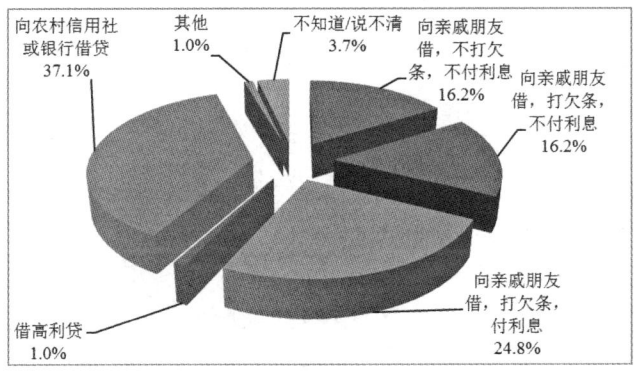

B27. 您对个人收入差距的看法是什么？

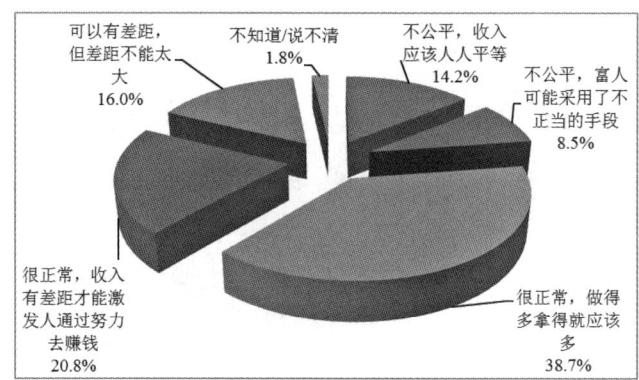

B28. 请问您种地的时候是否会大量使用农药和化肥？

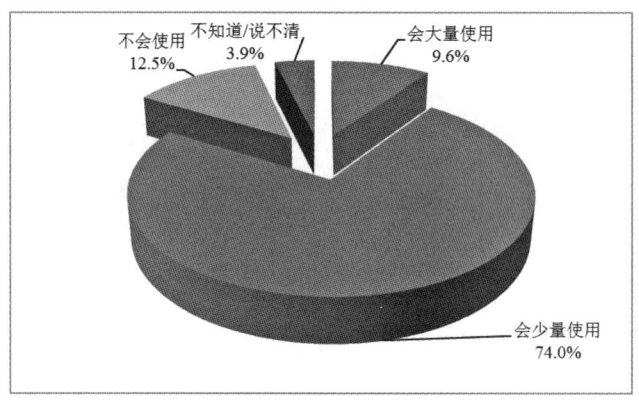

B29. 您在从事种地或养殖的时候是否会考虑环保、生态、健康等因素？

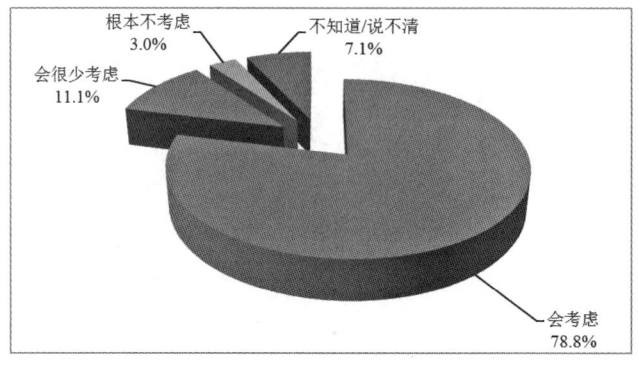

B30. 现在乡村是否有环保法规？

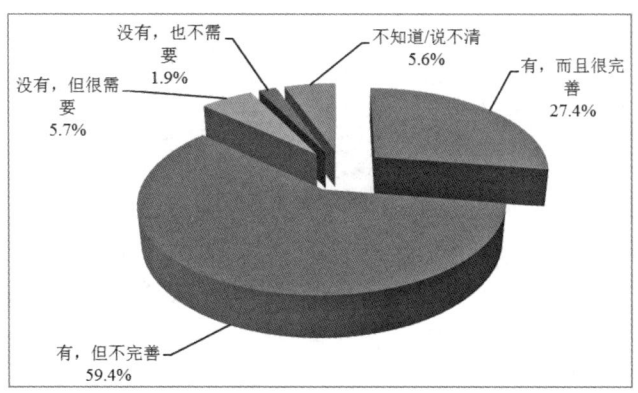

B31. 您认为环境保护和经济发展哪个更加重要？

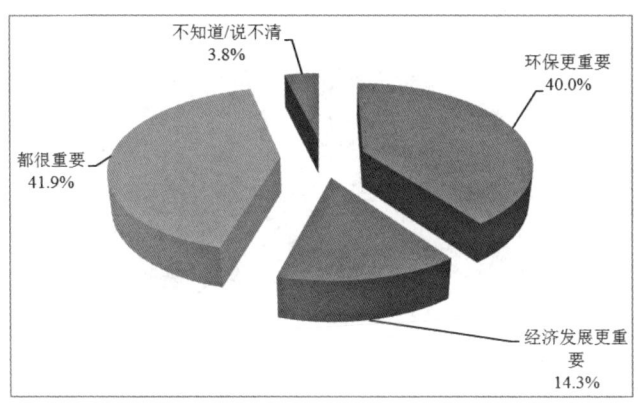

B32. 您认为可以通过建设美丽乡村（比如农家乐、有机食品等）实现致富吗？

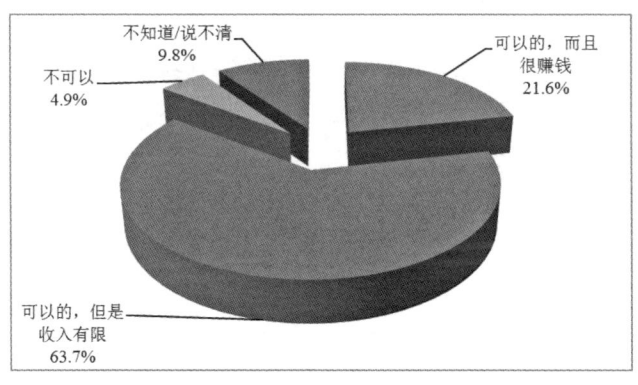

B33. 村里是否有关于环保的宣传？

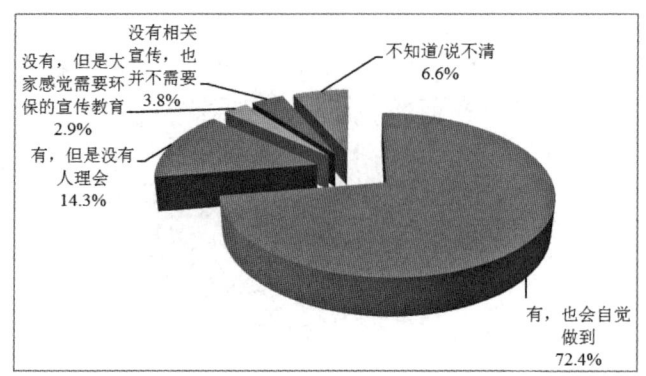

B34. 您能准确说出最近一次民主选举产生的村干部名字吗？

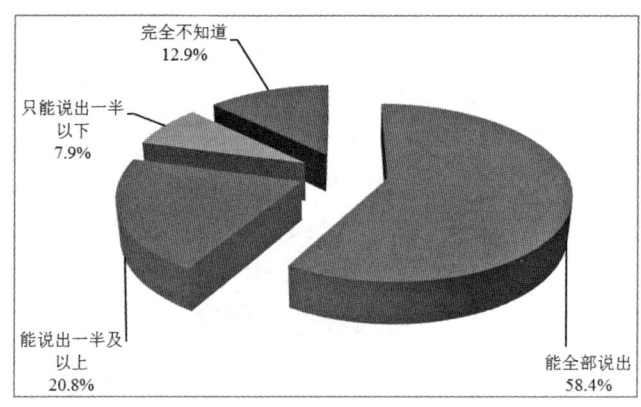

B35. 您主要通过哪些渠道了解村里的管理情况？

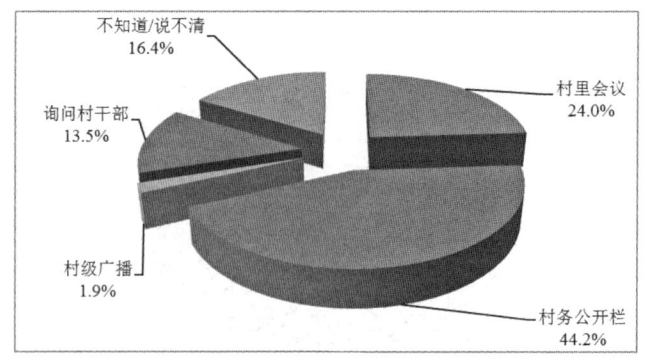

B36. 当村干部的决策损害您和大多数村民利益时,您通常会怎样?

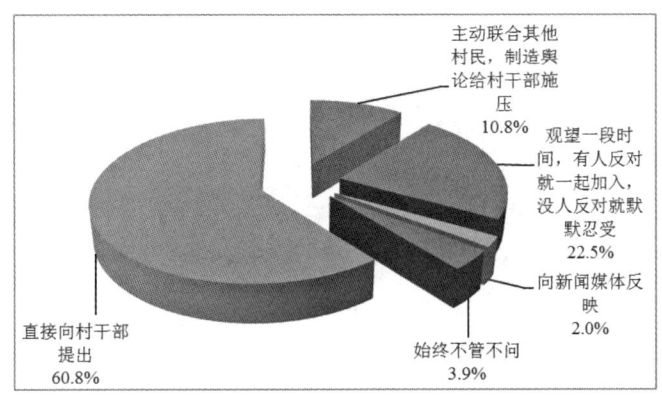

B37. 有关乡村发展的事情,你们村一般如何解决?

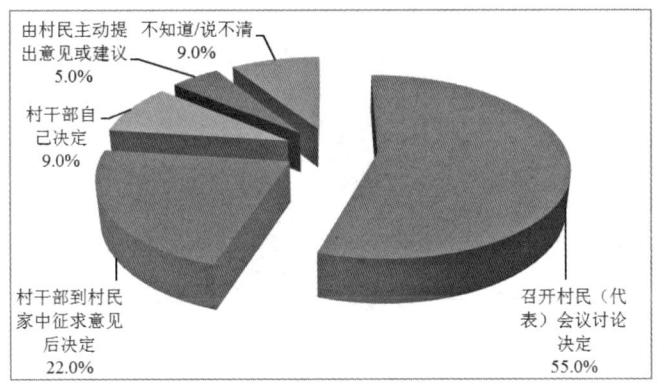

B38. 您认为在乡村日常事务中谁的影响力最大?

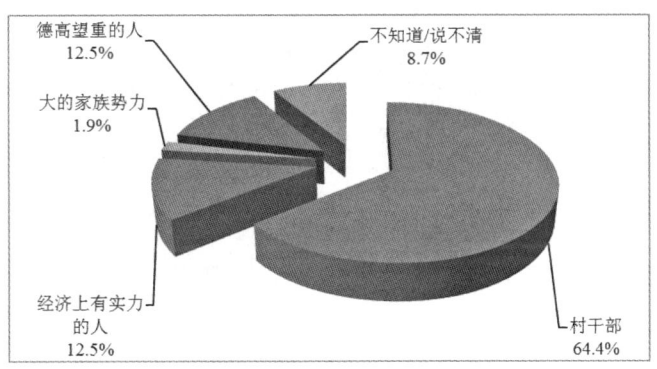

B39. 您认为一个好的村干部在哪个方面最重要？

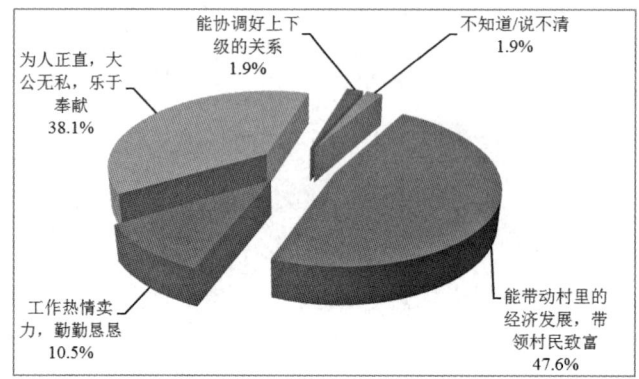

B40. 您认为国家三农政策在村庄得到落实了吗？

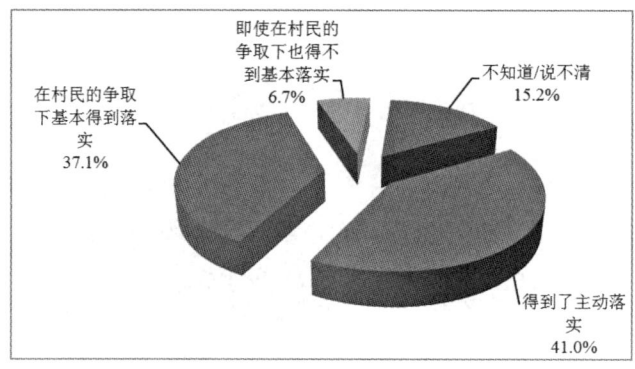

B41. 您村的村规民约对村民有约束力吗？

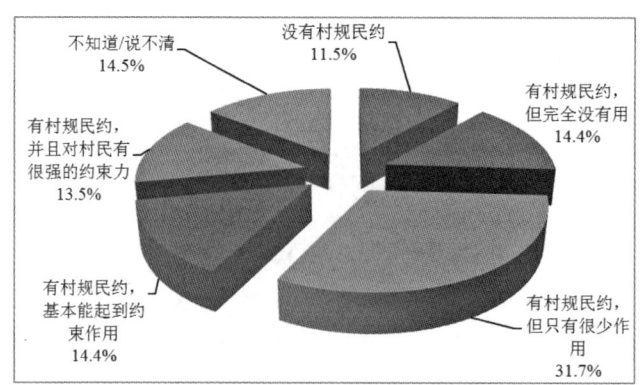

B42. 人们在社会生活中总要和不同的人打交道,下列成员,您在多大程度上信任他们?

(1) 您在多大程度上信任家庭成员?

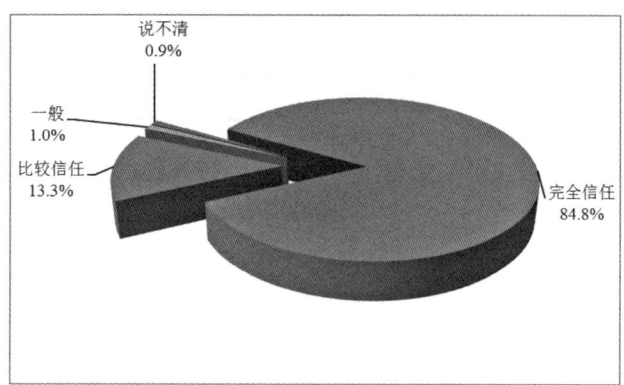

(2) 您在多大程度上信任亲戚?

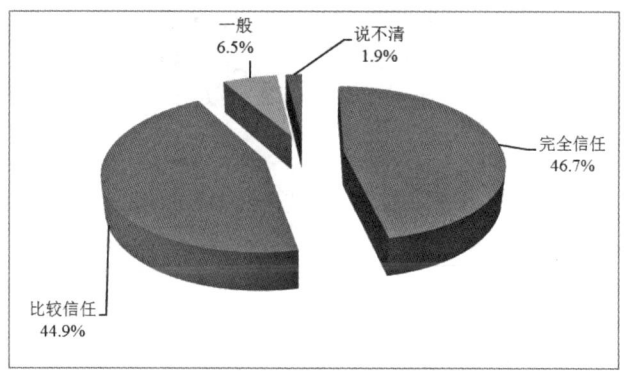

(3) 您在多大程度上信任朋友?

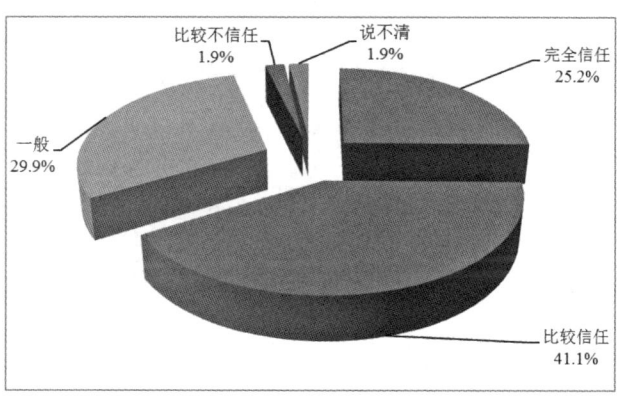

（4）您在多大程度上信任邻居？

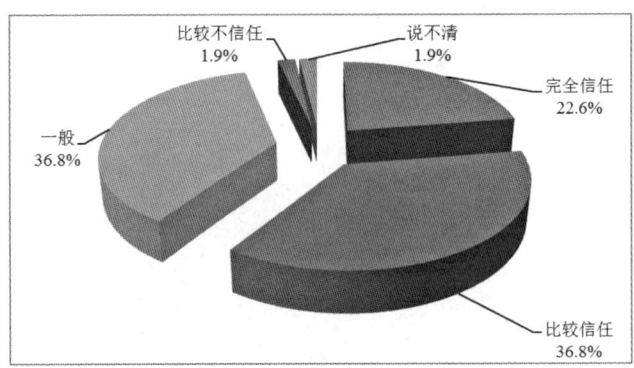

（5）您在多大程度上信任同事？

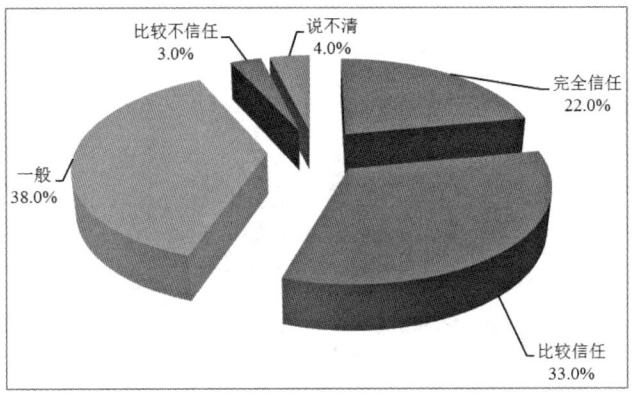

（6）您在多大程度上信任单位领导？

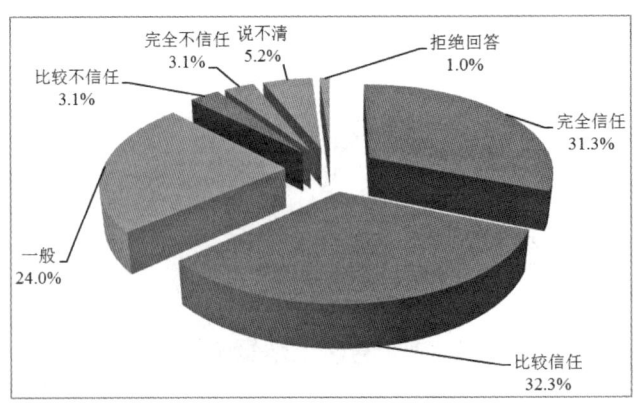

（7）您在多大程度上信任村长？

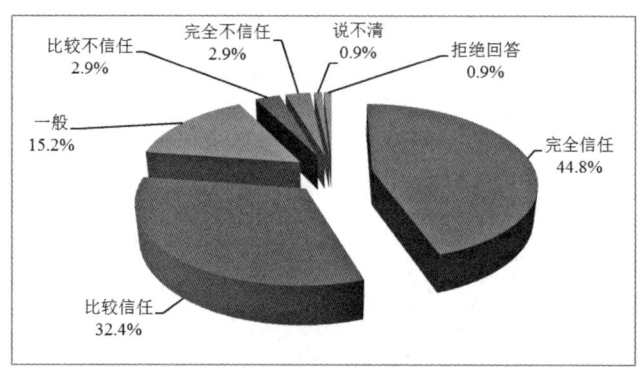

（8）您在多大程度上信任同村人？

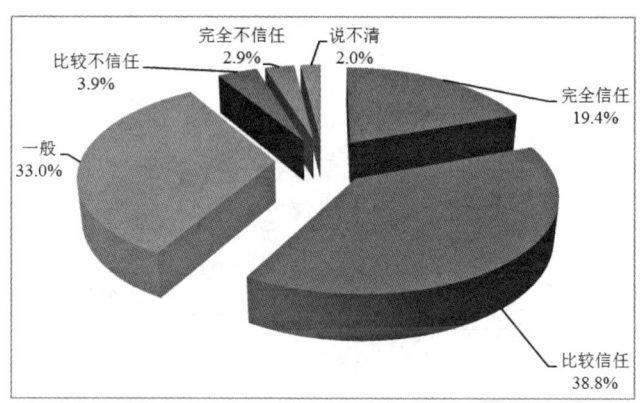

（9）您在多大程度上信任陌生人？

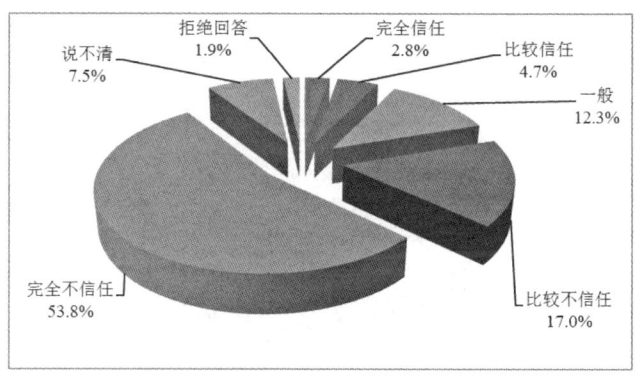

B43. 您是否有出村的经历？

（1）村外：

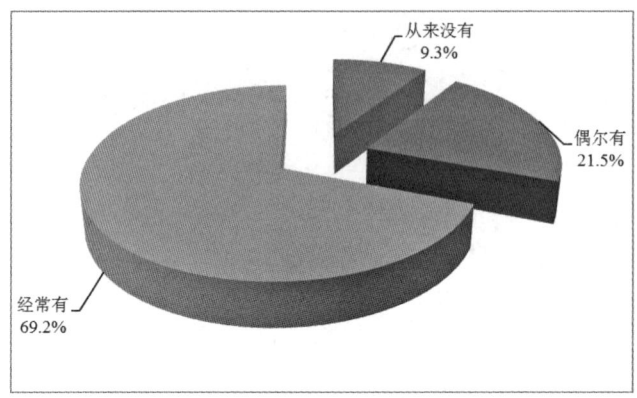

（2）镇外：

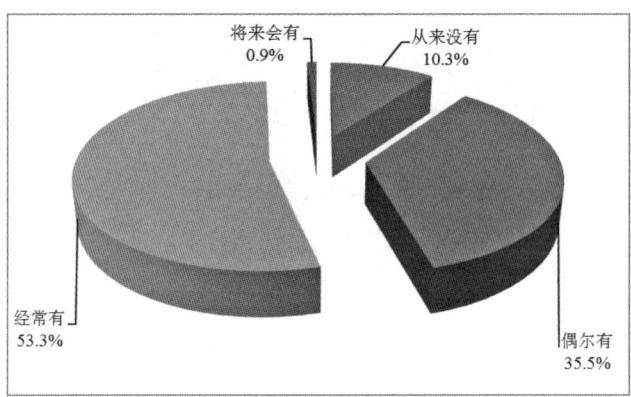

（3）市外：

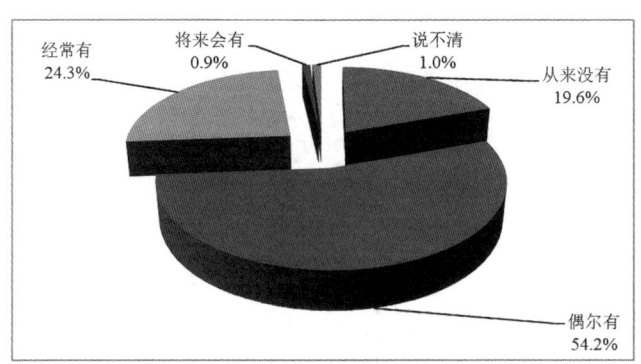

（4）省外：

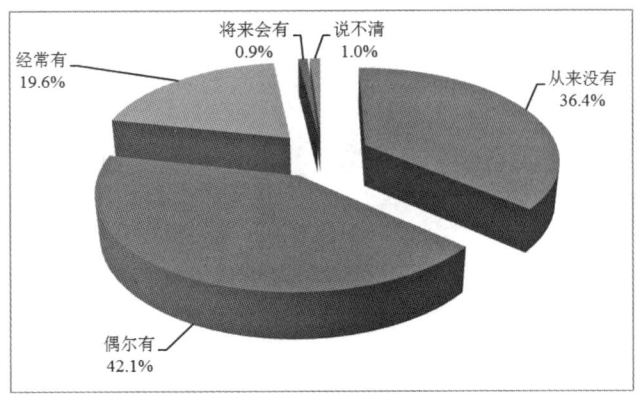

（5）国外：

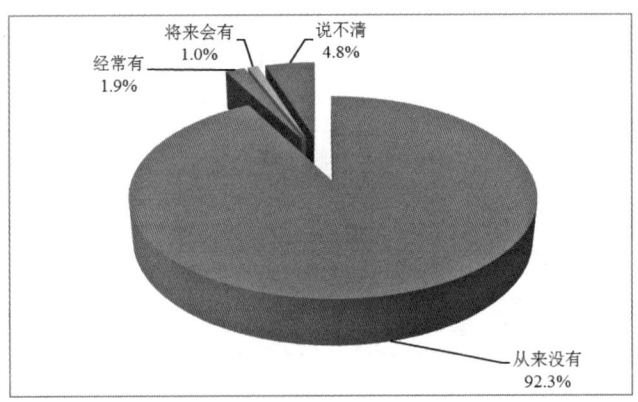

三、辘辘村问卷调查基本数据

A1. 您的性别：_____。

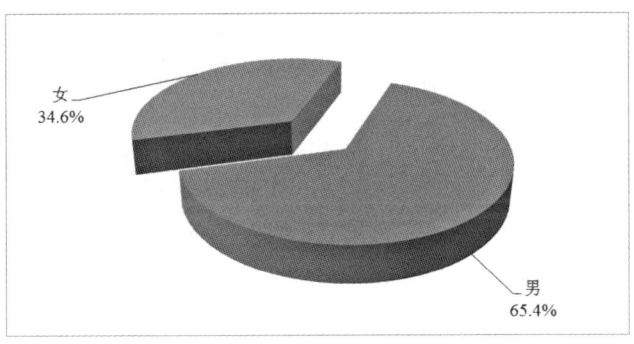

A2. 您现年多少周岁？_____周岁。

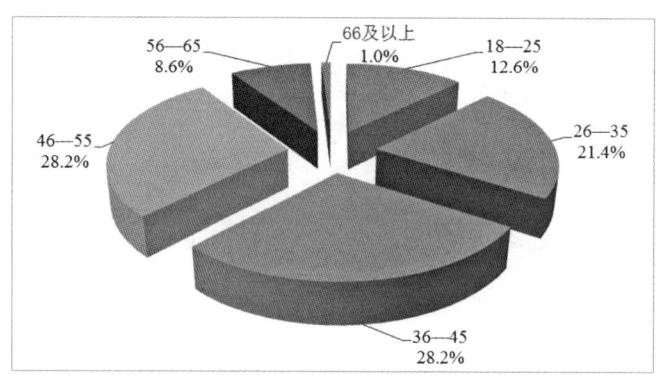

A3. 您当前的婚姻状况是_____。

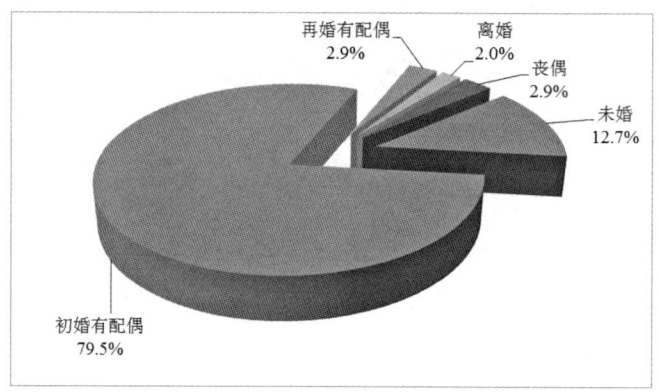

A4. 您的户口是_____。

A5. 您的受教育程度是_____。

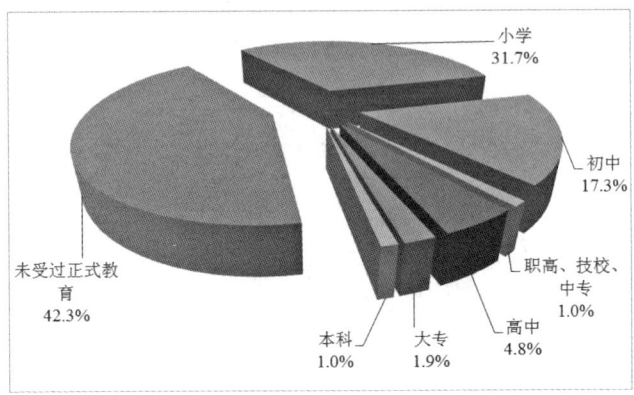

A6. 您的政治面貌是_____。

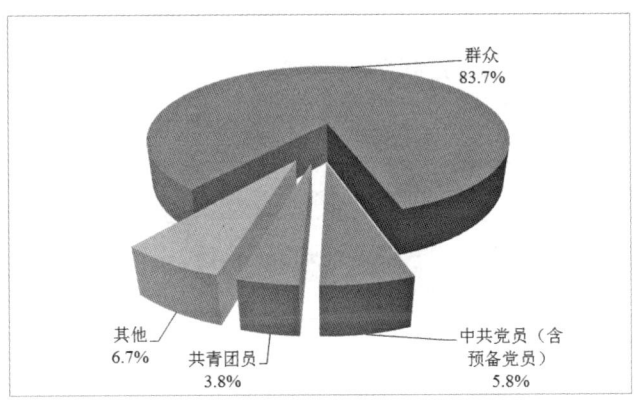

A7. 您的宗教信仰是_____。

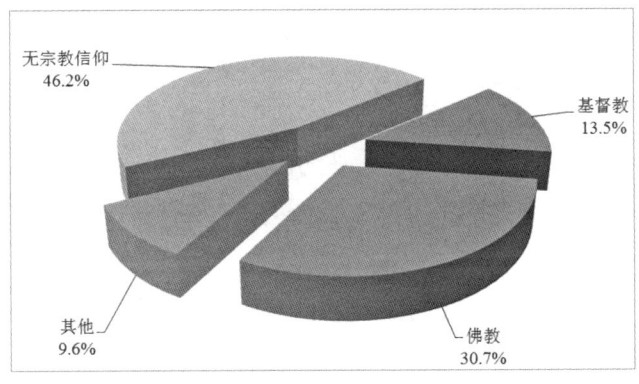

A8. 您的籍贯地在本地吗？

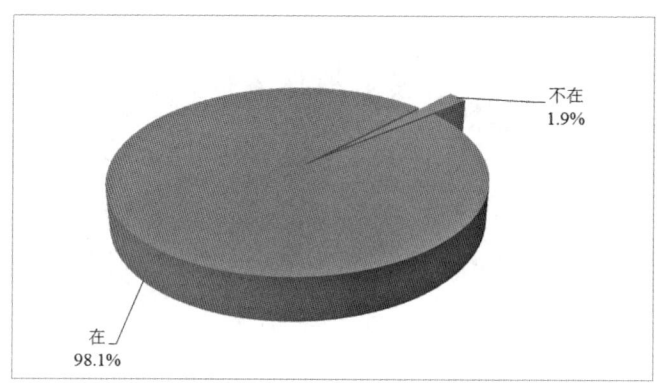

A9. 您的户口所在地在本地吗？

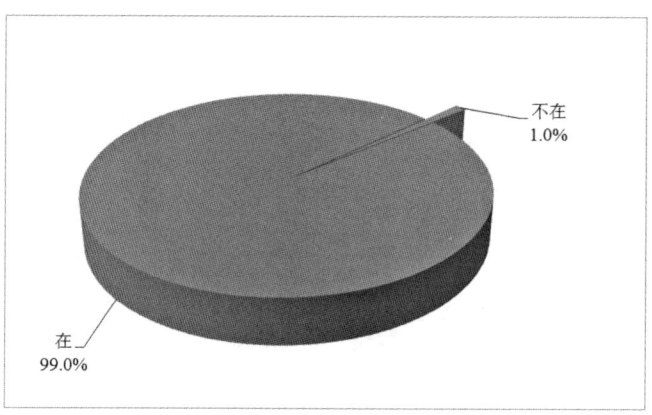

A10. 您目前的职业是_____。

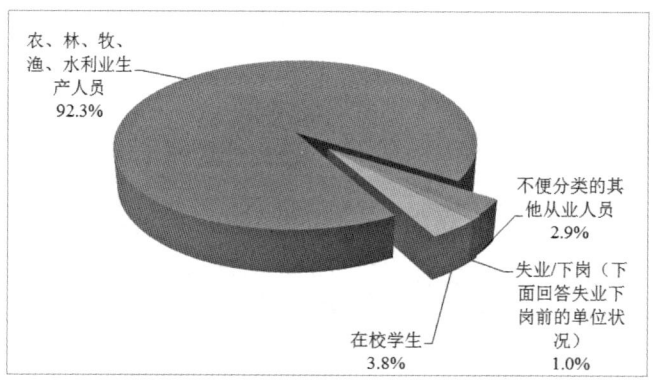

A11. 您去年全年的个人总收入大约在_____。（单位：元）

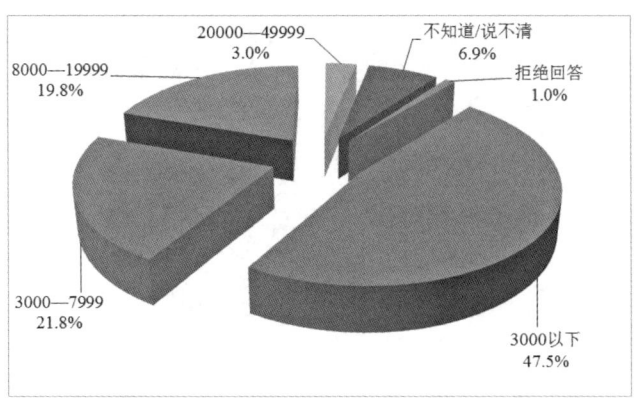

A12. 您今年全年的个人理想总收入大约是_____。（单位：元）

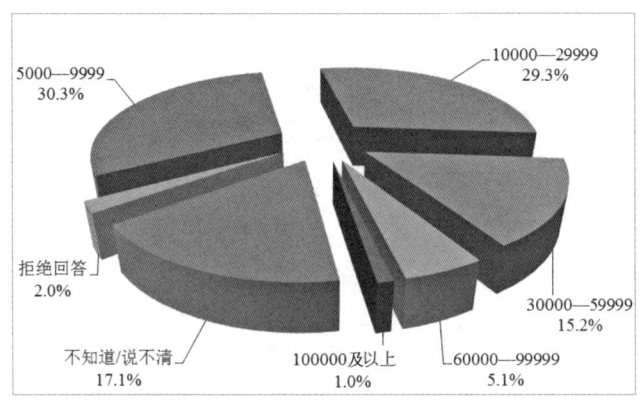

A13. 您家去年全年家庭各种收入大约在_____。（单位：元）

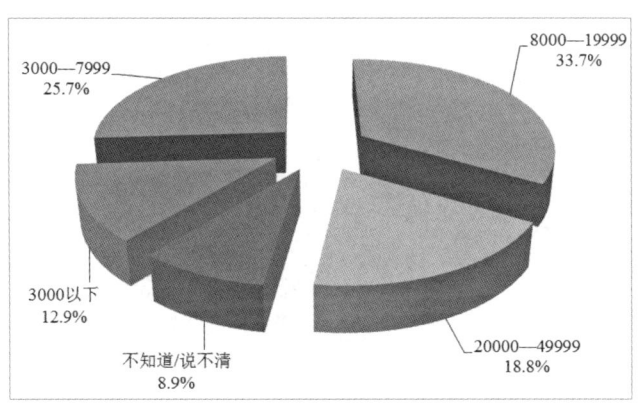

A14. 总的来说,您对目前家庭的收入水平是否满意?

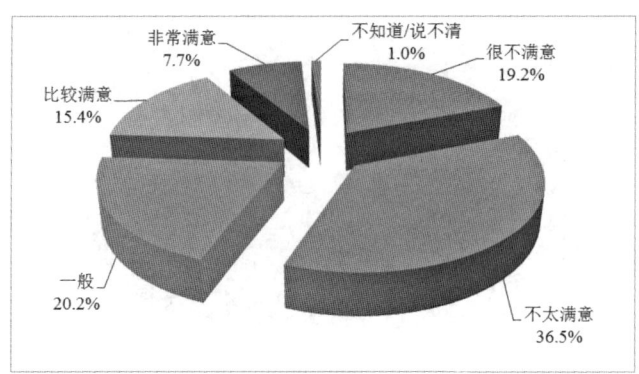

A15. 总的来说,您对自己的生活状况是否满意?

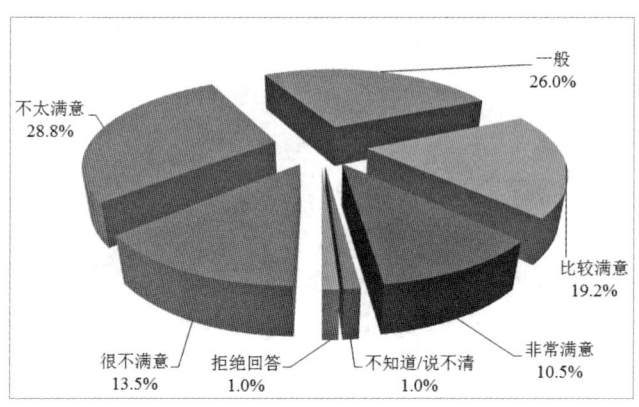

B1. 在下面的几种美德中,您认为哪个最为重要?

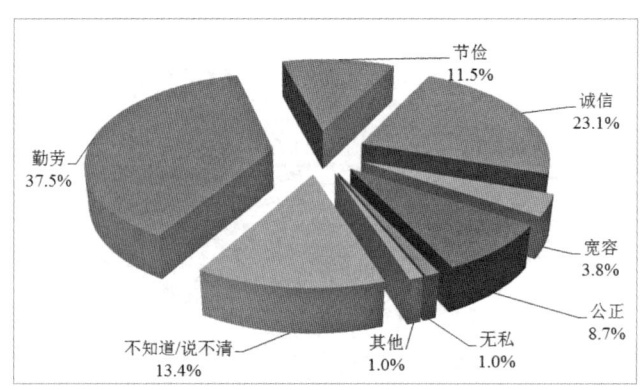

B2. 您与他人交往时最看重的是什么？

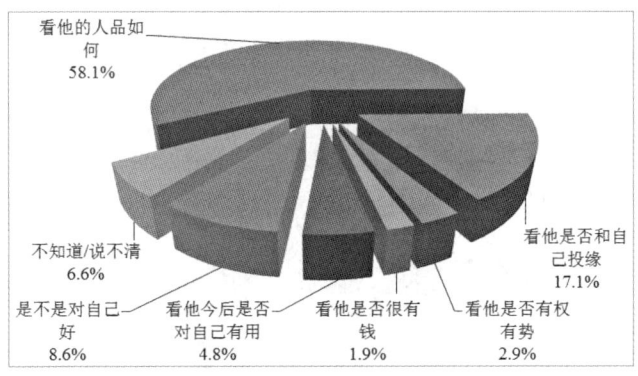

B3. 在现代社会，您认为个人成功最需要的是什么？

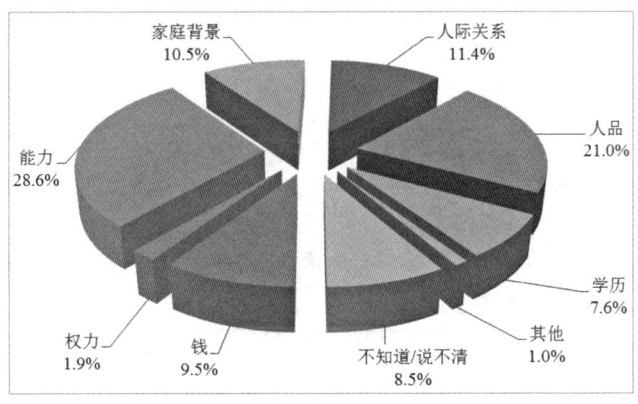

B4. 您认为这些年来，村里人变得如何？

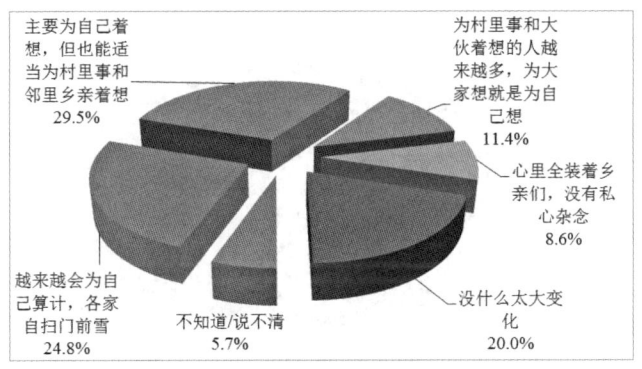

B5. 您对工作的基本态度是什么？

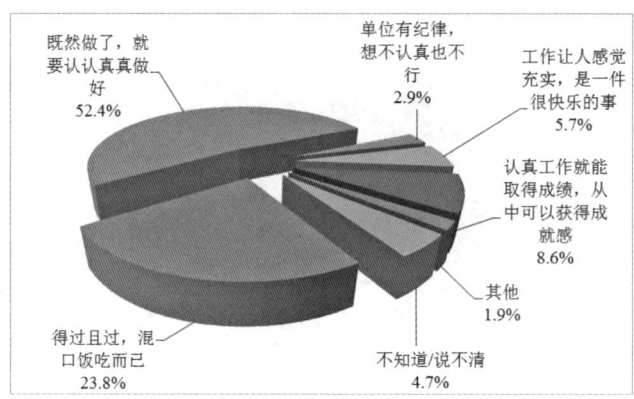

B6. 您选择工作时主要考虑的是什么？（最多选三项）

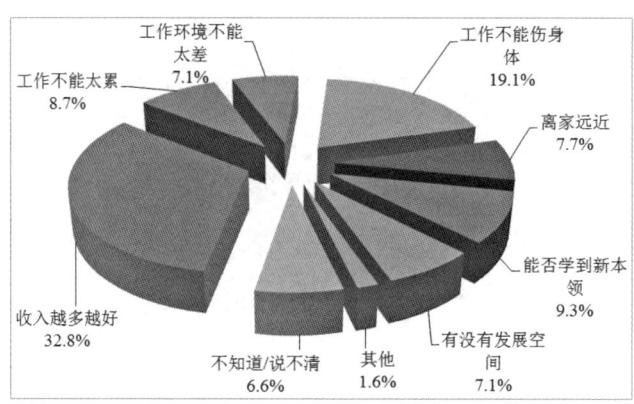

B7. 您认为最理想的职业是什么？（最多选三项）

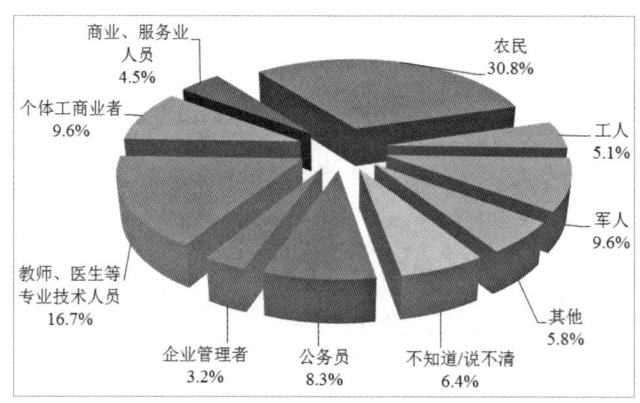

B8. 您觉得孩子读书有用吗？

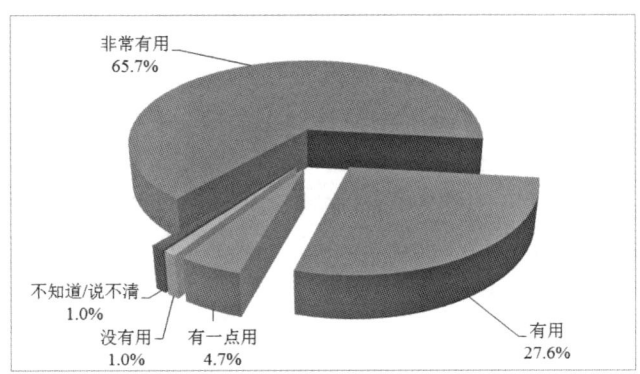

B9. 您打算继续在本村住下去吗？

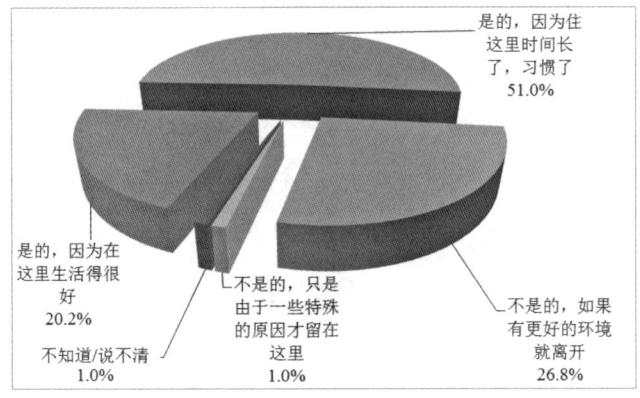

B10. 您平日里闲时都干些什么？（最多选三项）

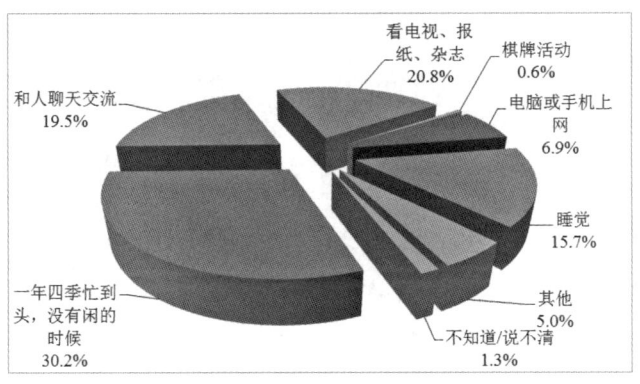

B11. 您在选择结婚对象时会主要考虑哪些因素？（最多选三项）

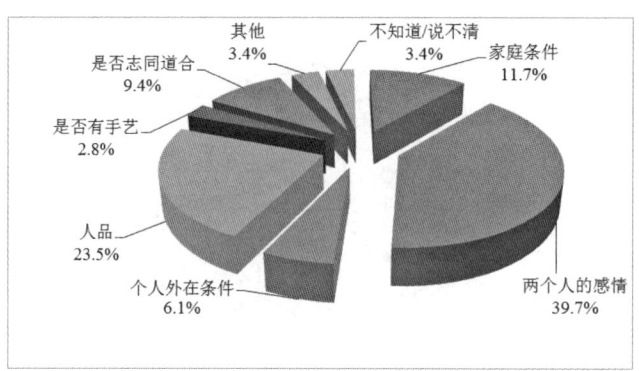

B12. 您认为恋爱结婚的主要目的是什么？

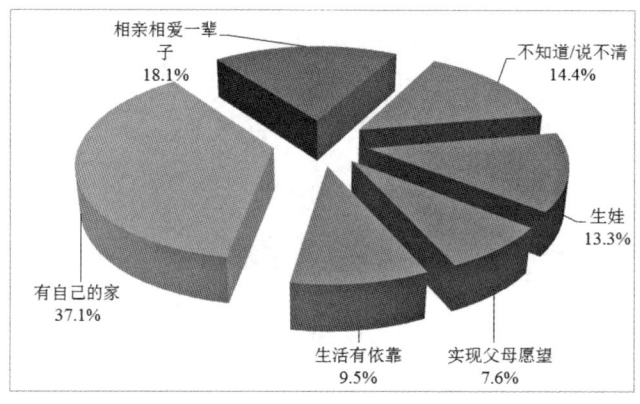

B13. 您认为影响夫妻感情的主要因素是哪些？（最多选三项）

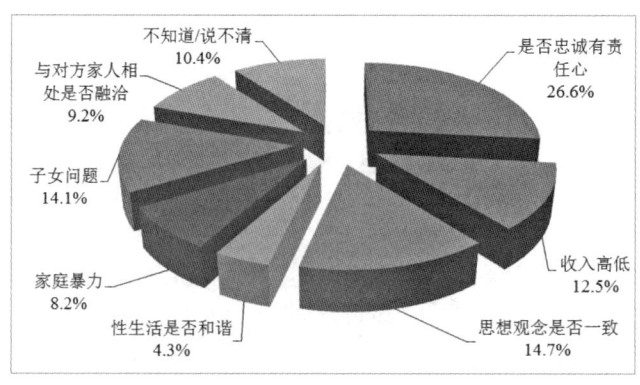

B14. 您认为理想的婚姻家庭是怎样的？（最多选三项）

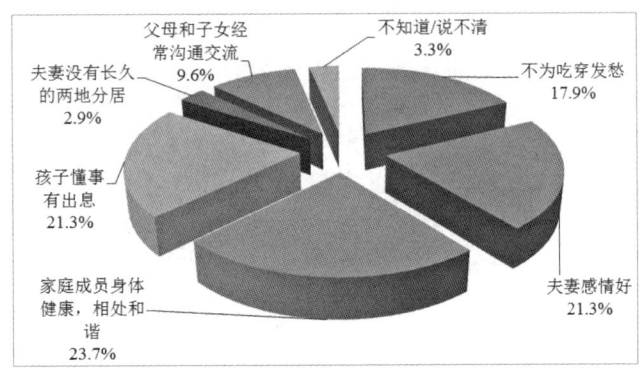

B15. 您如何看待婚前性行为？

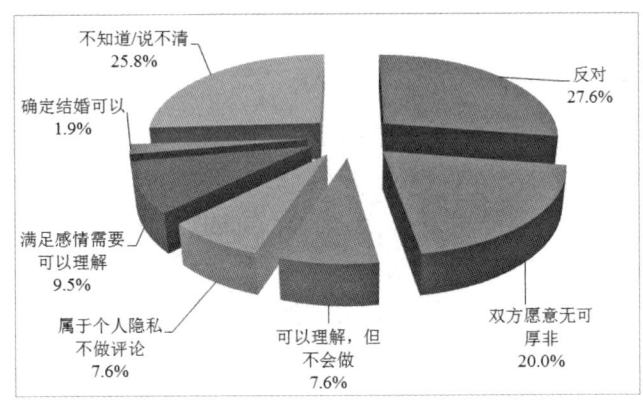

B16. 您如何看待婚外性行为？

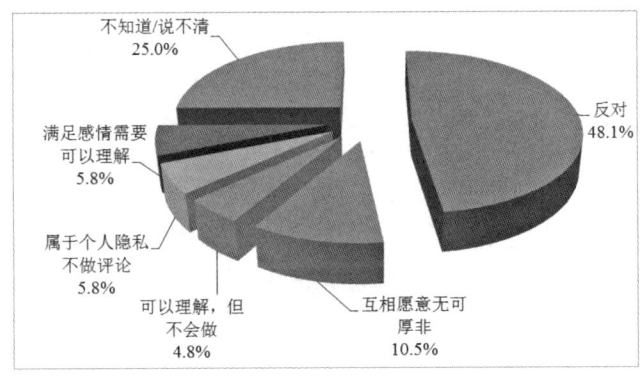

B17. 您认为生养孩子的首要目的是什么？

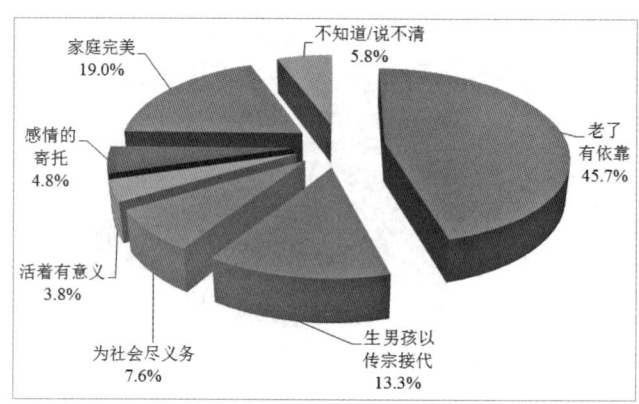

B18. 您认为农村小孩的家庭教育应重视哪些方面的内容？（最多选三项）

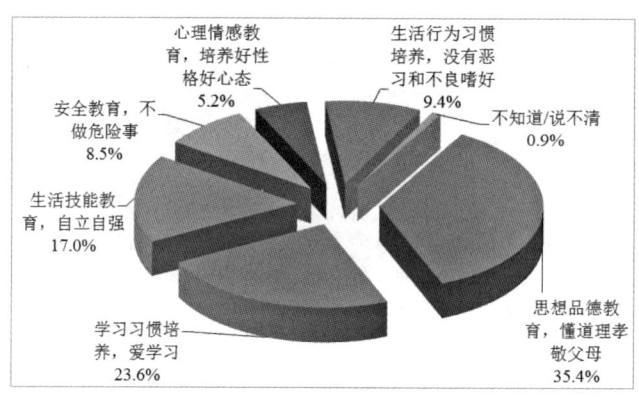

B19. 您觉得尽孝要做到哪些？（最多选三项）

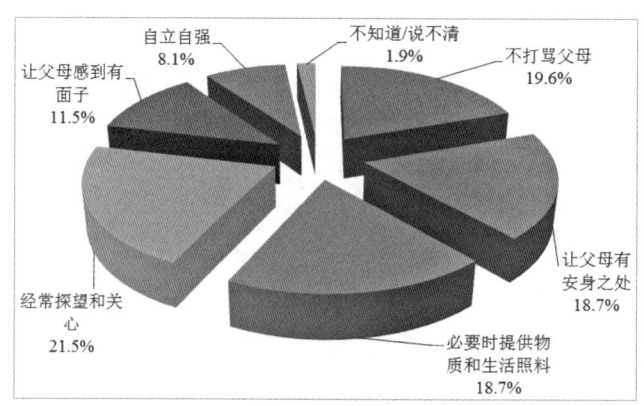

B20. 您家经济收入的主要来源有哪些？（最多选三项）

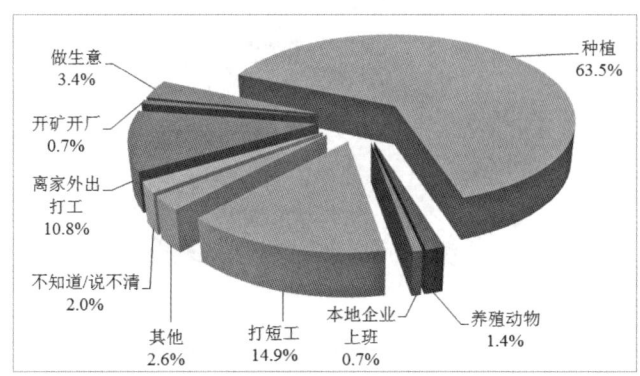

B21. 如果与他人发生了经济纠纷，您会怎么办？

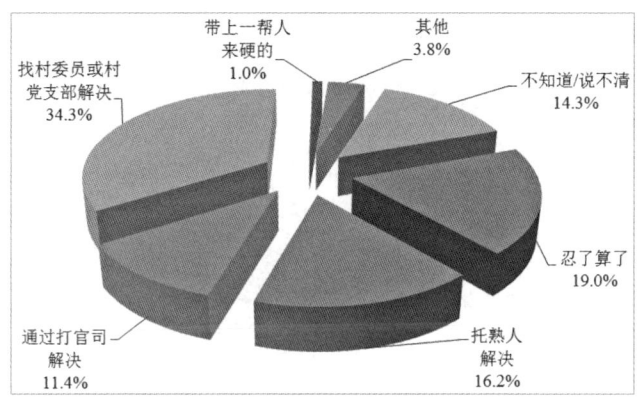

B22. 您家主要的经济支出是什么？（最多选三项）

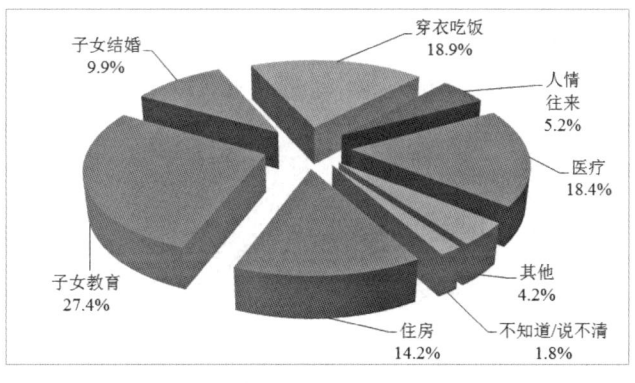

B23. 您对家庭支出的态度是怎样的？

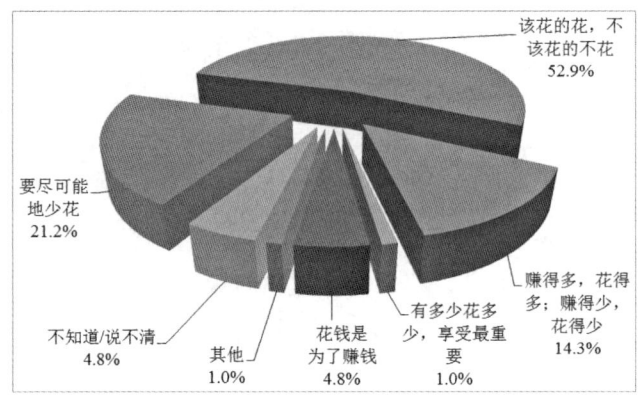

B24. 如果有可能赚钱的机会，您会如何做？

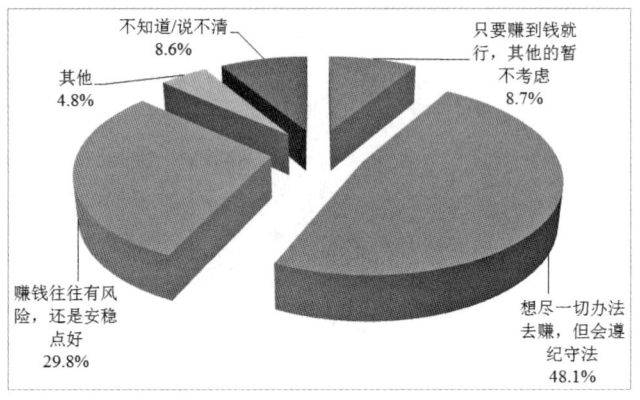

B25. 如果有人向您借一万元，您会借吗？

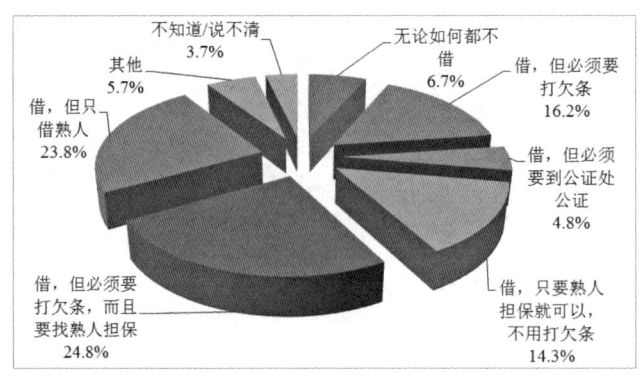

B26. 如果急需数目较大的一笔钱，您会怎么办？

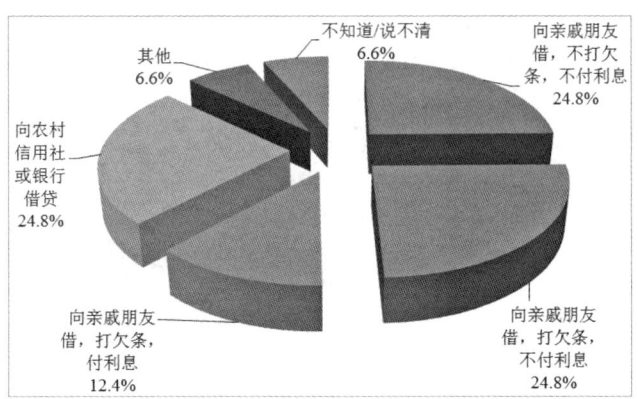

B27. 您对个人收入差距的看法是什么？

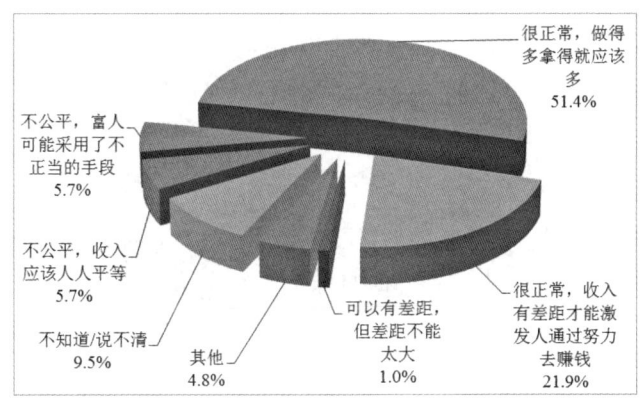

B28. 请问您种地的时候是否会大量使用农药和化肥？

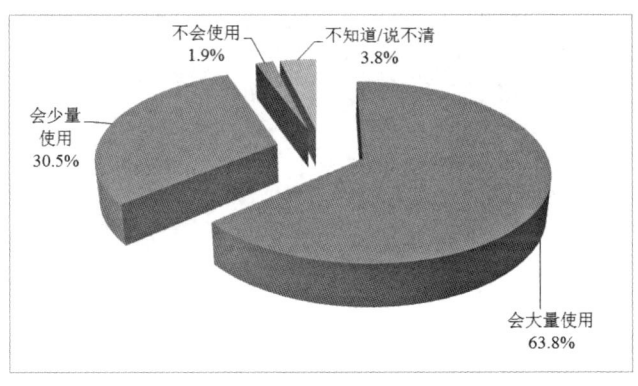

B29. 您在从事种地或养殖的时候是否会考虑环保、生态、健康等因素？

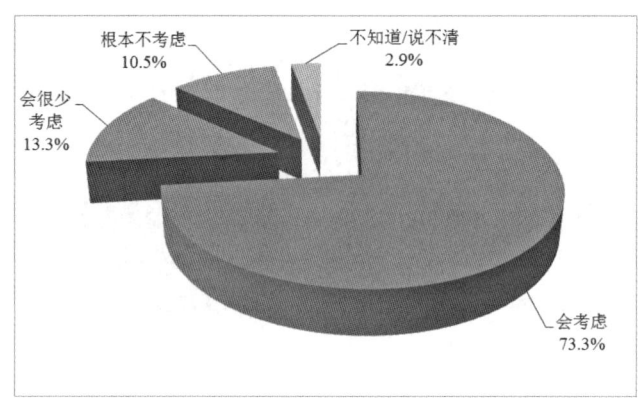

B30. 现在乡村是否有环保法规？

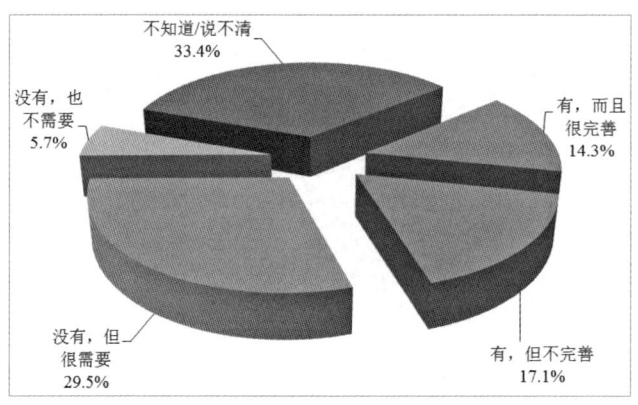

B31. 您认为环境保护和经济发展哪个更加重要？

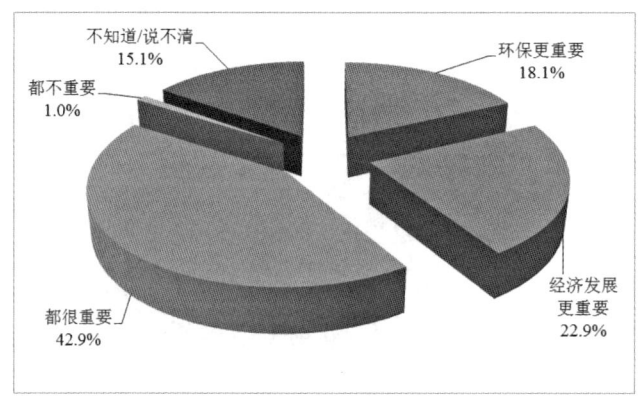

B32. 您认为可以通过建设美丽乡村（比如农家乐、有机食品等）实现致富吗？

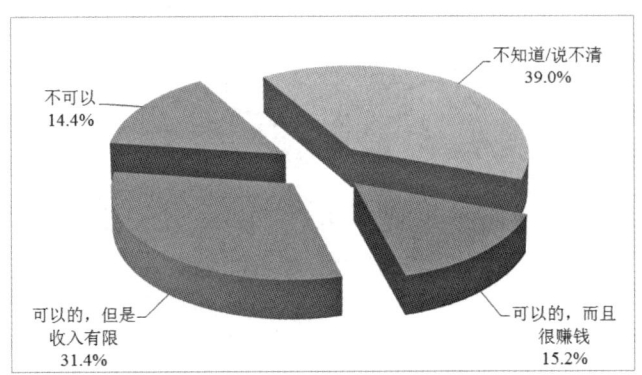

B33. 村里是否有关于环保的宣传？

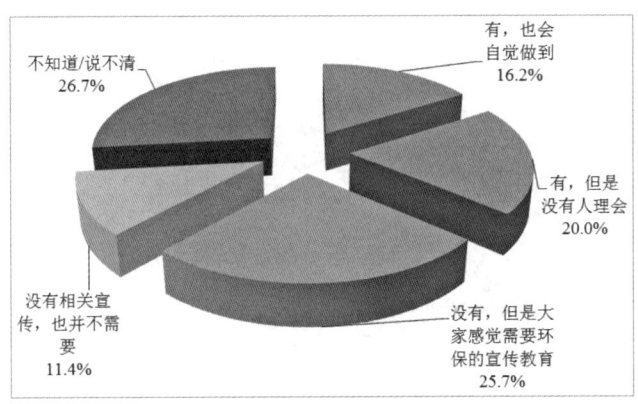

B34. 您能准确说出最近一次民主选举产生的村干部名字吗？

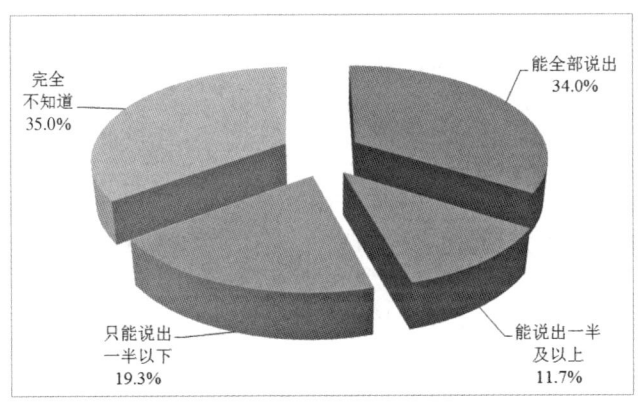

B35. 您主要通过哪些渠道了解村里的管理情况?

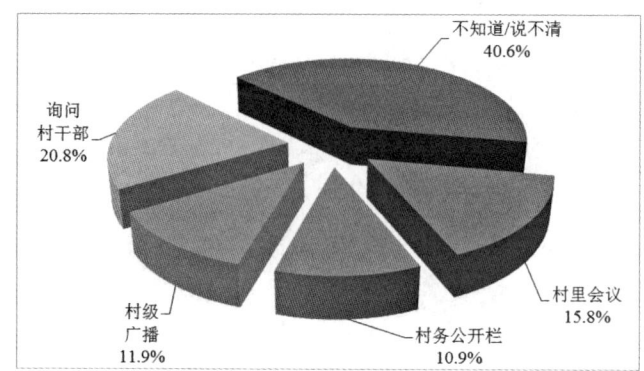

B36. 当村干部的决策损害您和大多数村民利益时,您通常会怎样?

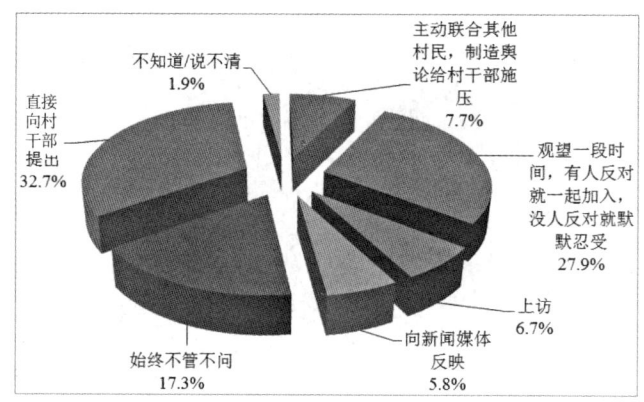

B37. 有关乡村发展的事情,你们村一般如何解决?

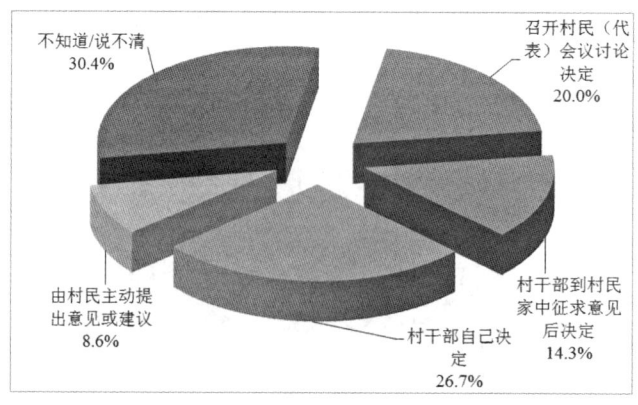

B38. 您认为在乡村日常事务中谁的影响力最大？

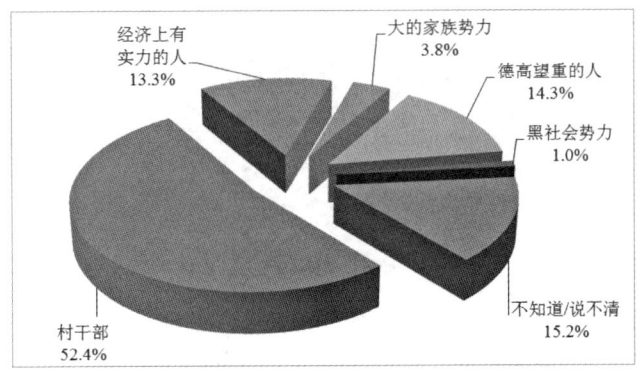

B39. 您认为一个好的村干部在哪个方面最重要？

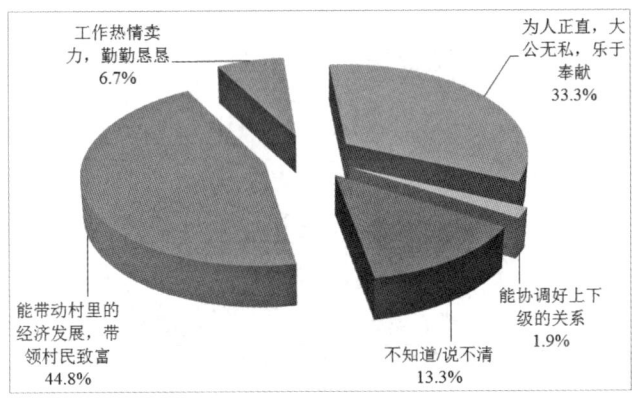

B40. 您认为国家三农政策在村庄得到落实了吗？

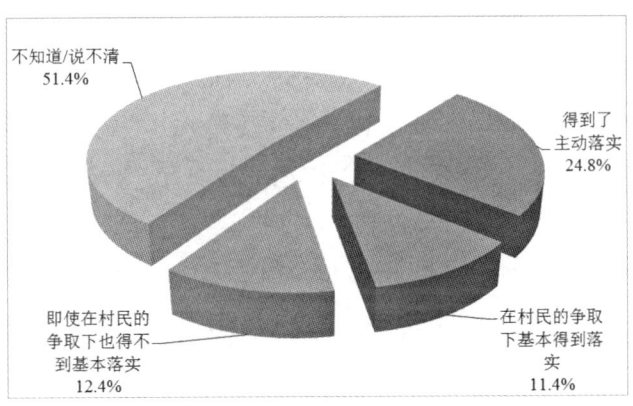

B41. 您村的村规民约对村民有约束力吗?

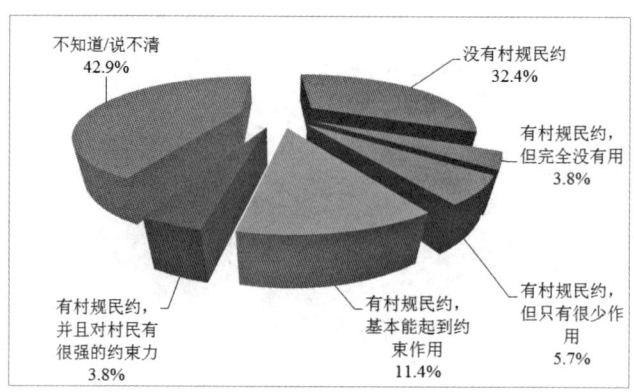

B42. 人们在社会生活中总要和不同的人打交道，下列成员，您在多大程度上信任他们？

（1）您在多大程度上信任家庭成员？

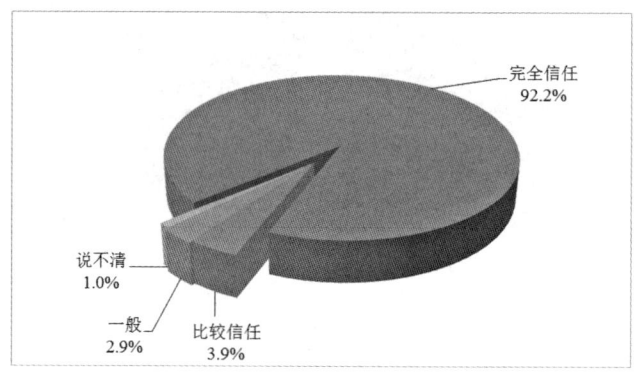

（2）您在多大程度上信任亲戚？

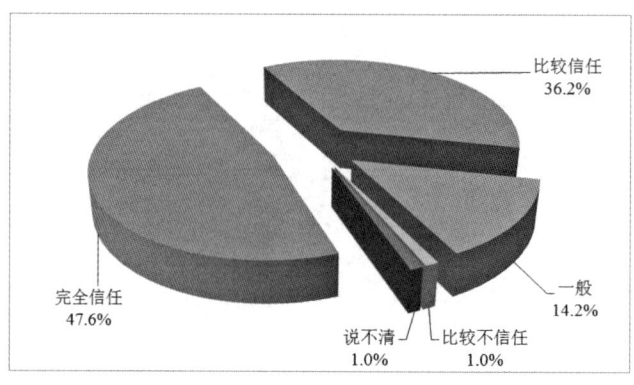

（3）您在多大程度上信任朋友？

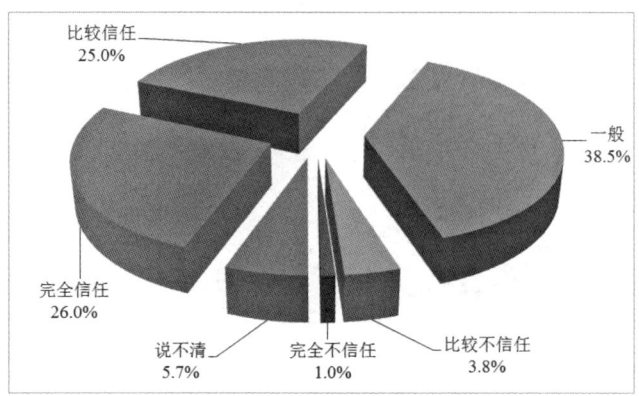

（4）您在多大程度上信任邻居？

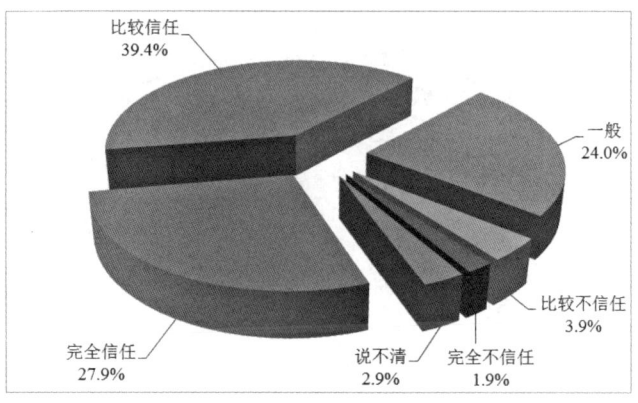

（5）您在多大程度上信任同事？

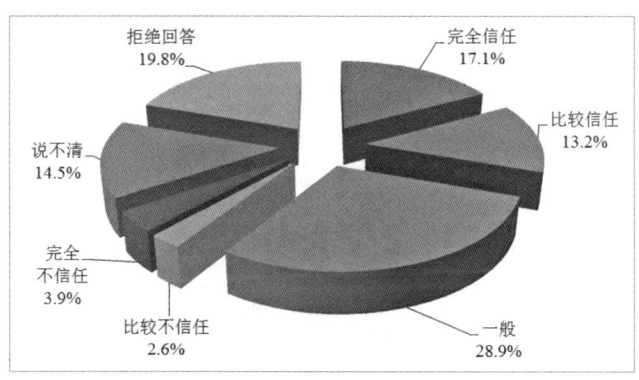

（6）您在多大程度上信任单位领导？

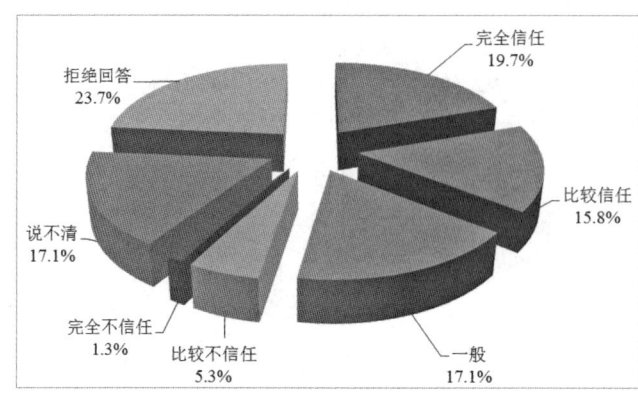

（7）您在多大程度上信任村长？

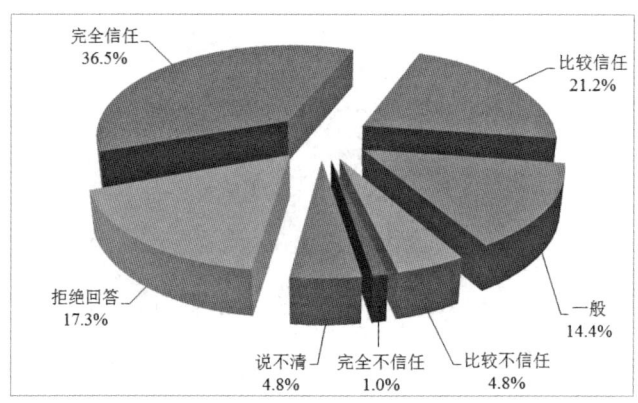

（8）您在多大程度上信任同村人？

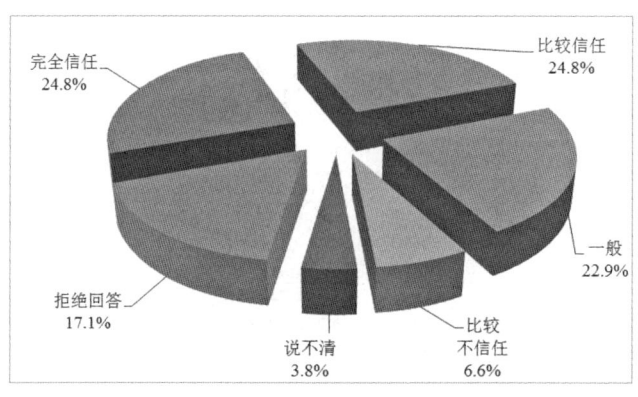

(9) 您在多大程度上信任陌生人？

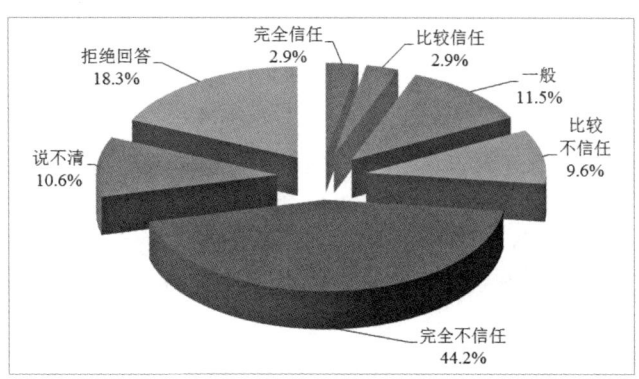

B43. 您是否有出村的经历？

（1）村外：

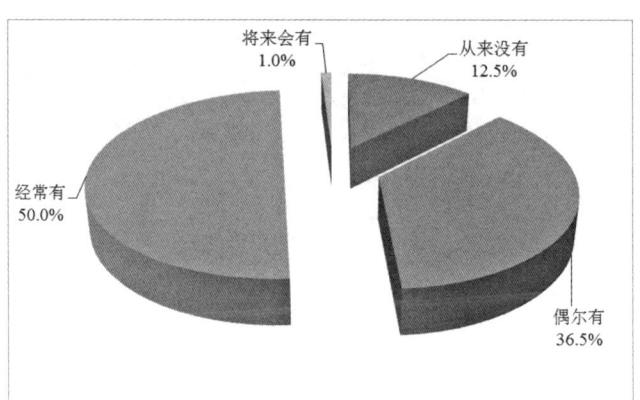

（2）镇外：

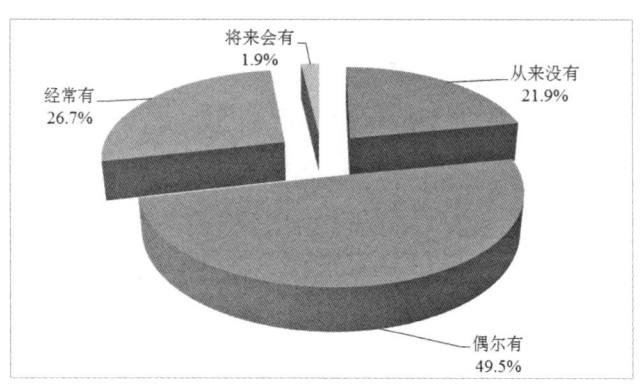

(3) 市外：

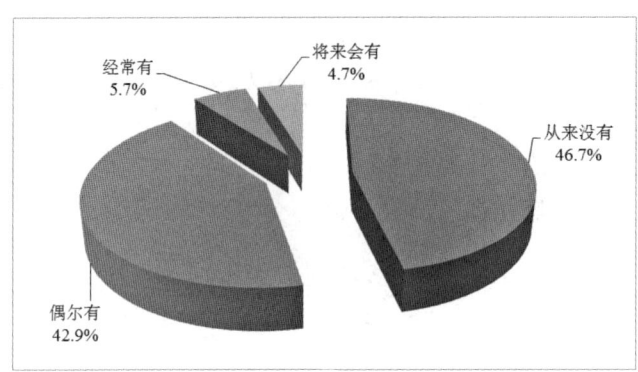

(4) 省外：

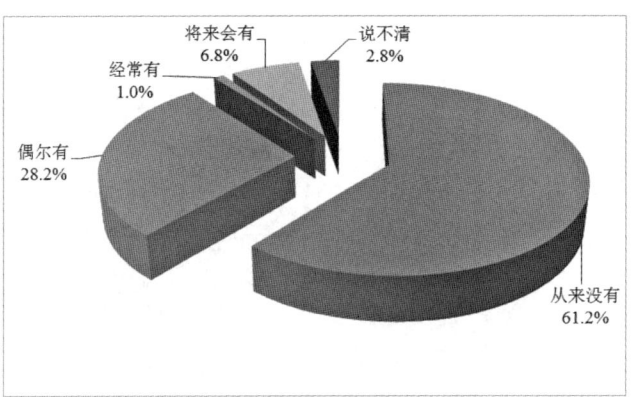

(5) 国外：

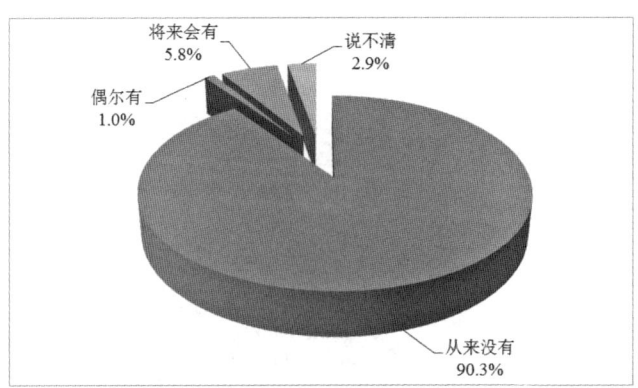

四、下聂村问卷调查基本数据

A1. 您的性别：_____。

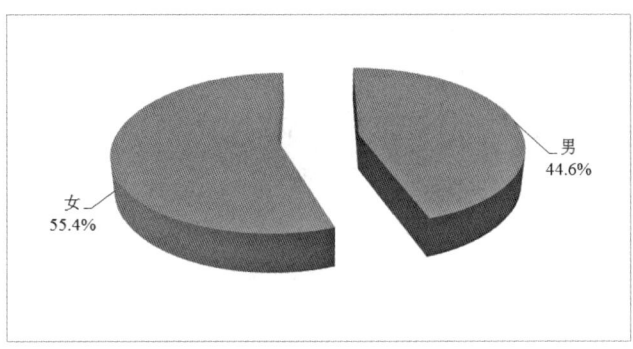

A2. 您现年多少周岁？_____周岁。

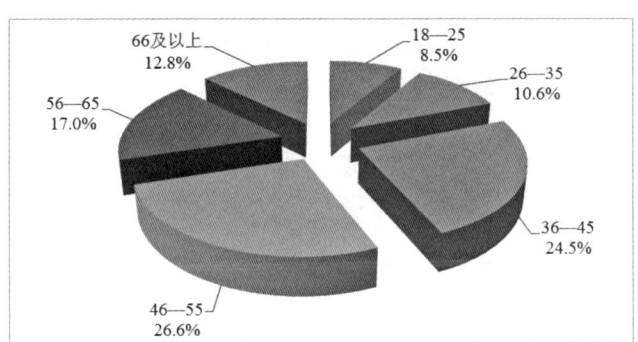

A3. 您当前的婚姻状况是_____。

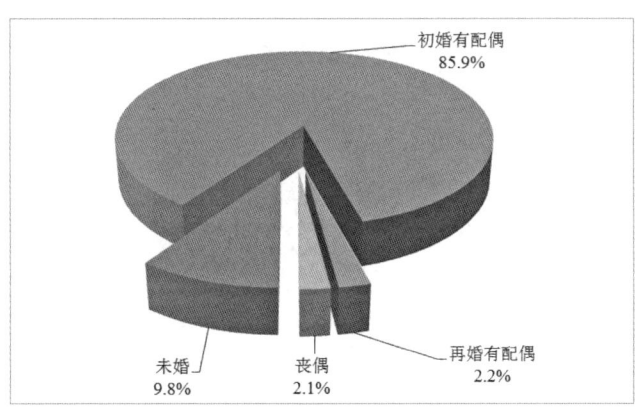

A4. 您的户口是_____。

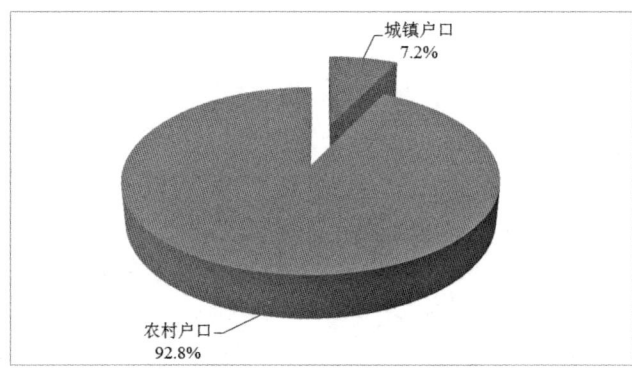

A5. 您的受教育程度是_____。

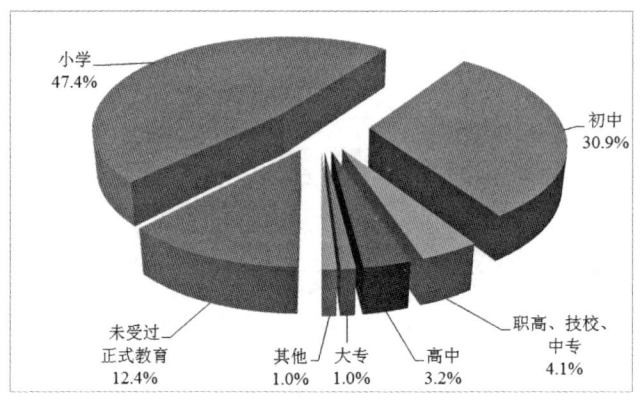

A6. 您的政治面貌是_____。

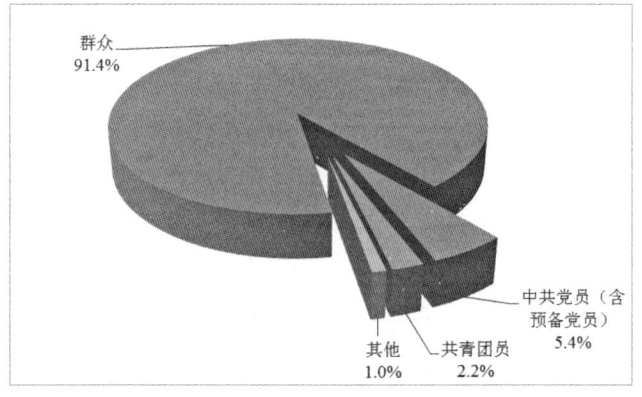

A7. 您的宗教信仰是_____。

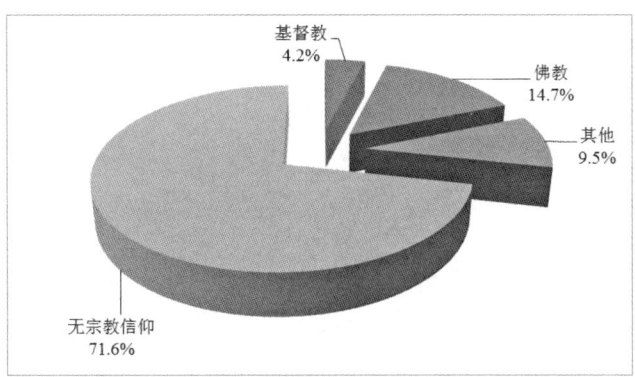

A8. 您的籍贯地在本地吗?

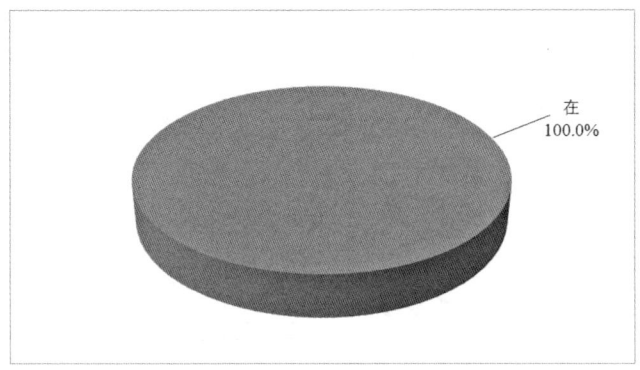

A9. 您的户口所在地在本地吗?

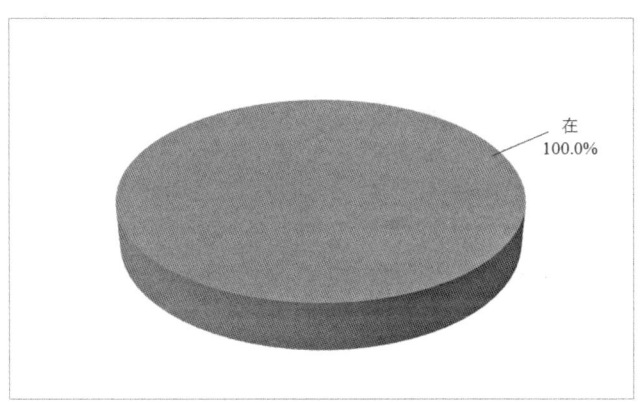

A10. 您目前的职业是_____。

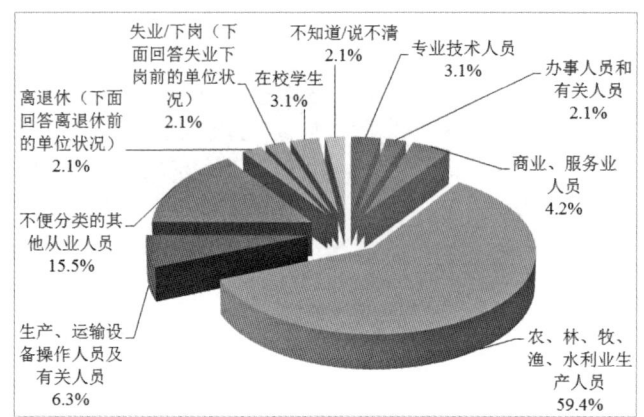

A11. 您去年全年的个人总收入大约在_____。（单位：元）

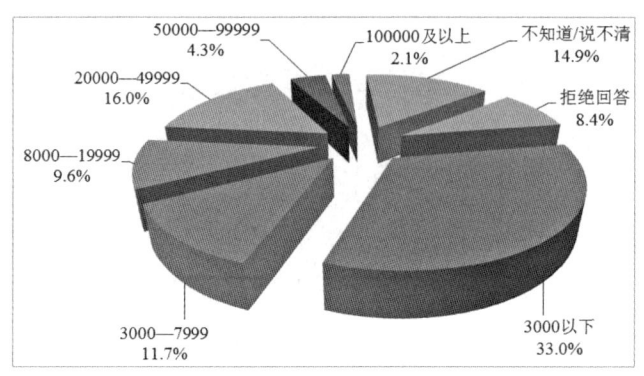

A12. 您今年全年的个人理想总收入大约是_____。（单位：元）

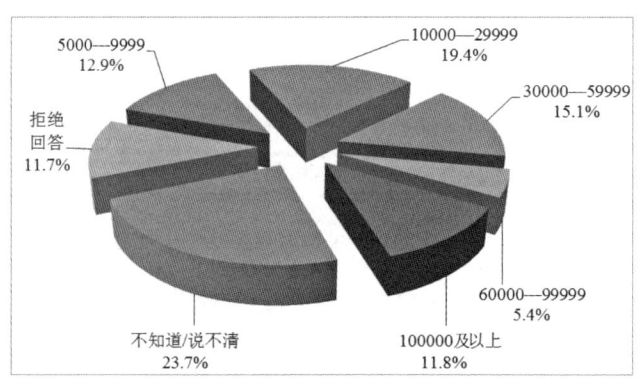

A13. 您家去年全年家庭各种收入大约在_____。（单位：元）

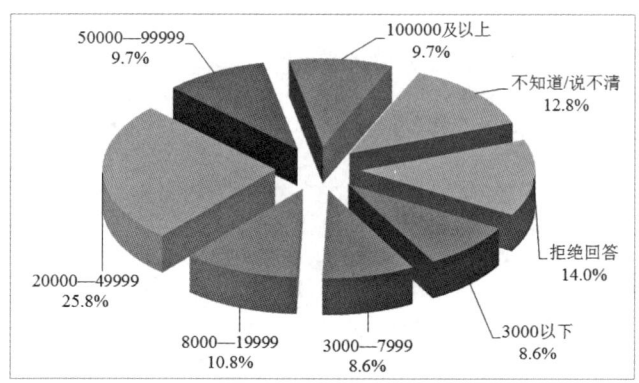

A14. 总的来说，您对目前家庭的收入水平是否满意？

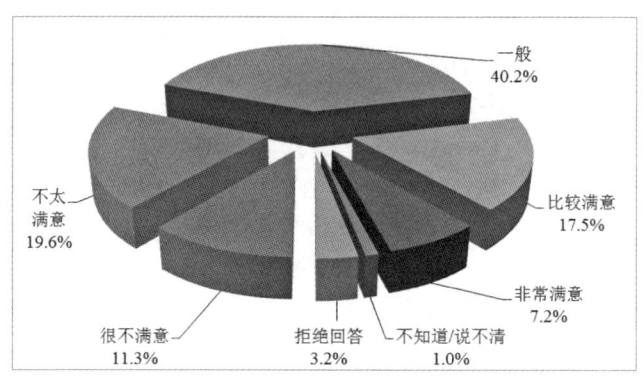

A15. 总的来说，您对自己的生活状况是否满意？

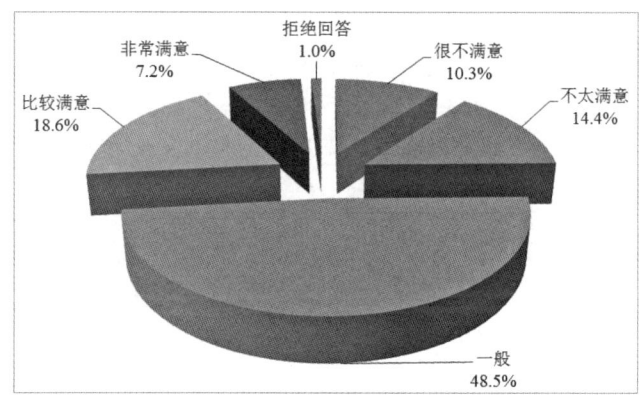

B1. 在下面的几种美德中,您认为哪个最为重要?

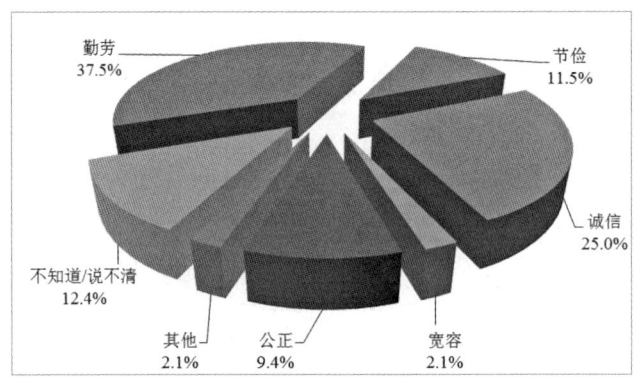

B2. 您与他人交往时最看重的是什么?

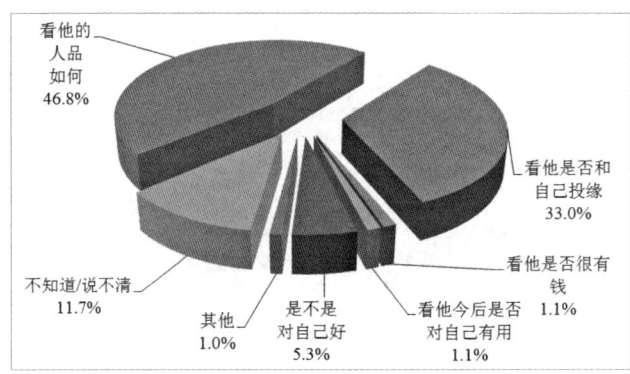

B3. 在现代社会,您认为个人成功最需要的是什么?

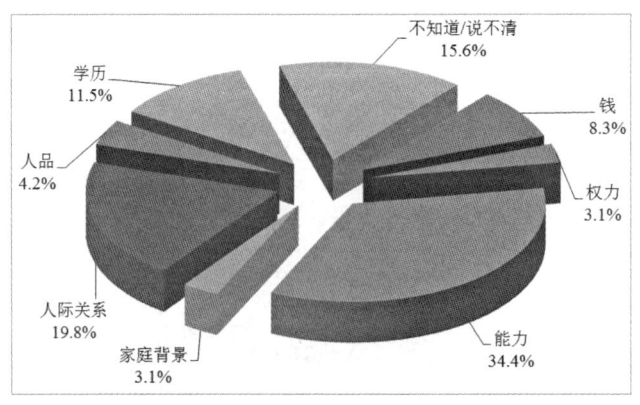

B4. 您认为这些年来,村里人变得如何?

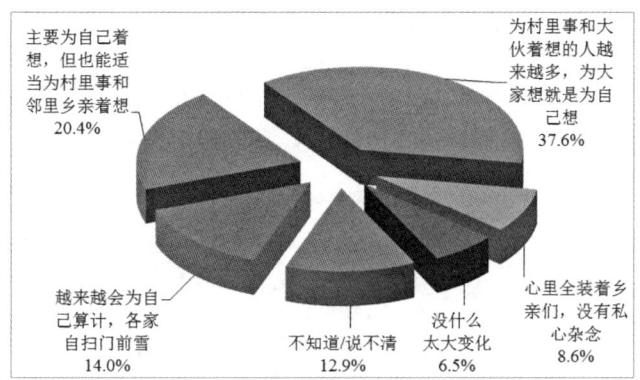

B5. 您对工作的基本态度是什么?

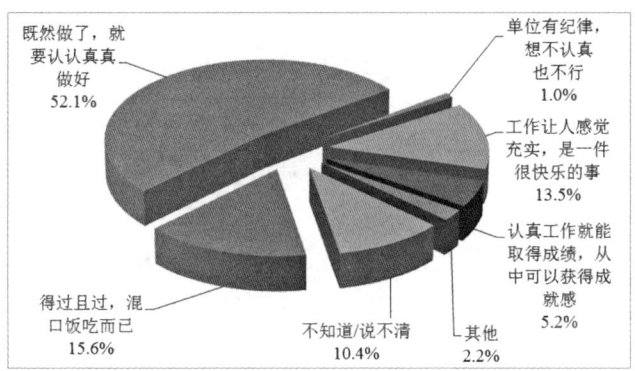

B6. 您选择工作时主要考虑的是什么?(最多选三项)

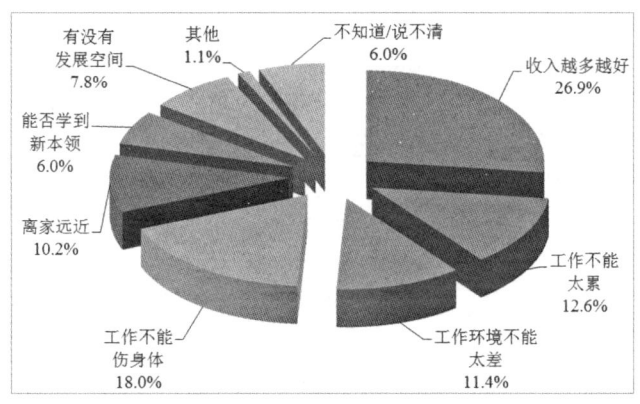

B7. 您认为最理想的职业是什么？（最多选三项）

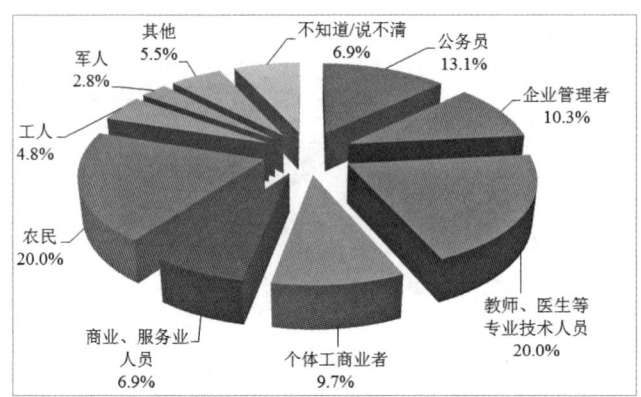

B8. 您觉得孩子读书有用吗？

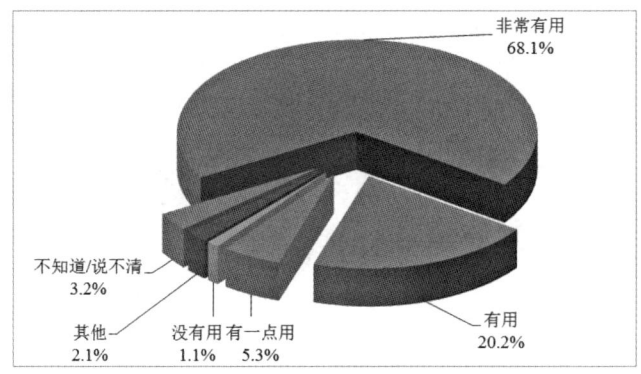

B9. 您打算继续在本村住下去吗？

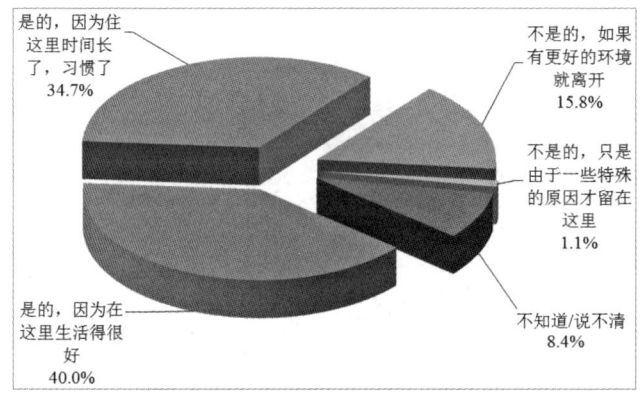

B10. 您平日里闲时都干些什么？（最多选三项）

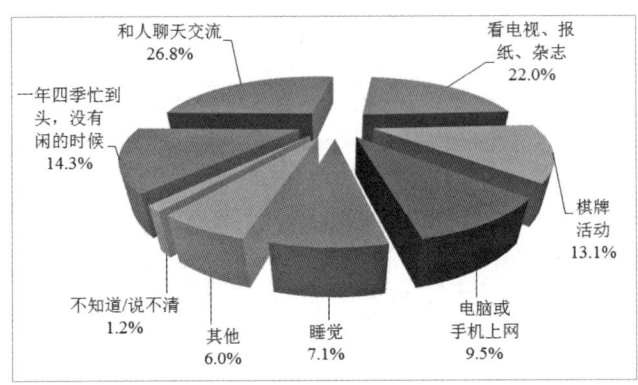

B11. 您在选择结婚对象时会主要考虑哪些因素？（最多选三项）

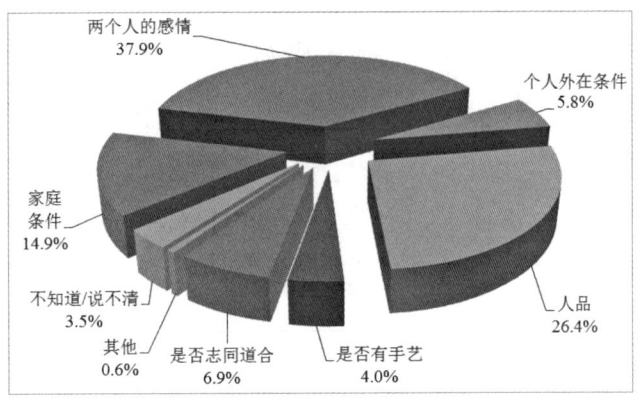

B12. 您认为恋爱结婚的主要目的是什么？

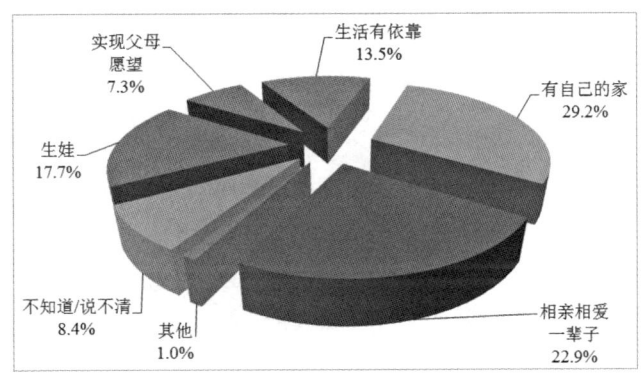

B13. 您认为影响夫妻感情的主要因素是哪些？（最多选三项）

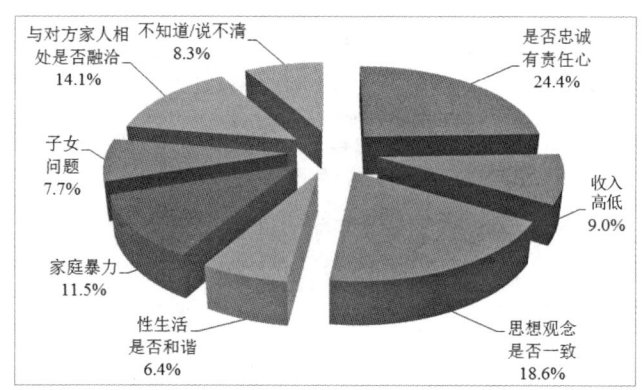

B14. 您认为理想的婚姻家庭是怎样的？（最多选三项）

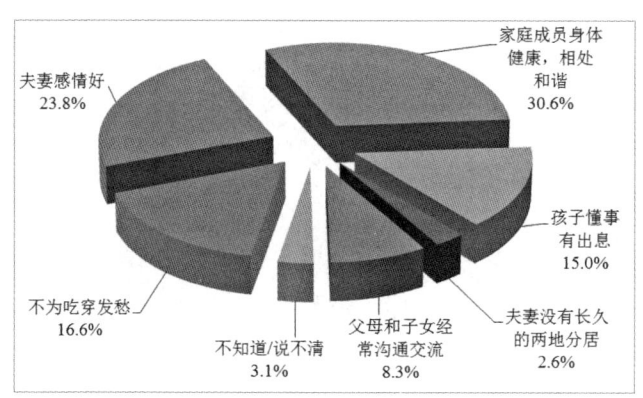

B15. 您如何看待婚前性行为？

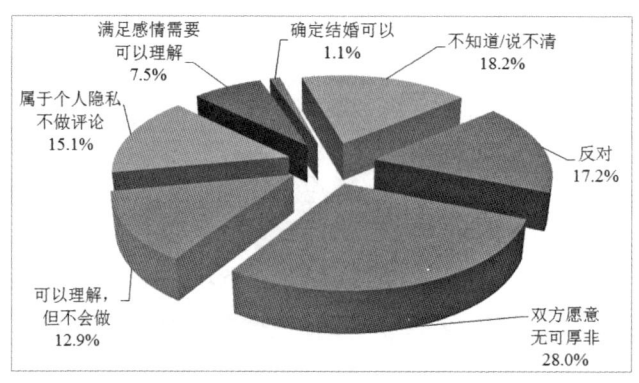

B16. 您如何看待婚外性行为？

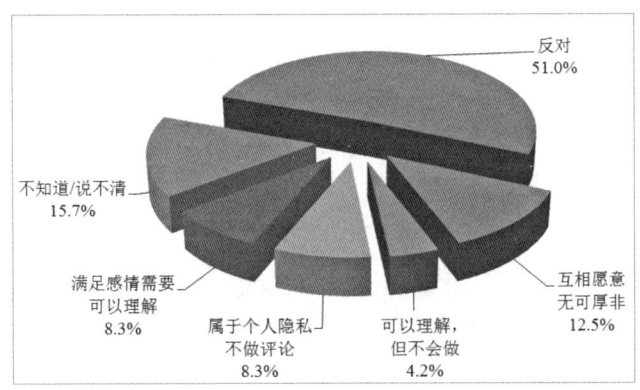

B17. 您认为生养孩子的首要目的是什么？

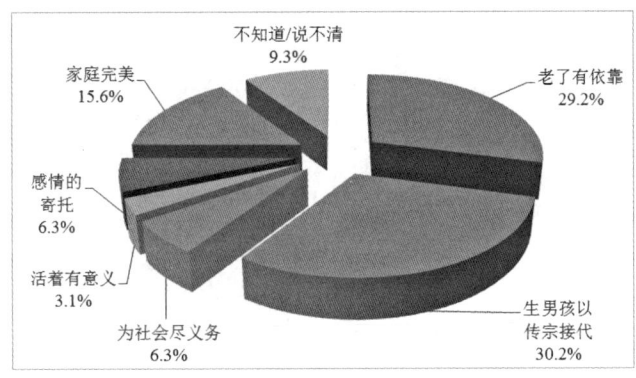

B18. 您认为农村小孩的家庭教育应重视哪些方面的内容？（最多选三项）

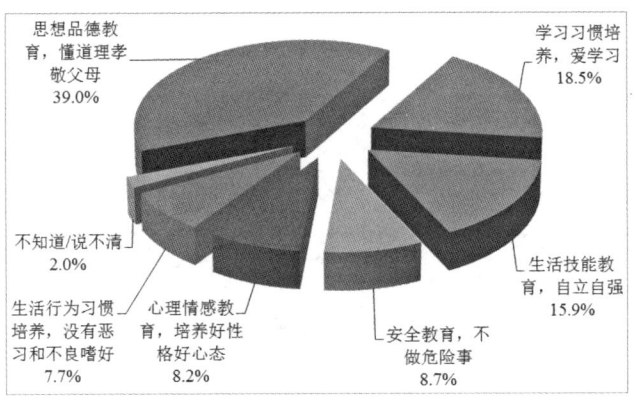

B19. 您觉得尽孝要做到哪些？（最多选三项）

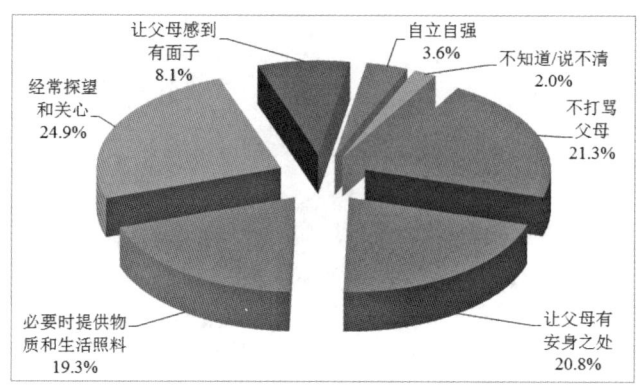

B20. 您家经济收入的主要来源有哪些？（最多选三项）

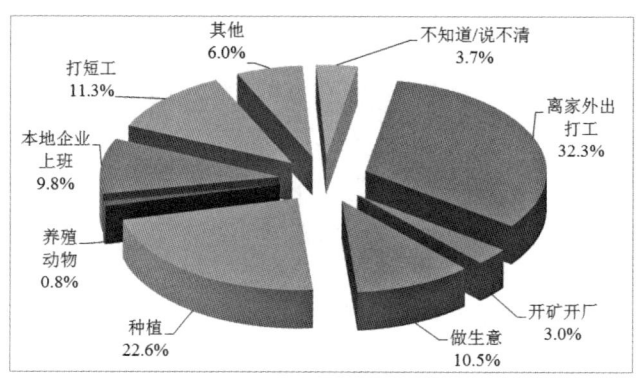

B21. 如果与他人发生了经济纠纷，您会怎么办？

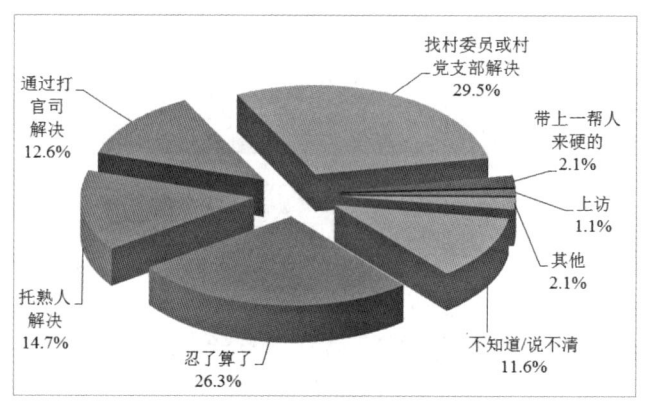

B22. 您家主要的经济支出是什么？（最多选三项）

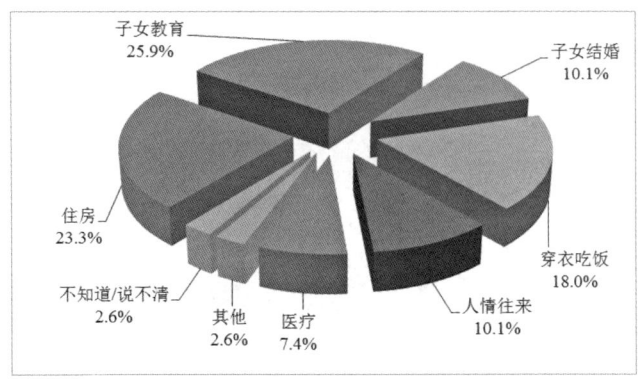

B23. 您对家庭支出的态度是怎样的？

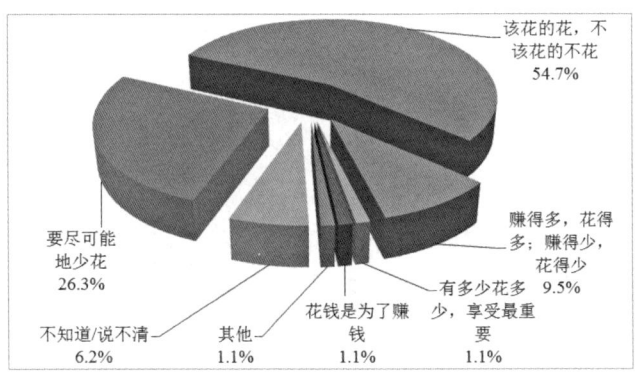

B24. 如果有可能赚钱的机会，您会如何做？

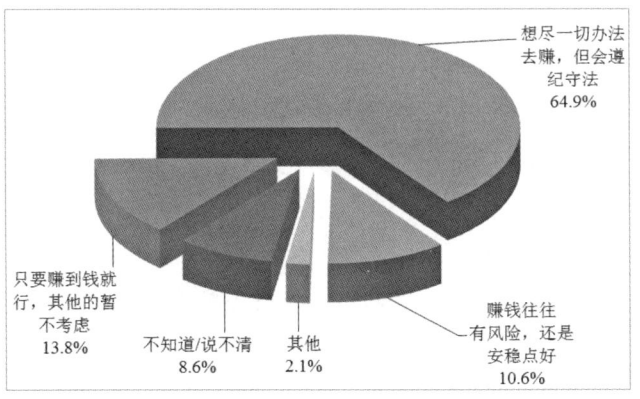

B25. 如果有人向您借一万元，您会借吗？

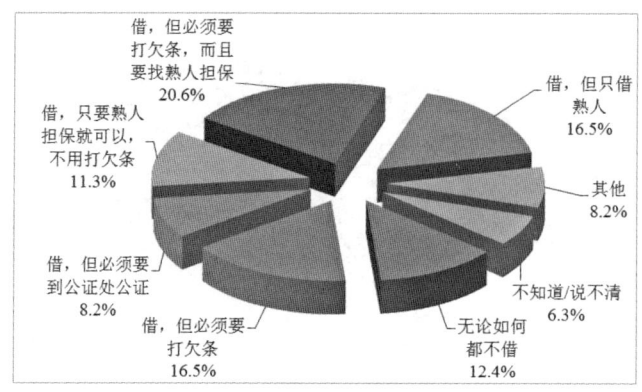

B26. 如果急需数目较大的一笔钱，您会怎么办？

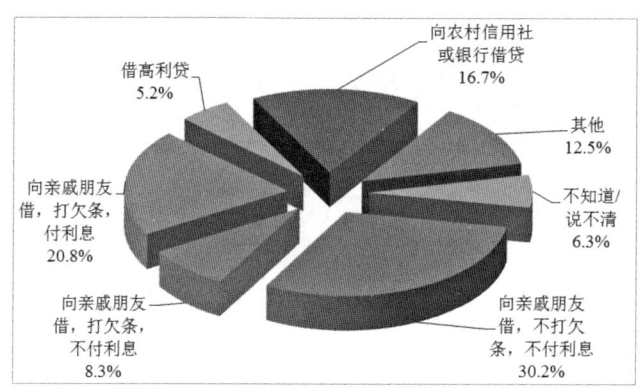

B27. 您对个人收入差距的看法是什么？

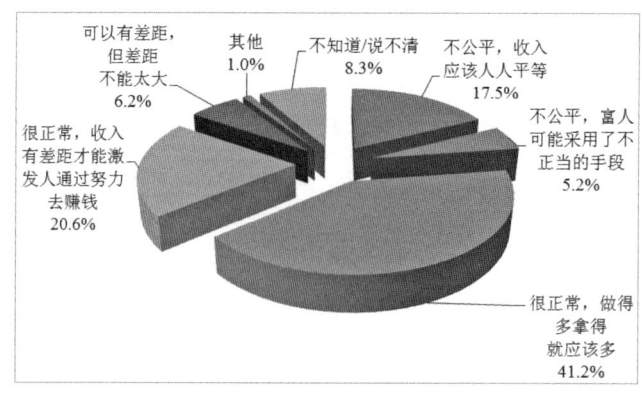

B28. 请问您种地的时候是否会大量使用农药和化肥？

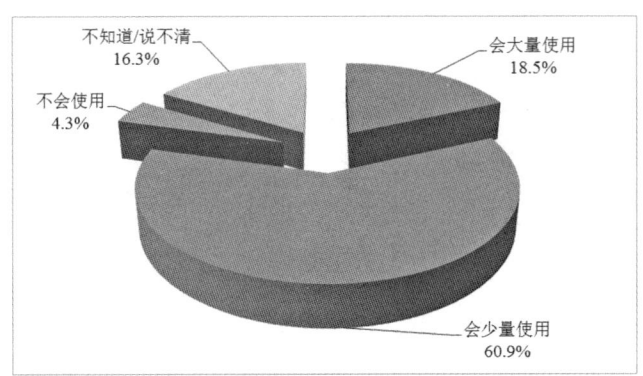

B29. 您在从事种地或养殖的时候是否会考虑环保、生态、健康等因素？

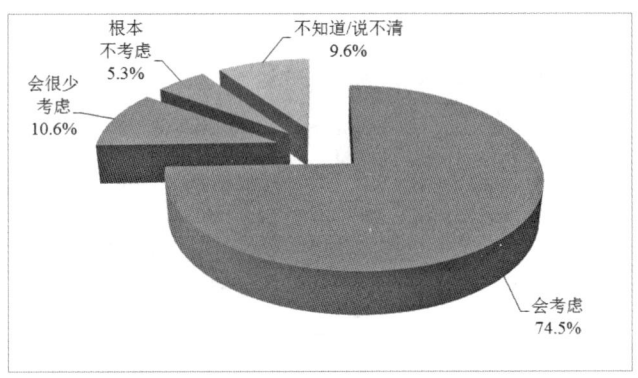

B30. 现在乡村是否有环保法规？

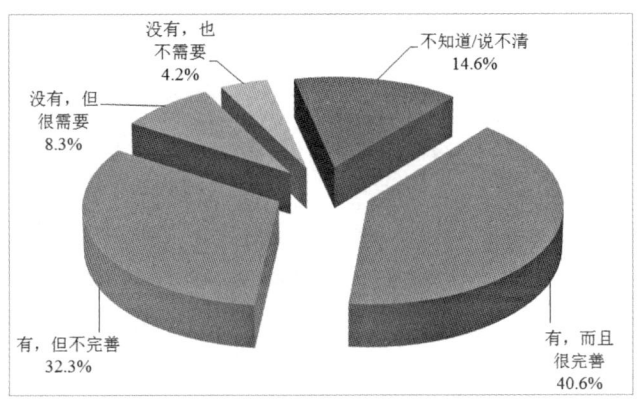

B31. 您认为环境保护和经济发展哪个更加重要？

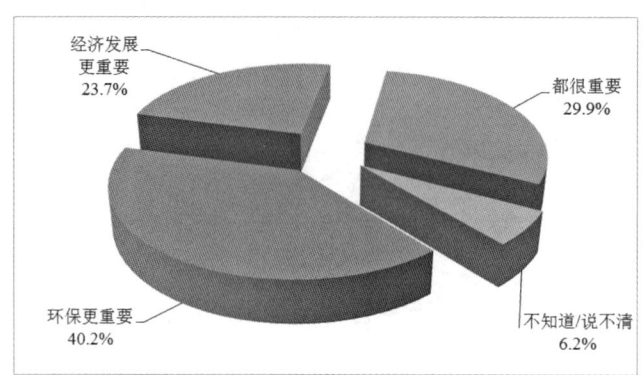

B32. 您认为可以通过建设美丽乡村（比如农家乐、有机食品等）实现致富吗？

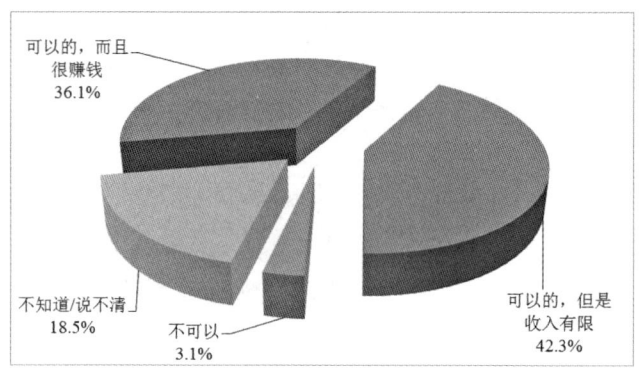

B33. 村里是否有关于环保的宣传？

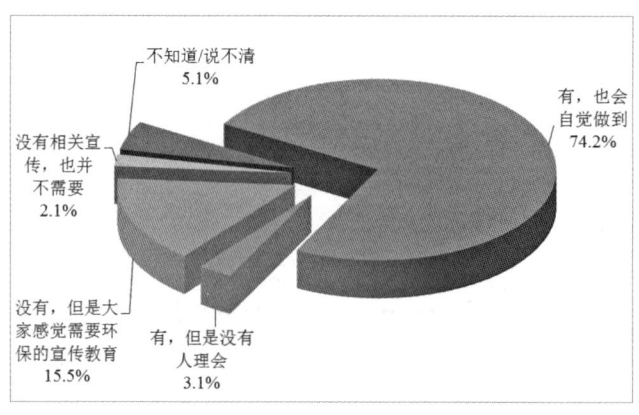

B34. 您能准确说出最近一次民主选举产生的村干部名字吗?

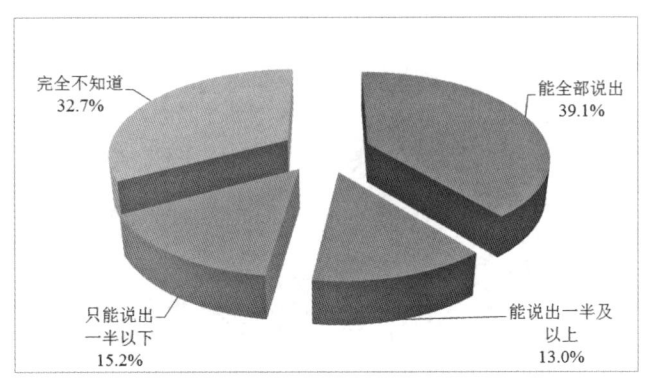

B35. 您主要通过哪些渠道了解村里的管理情况?

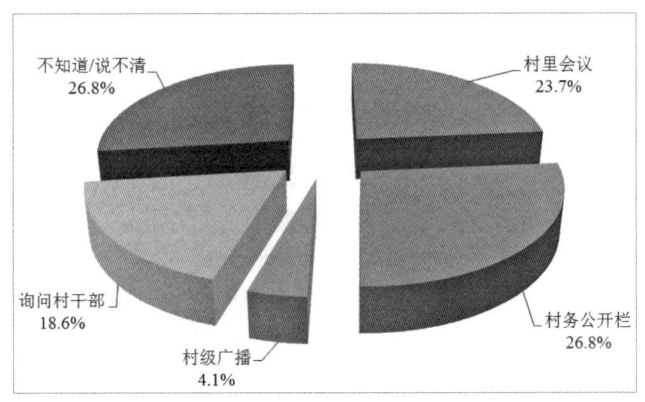

B36. 当村干部的决策损害您和大多数村民利益时,您通常会怎样?

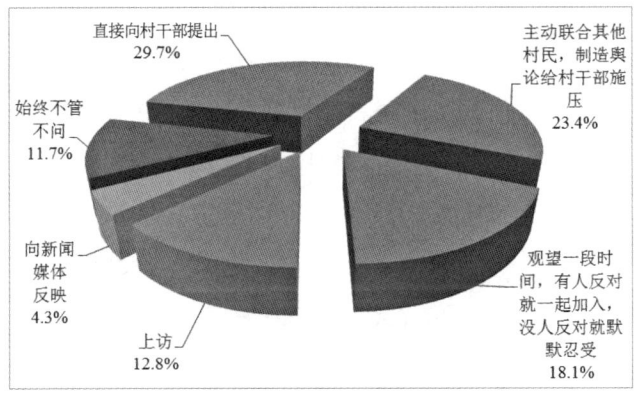

B37. 有关乡村发展的事情，你们村一般如何解决？

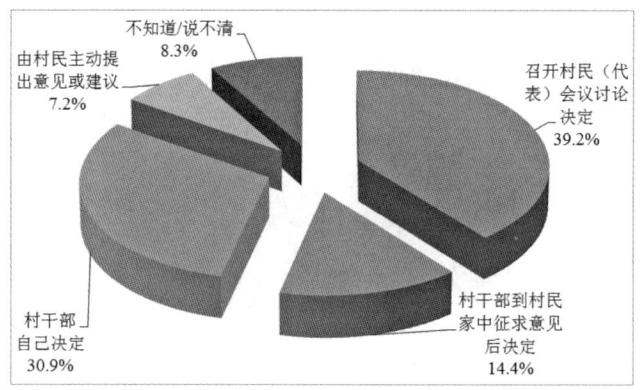

B38. 您认为在乡村日常事务中谁的影响力最大？

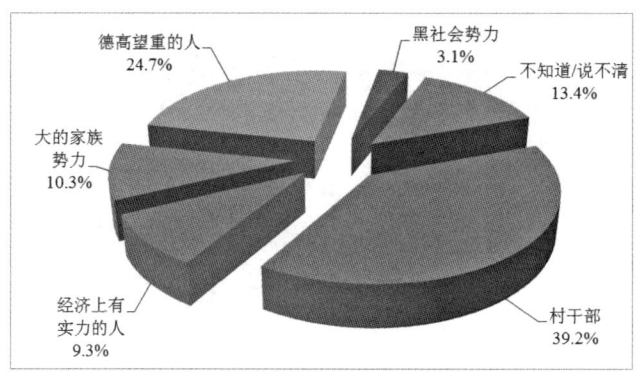

B39. 您认为一个好的村干部在哪个方面最重要？

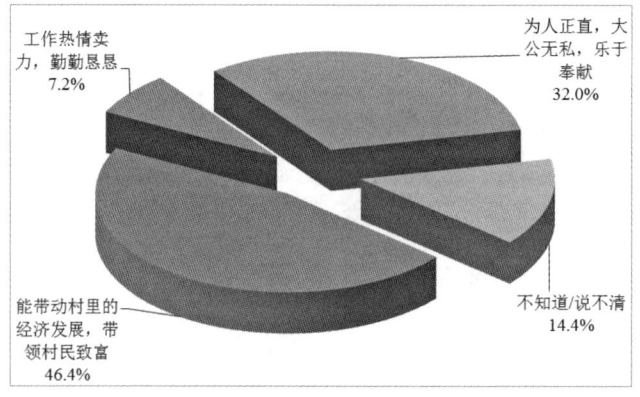

B40. 您认为国家三农政策在村庄得到落实了吗？

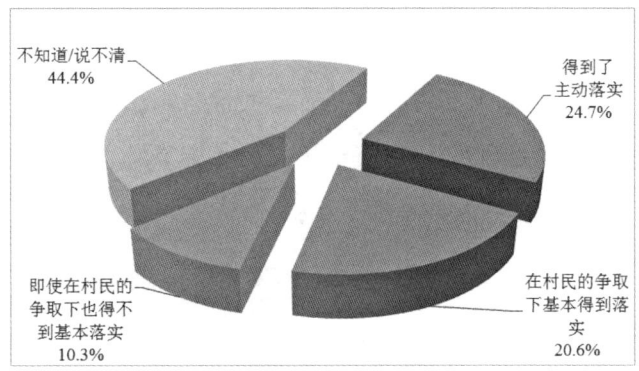

B41. 您村的村规民约对村民有约束力吗？

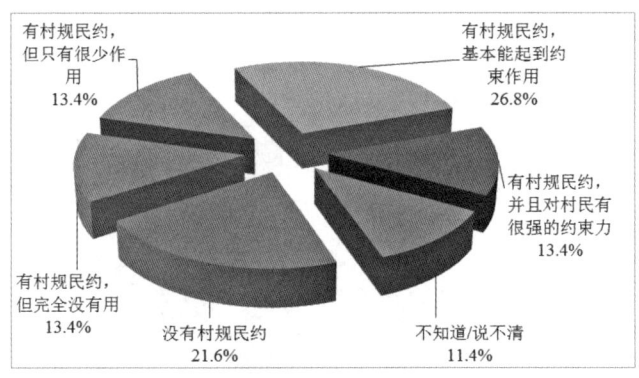

B42. 人们在社会生活中总要和不同的人打交道，下列成员，您在多大程度上信任他们？

（1）您在多大程度上信任家庭成员？

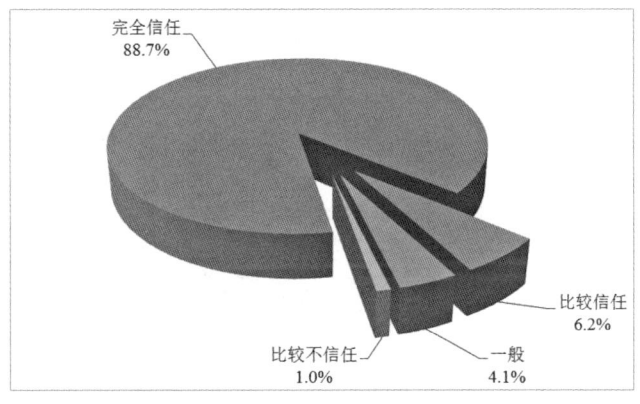

（2）您在多大程度上信任亲戚？

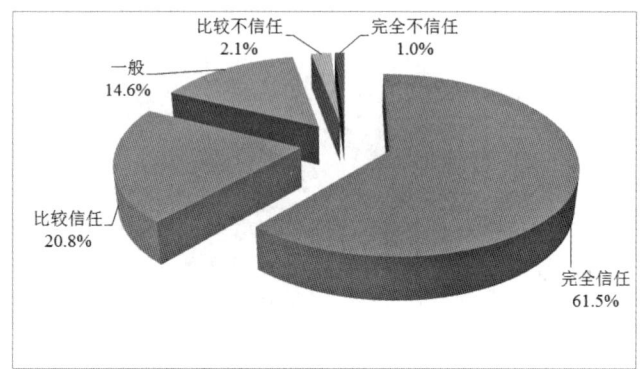

（3）您在多大程度上信任朋友？

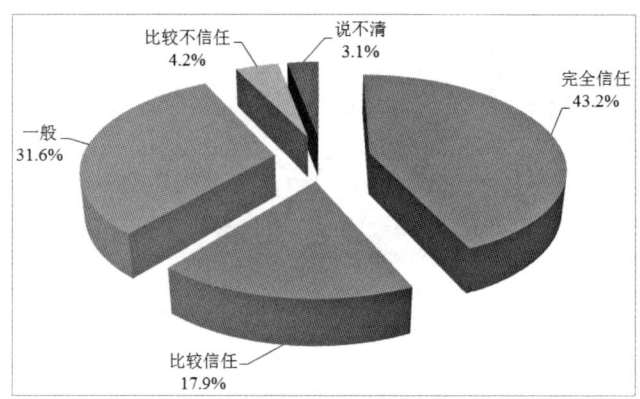

（4）您在多大程度上信任邻居？

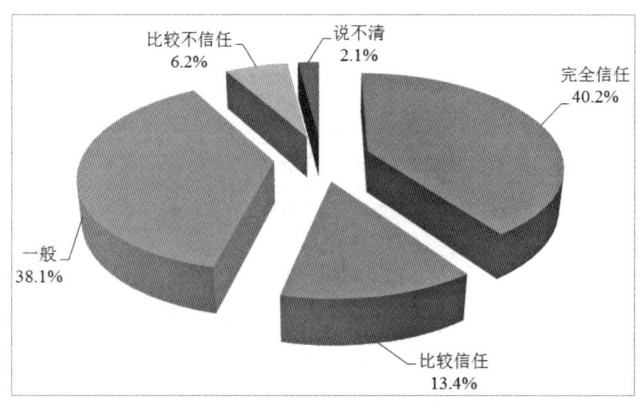

(5) 您在多大程度上信任同事?

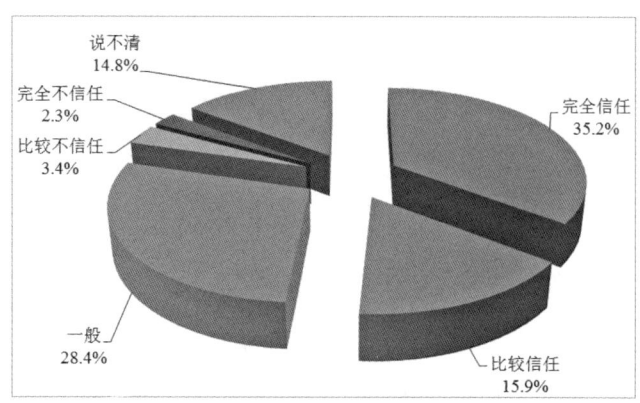

(6) 您在多大程度上信任单位领导?

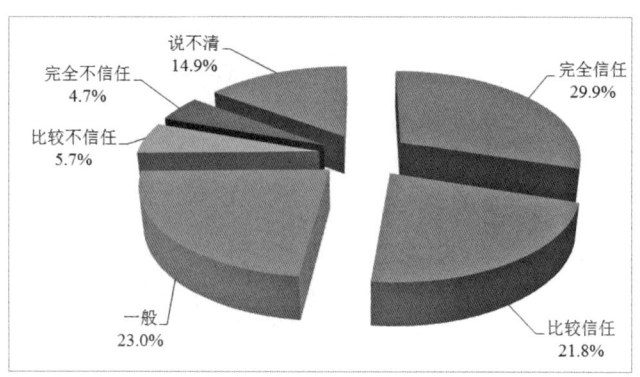

(7) 您在多大程度上信任村长?

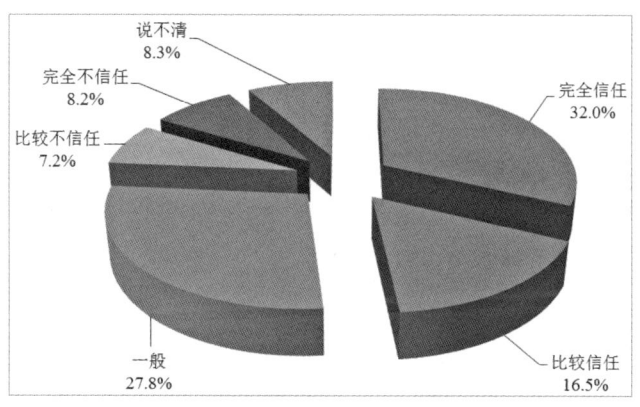

（8）您在多大程度上信任同村人？

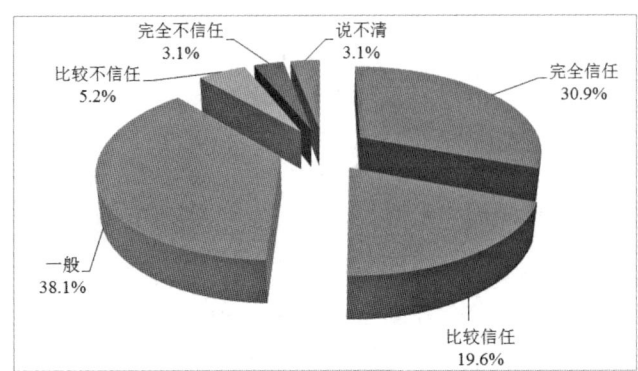

（9）您在多大程度上信任陌生人？

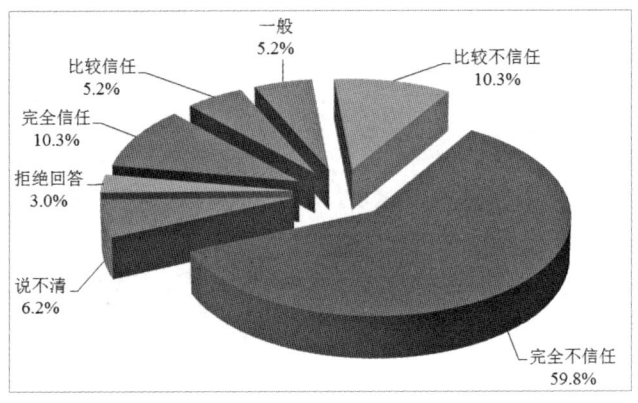

B43. 您是否有出村的经历？

（1）村外：

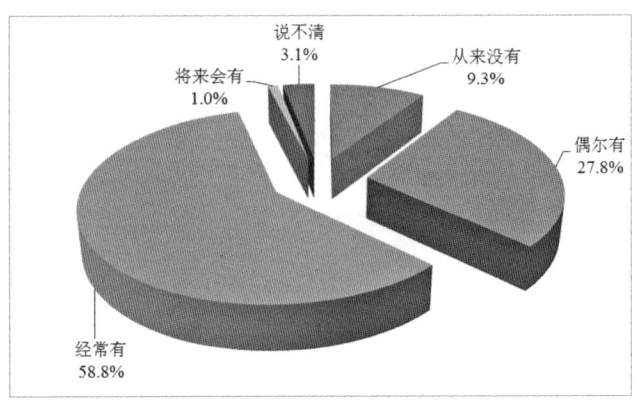

(2) 镇外：

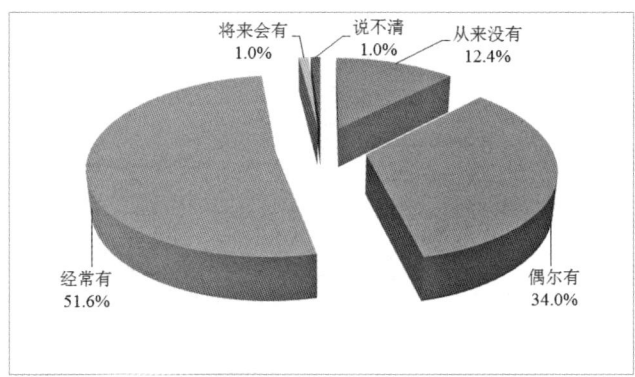

(3) 市外：

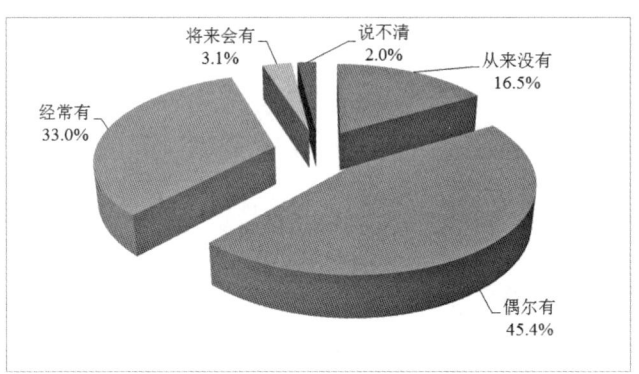

(4) 省外：

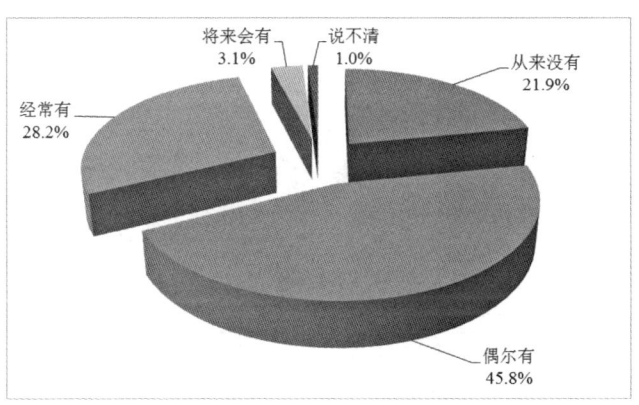

（5）国外：

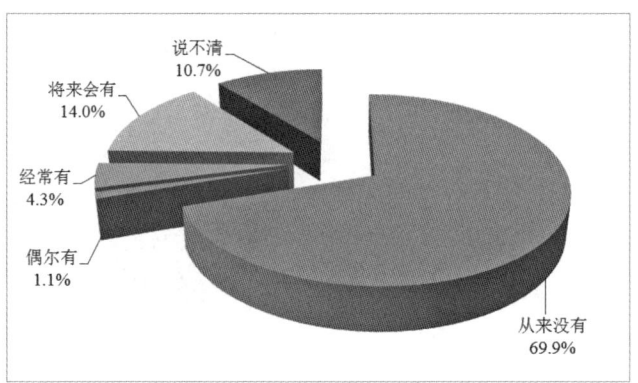

五、华宏村问卷调查基本数据

A1. 您的性别：_____。

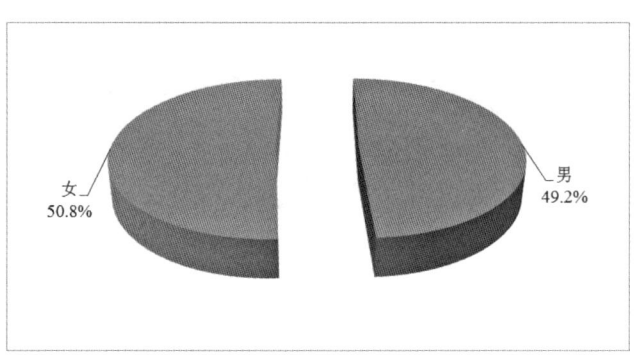

A2. 您现年多少周岁？_____周岁。

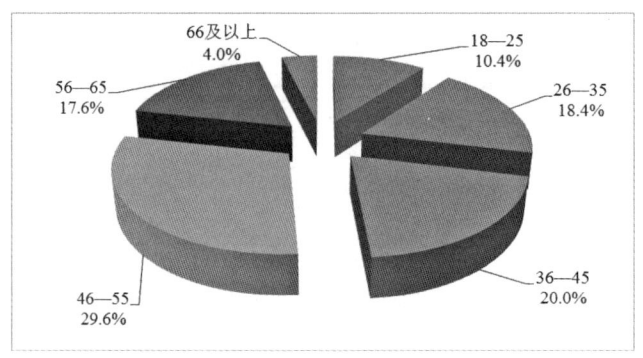

A3. 您当前的婚姻状况是_____。

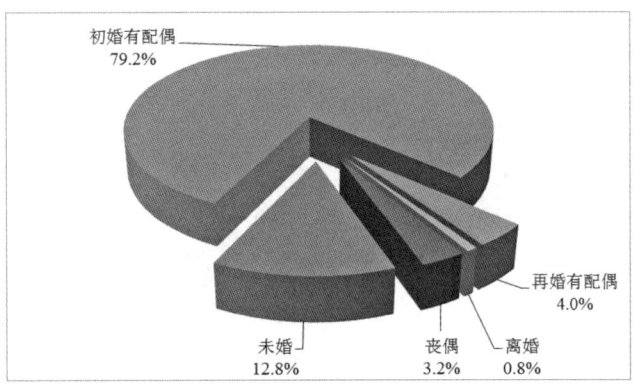

A4. 您的户口是_____。

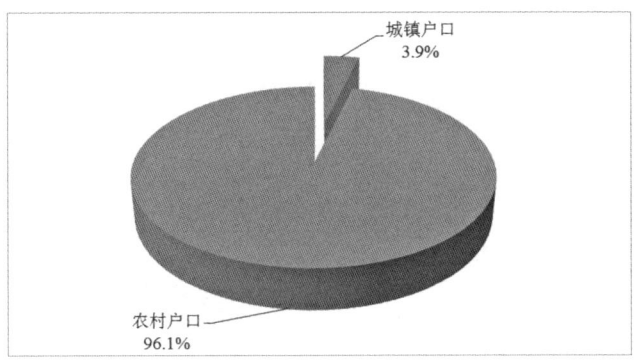

A5. 您的受教育程度是_____。

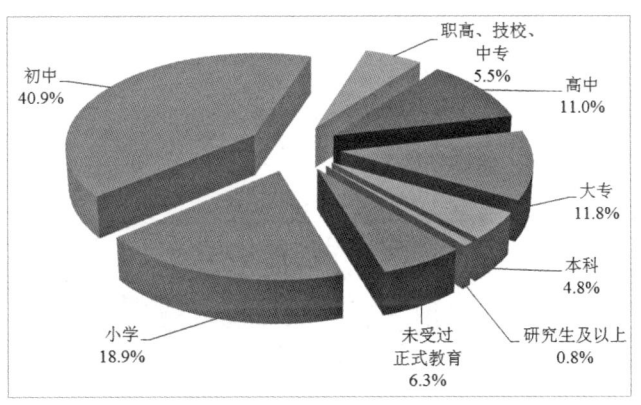

A6. 您的政治面貌是_____。

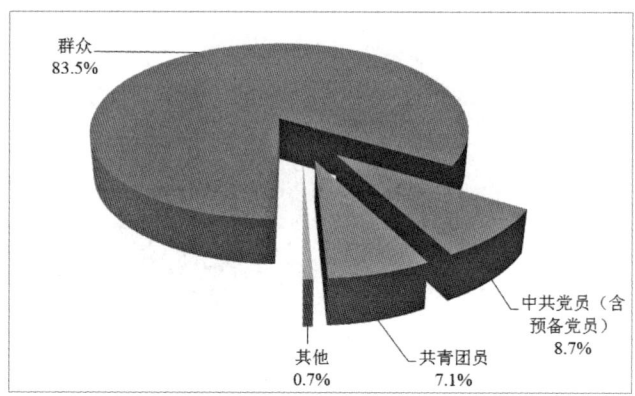

A7. 您的宗教信仰是_____。

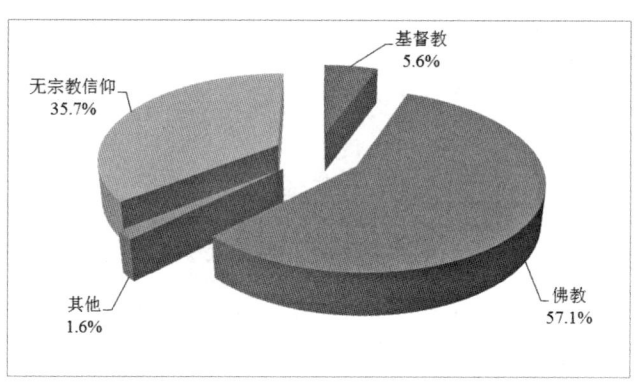

A8. 您的籍贯地在本地吗？

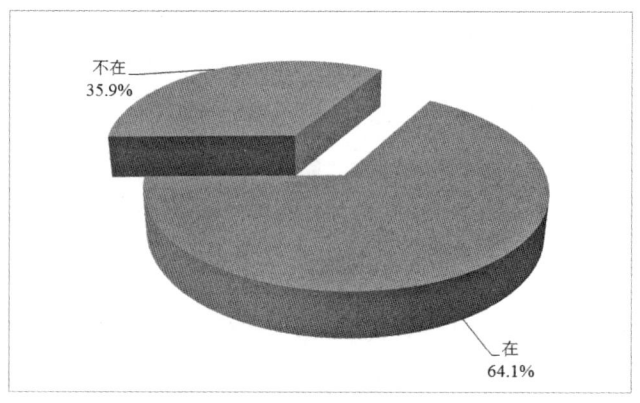

A9. 您的户口所在地在本地吗？

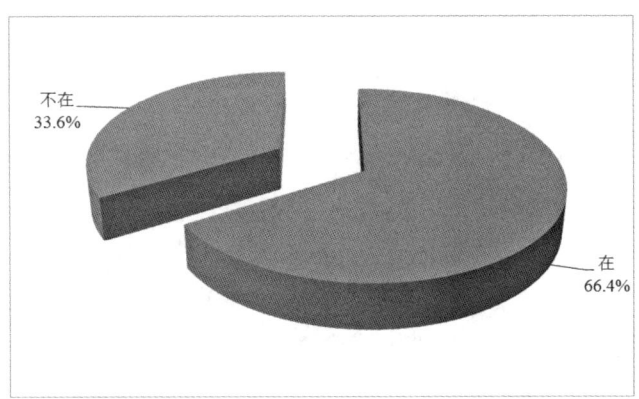

A10. 您目前的职业是_____。

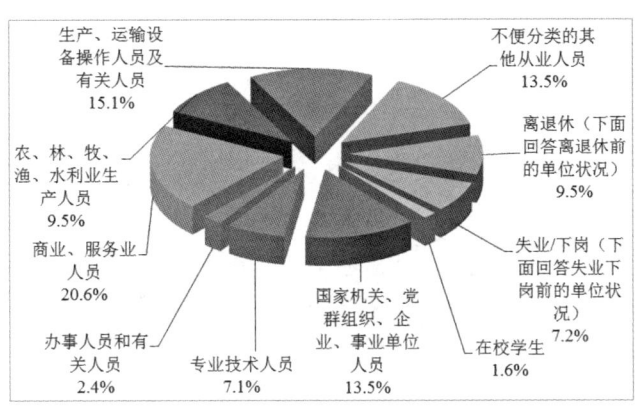

A11. 您去年全年的个人总收入大约在_____。（单位：元）

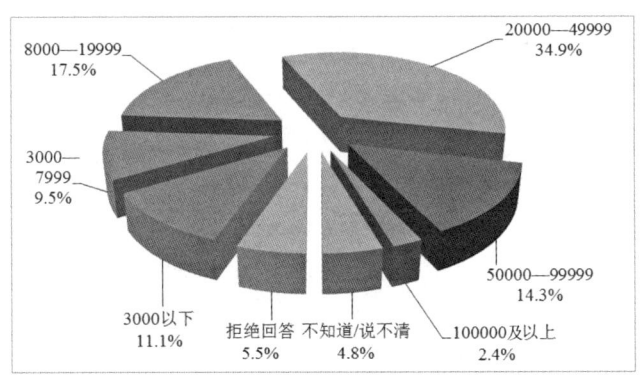

A12. 您今年全年的个人理想总收入大约是_____。（单位：元）

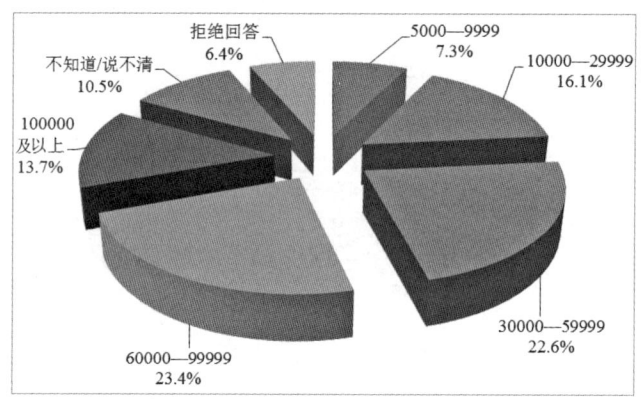

A13. 您家去年全年家庭各种收入大约在_____。（单位：元）

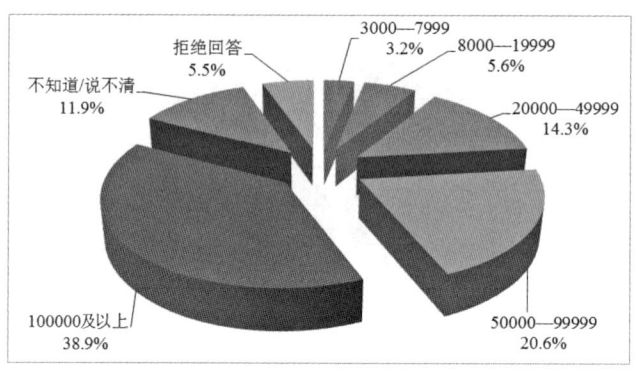

A14. 总的来说，您对目前家庭的收入水平是否满意？

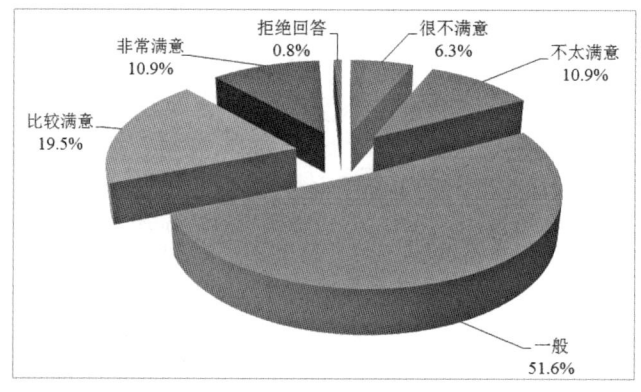

A15. 总的来说,您对自己的生活状况是否满意?

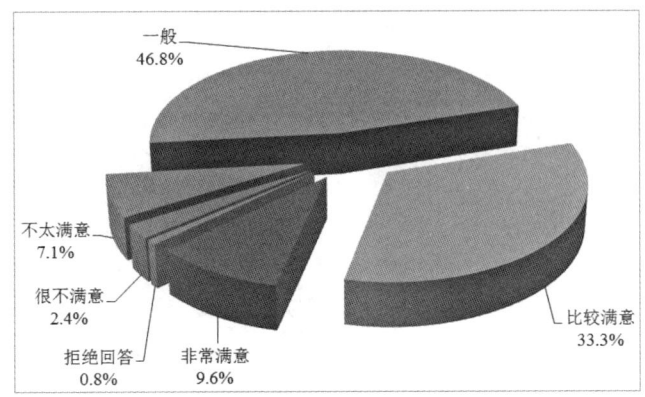

B1. 在下面的几种美德中,您认为哪个最为重要?

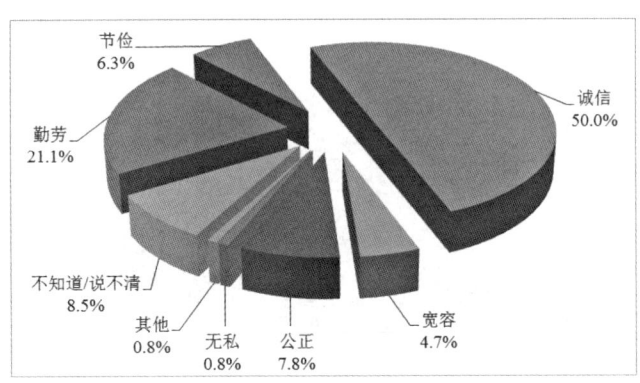

B2. 您与他人交往时最看重的是什么?

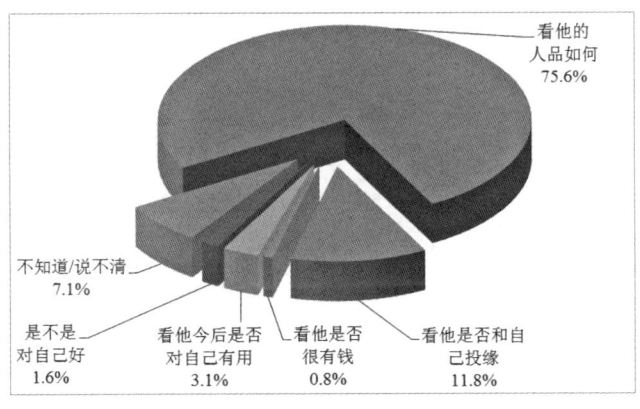

B3. 在现代社会,您认为个人成功最需要的是什么?

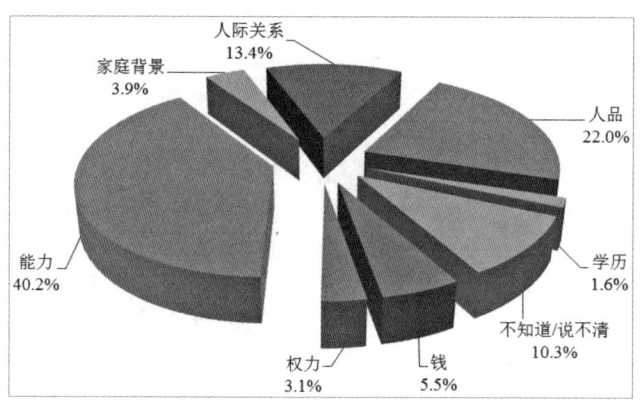

B4. 您认为这些年来,村里人变得如何?

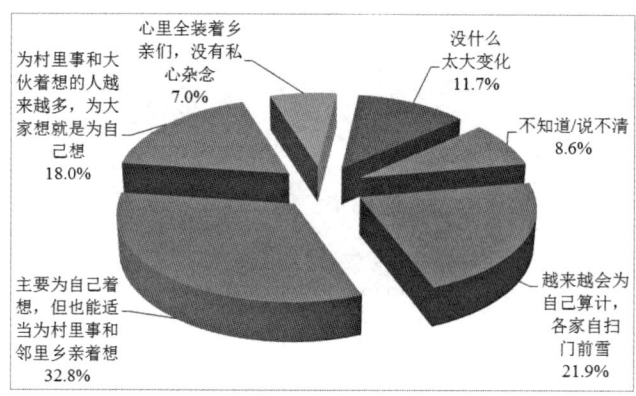

B5. 您对工作的基本态度是什么?

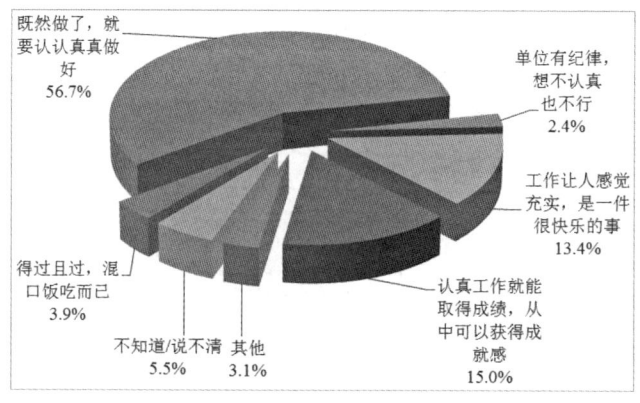

B6. 您选择工作时主要考虑的是什么？（最多选三项）

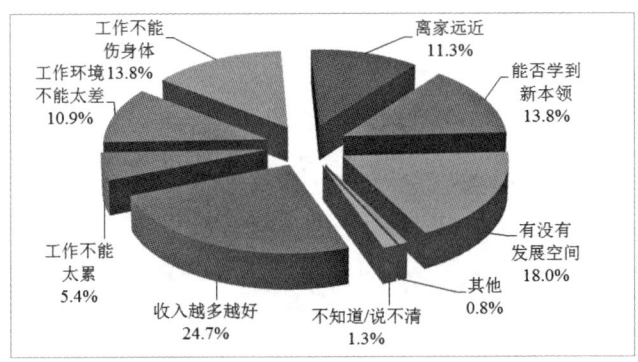

B7. 您认为最理想的职业是什么？（最多选三项）

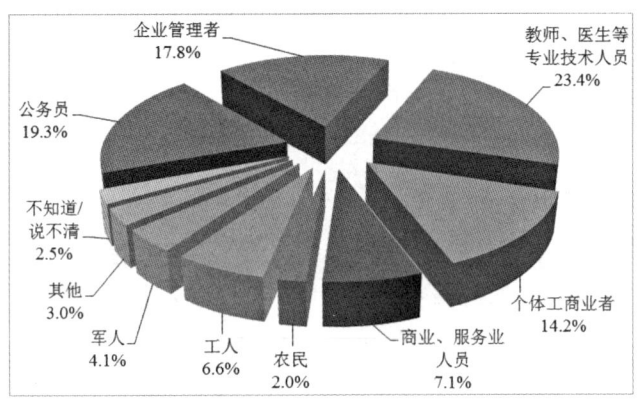

B8. 您觉得孩子读书有用吗？

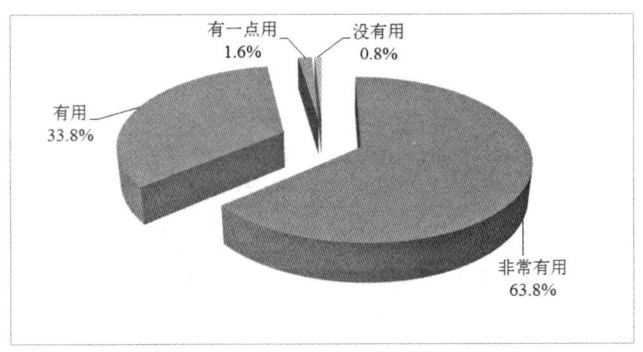

B9. 您打算继续在本村住下去吗?

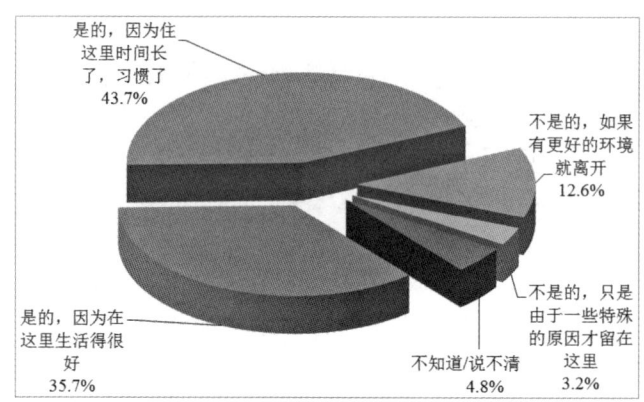

B10. 您平日里闲时都干些什么?(最多选三项)

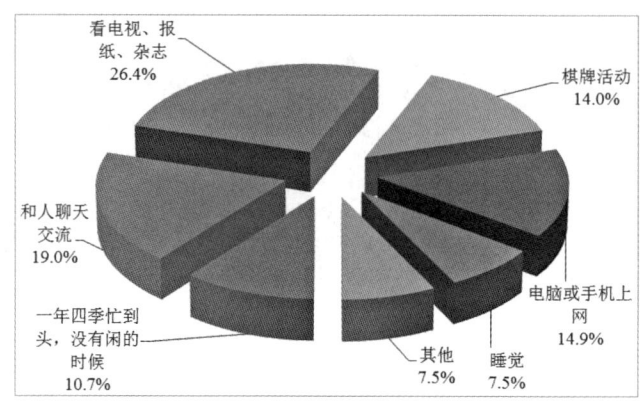

B11. 您在选择结婚对象时会主要考虑那些因素?(最多选三项)

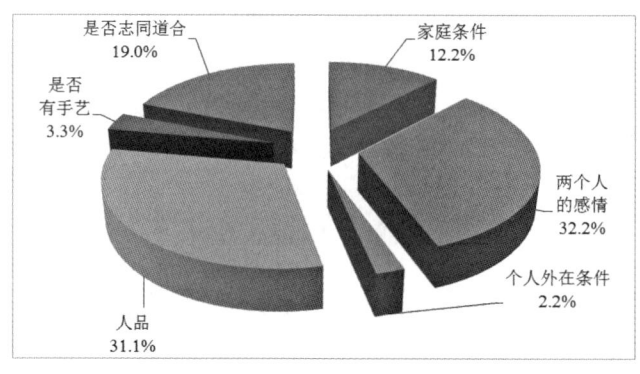

B12. 您认为恋爱结婚的主要目的是什么？

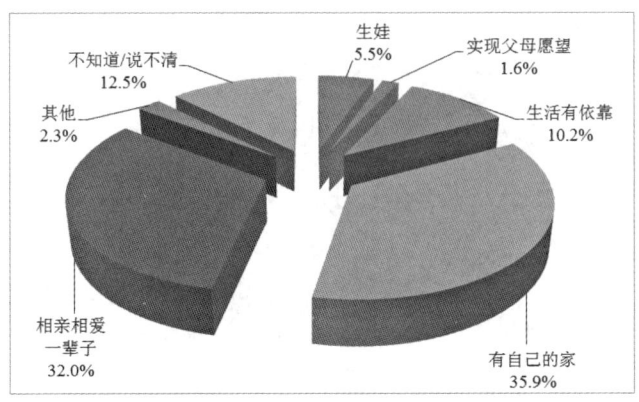

B13. 您认为影响夫妻感情的主要因素是哪些？（最多选三项）

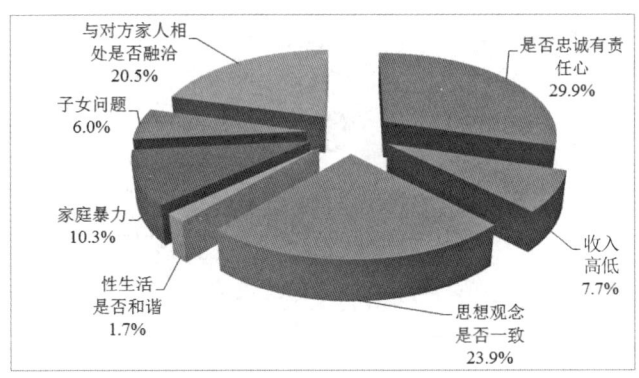

B14. 您认为理想的婚姻家庭是怎样的？（最多选三项）

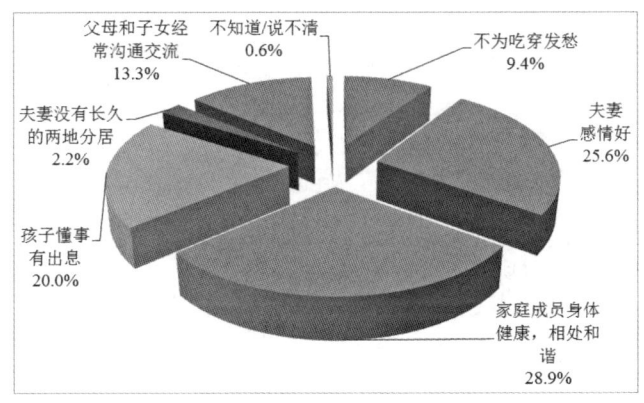

B15. 您如何看待婚前性行为?

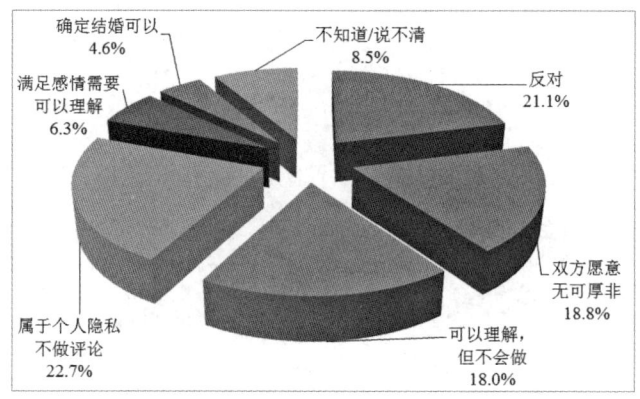

B16. 您如何看待婚外性行为?

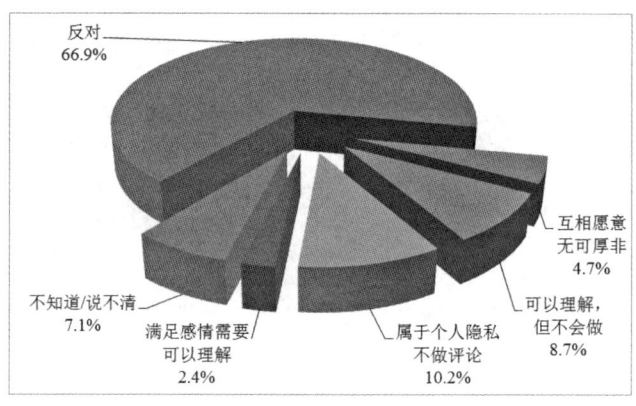

B17. 您认为生养孩子的首要目的是什么?

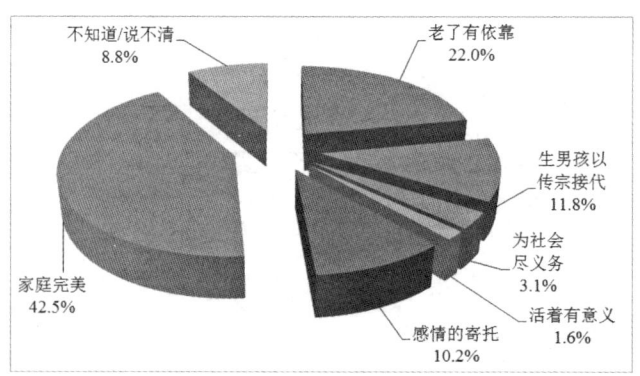

B18. 您认为农村小孩的家庭教育应重视哪些方面的内容？（最多选三项）

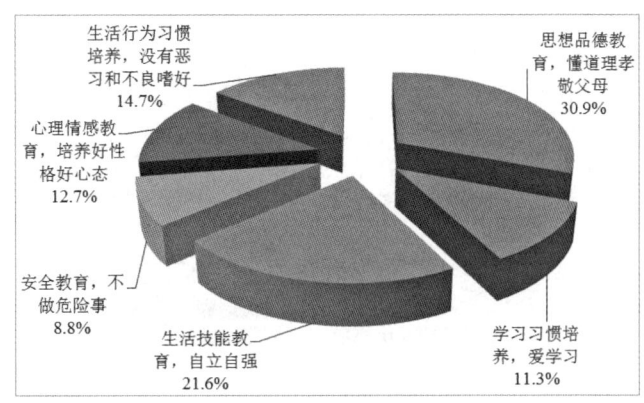

B19. 您觉得尽孝要做到哪些？（最多选三项）

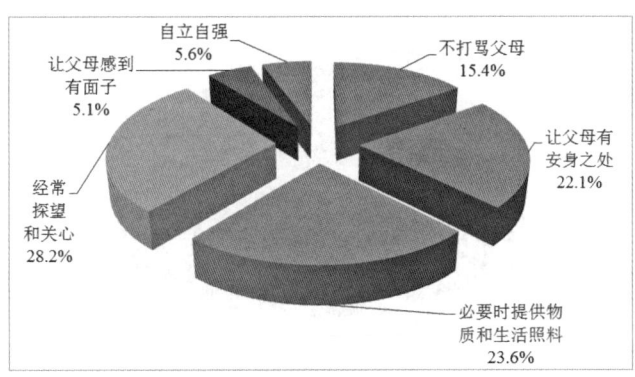

B20. 您家经济收入的主要来源有哪些？（最多选三项）

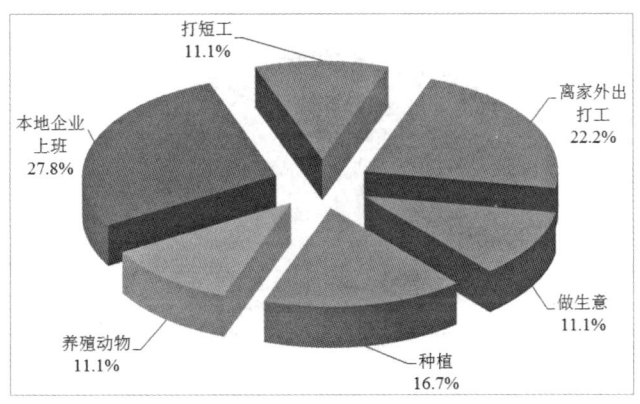

B21. 如果与他人发生了经济纠纷,您会怎么办?

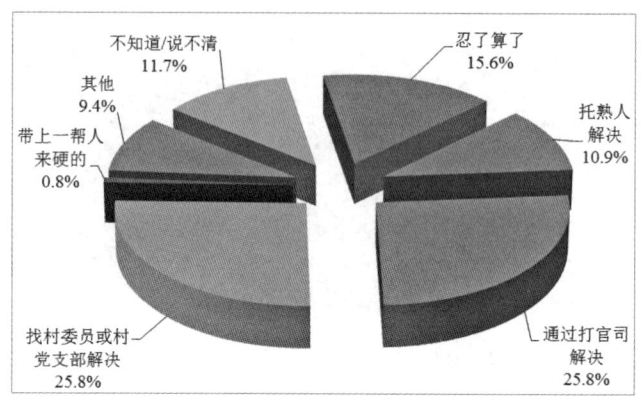

B22. 您家主要的经济支出是什么?(最多选三项)

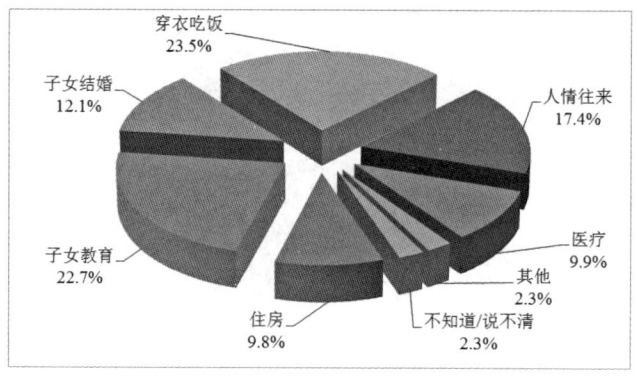

B23. 您对家庭支出的态度是怎样的?

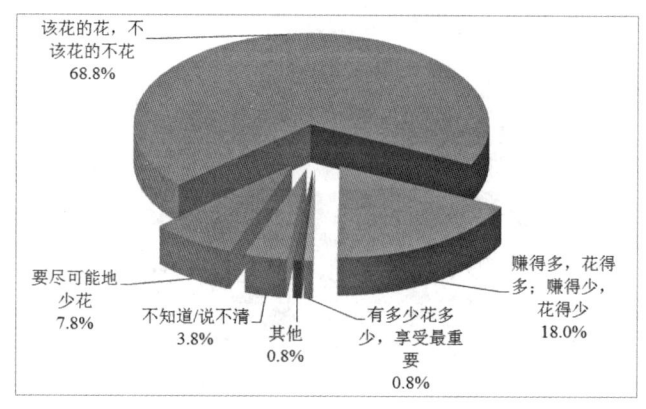

B24. 如果有可能赚钱的机会,您会如何做?

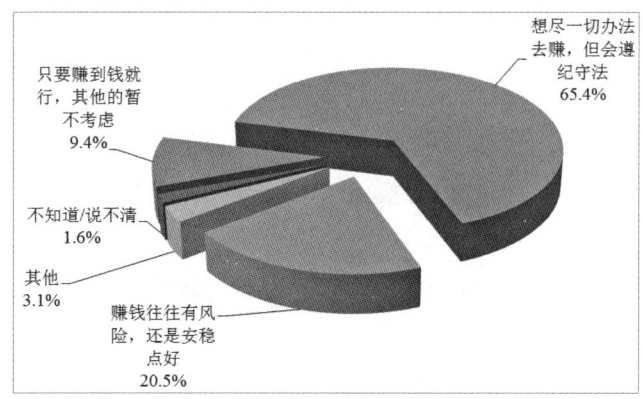

B25. 如果有人向您借一万元,您会借吗?

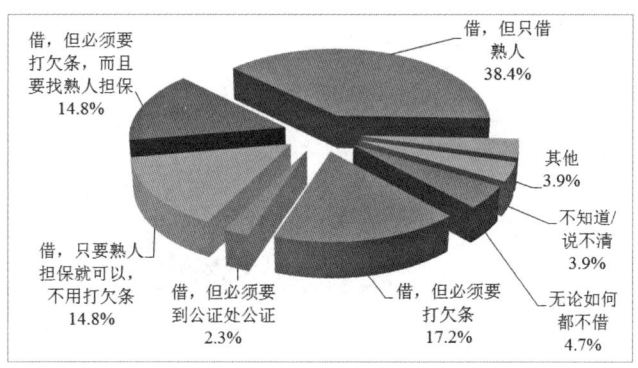

B26. 如果急需数目较大的一笔钱,您会怎么办?

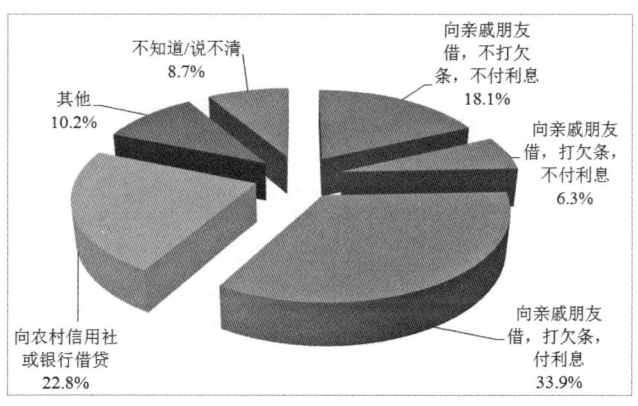

B27. 您对个人收入差距的看法是什么？

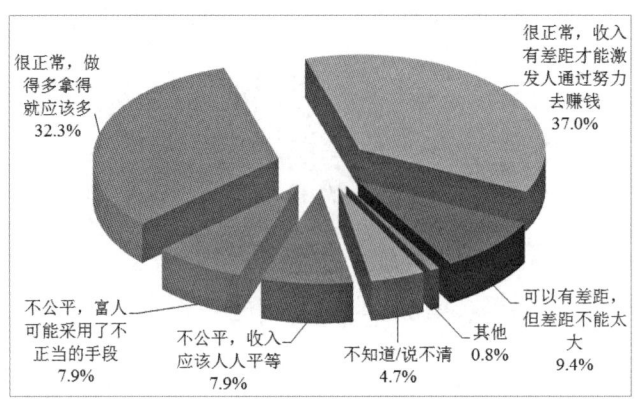

B28. 请问您种地的时候是否会大量使用农药和化肥？

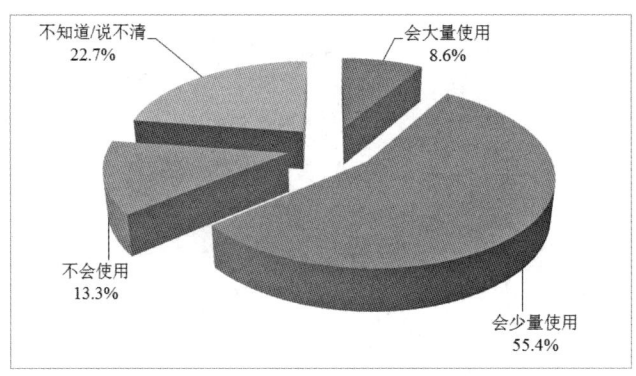

B29. 您在从事种地或养殖的时候是否会考虑环保、生态、健康等因素？

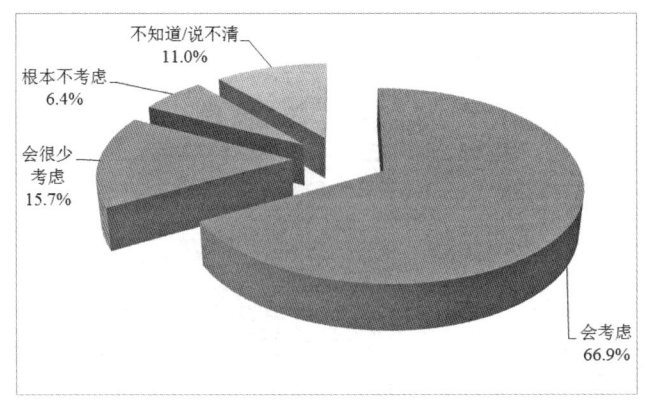

B30. 现在乡村是否有环保法规?

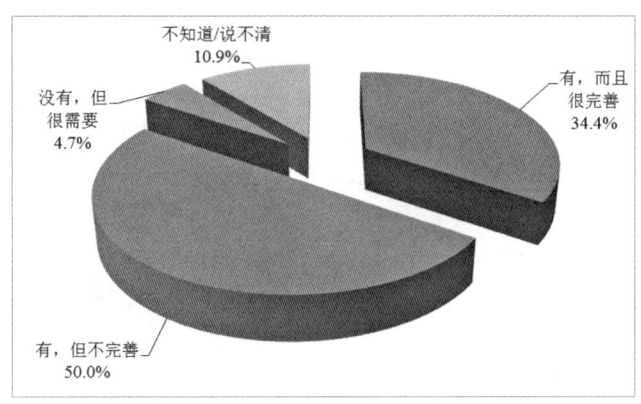

B31. 您认为环境保护和经济发展哪个更加重要?

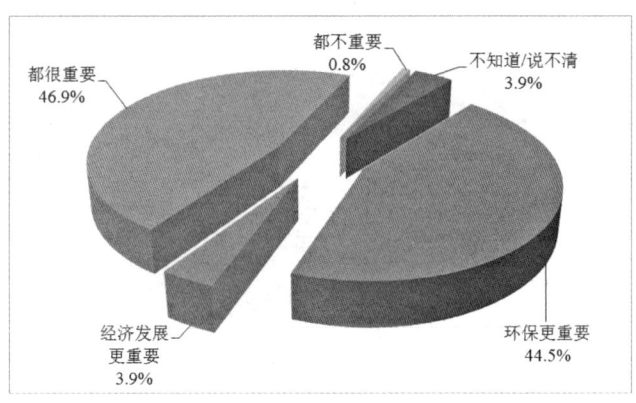

B32. 您认为可以通过建设美丽乡村(比如农家乐、有机食品等)实现致富吗?

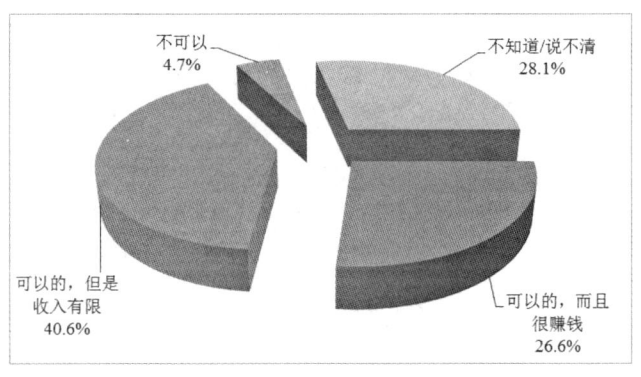

B33. 村里是否有关于环保的宣传？

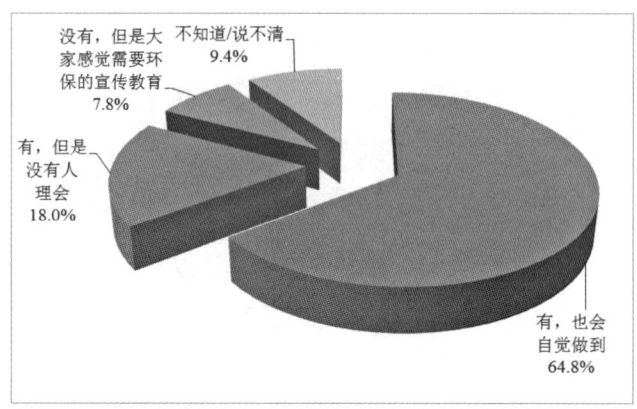

B34. 您能准确说出最近一次民主选举产生的村干部名字吗？

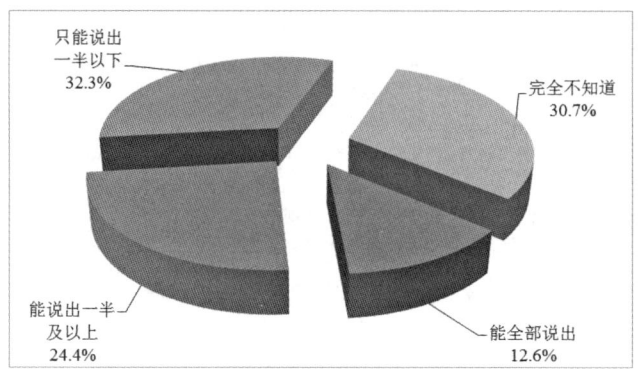

B35. 您主要通过哪些渠道了解村里的管理情况？

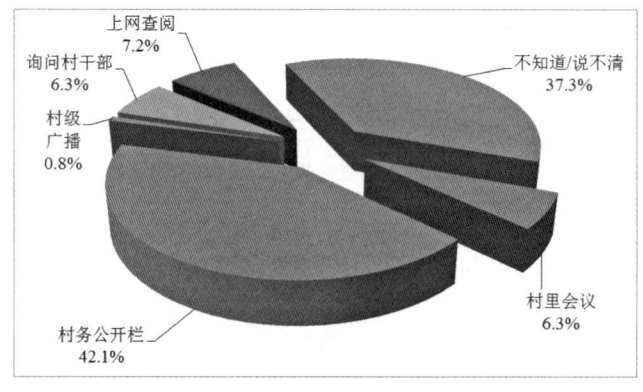

B36. 当村干部的决策损害您和大多数村民利益时,您通常会怎样?

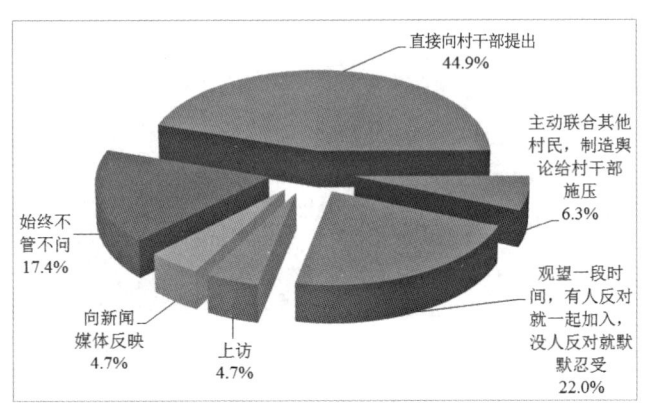

B37. 有关乡村发展的事情,你们村一般如何解决?

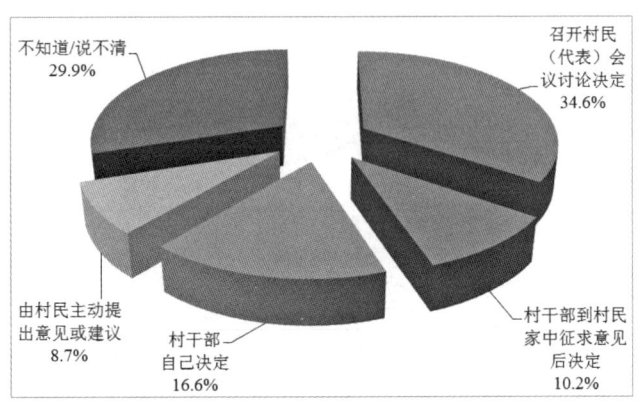

B38. 您认为在乡村日常事务中谁的影响力最大?

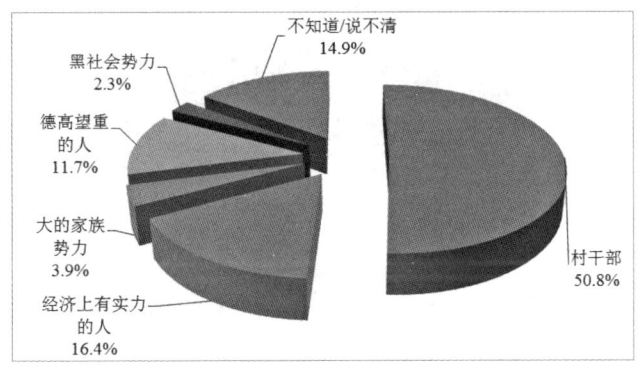

B39. 您认为一个好的村干部在哪个方面最重要？

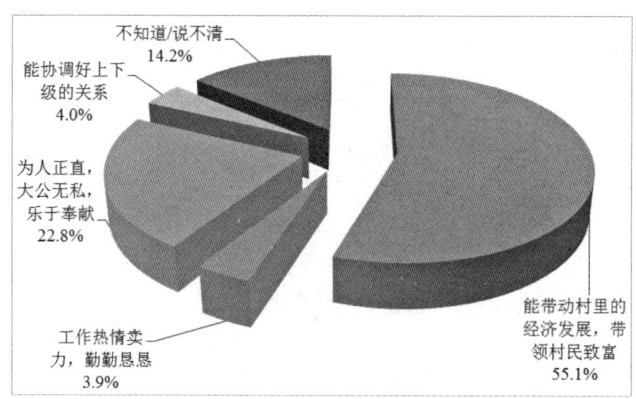

B40. 您认为国家三农政策在村庄得到落实了吗？

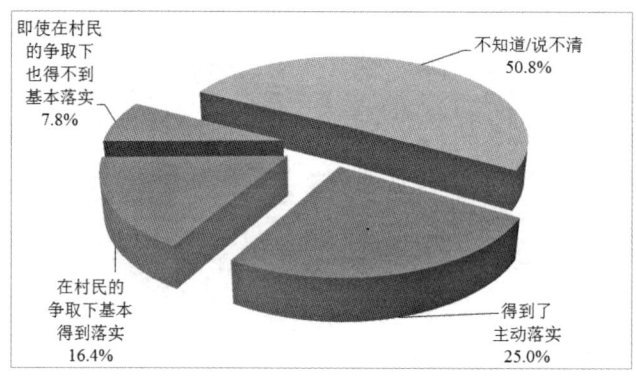

B41. 您村的村规民约对村民有约束力吗？

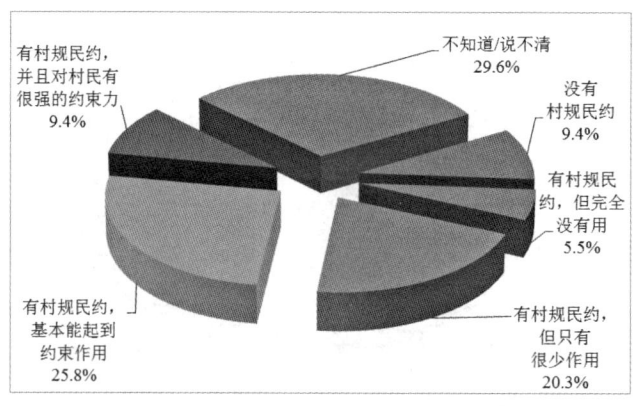

B42. 人们在社会生活中总要和不同的人打交道,下列成员,您在多大程度上信任他们?

(1) 您在多大程度上信任家庭成员?

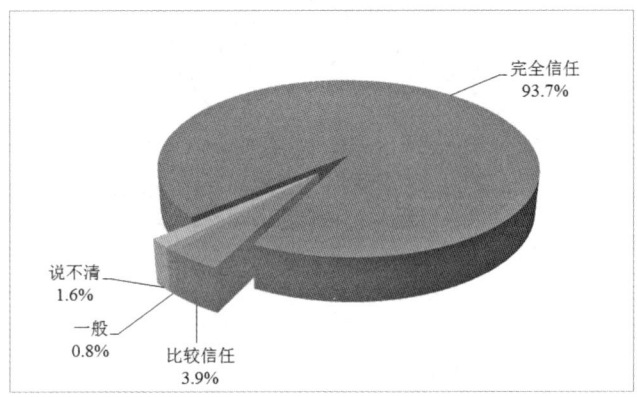

(2) 您在多大程度上信任亲戚?

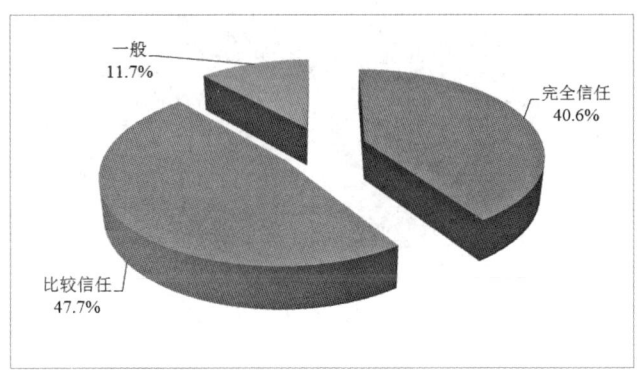

(3) 您在多大程度上信任朋友?

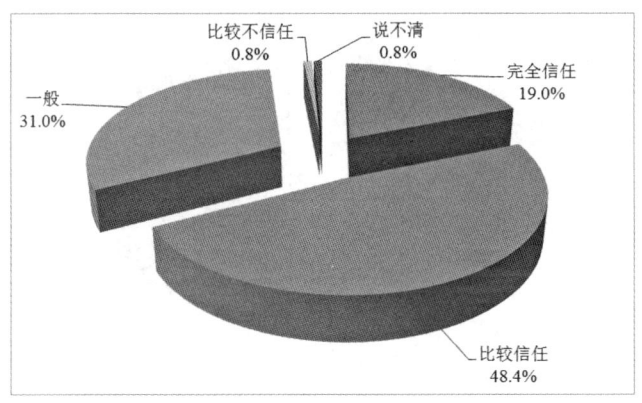

（4）您在多大程度上信任邻居？

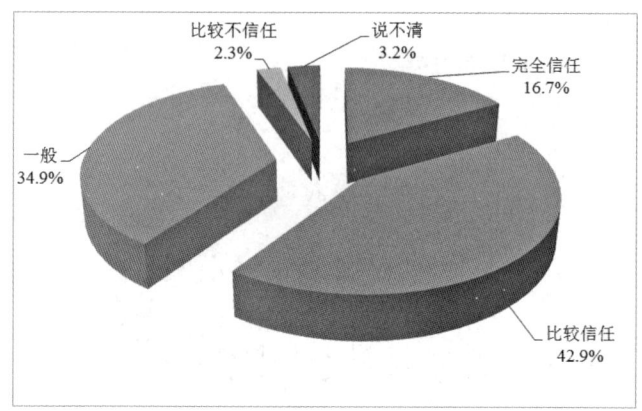

（5）您在多大程度上信任同事？

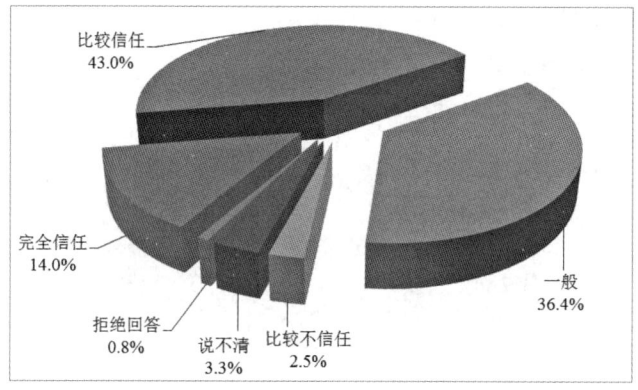

（6）您在多大程度上信任单位领导？

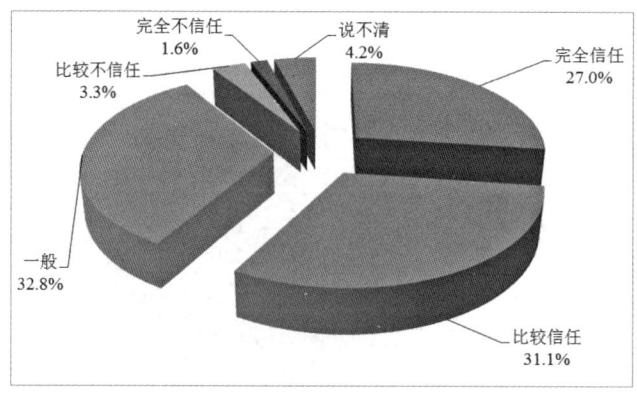

(7) 您在多大程度上信任村长?

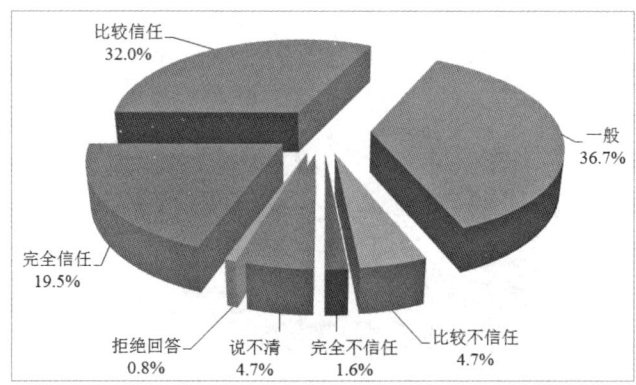

(8) 您在多大程度上信任同村人?

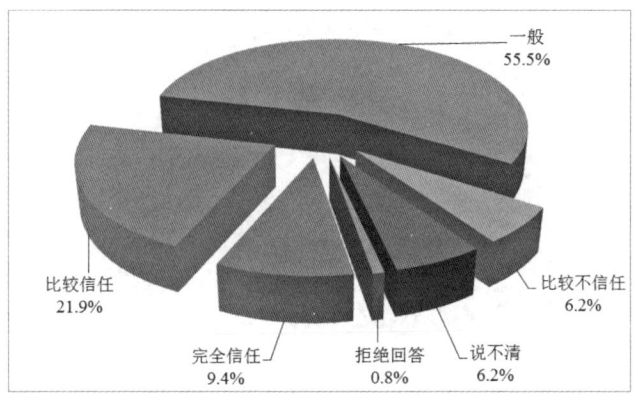

(9) 您在多大程度上信任陌生人?

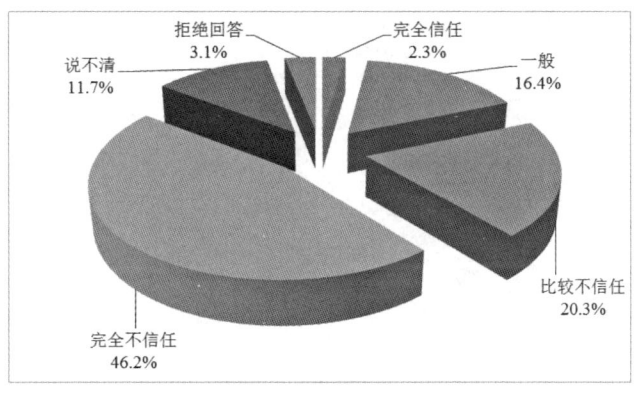

B43. 您是否有出村的经历?

(1) 村外:

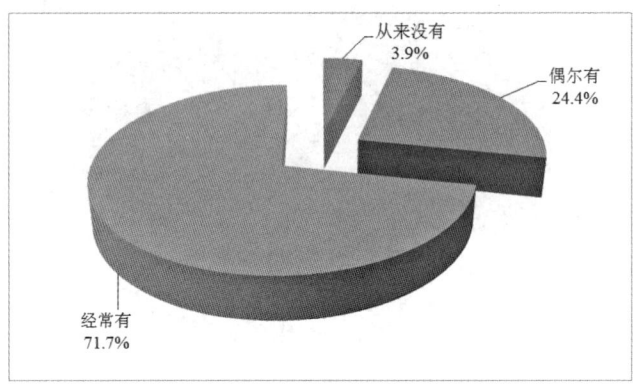

(2) 镇外:

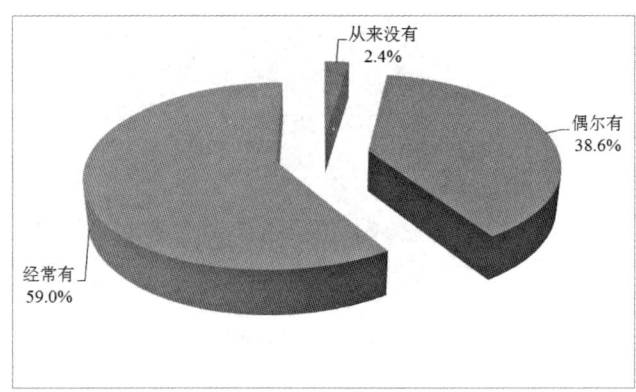

(3) 市外:

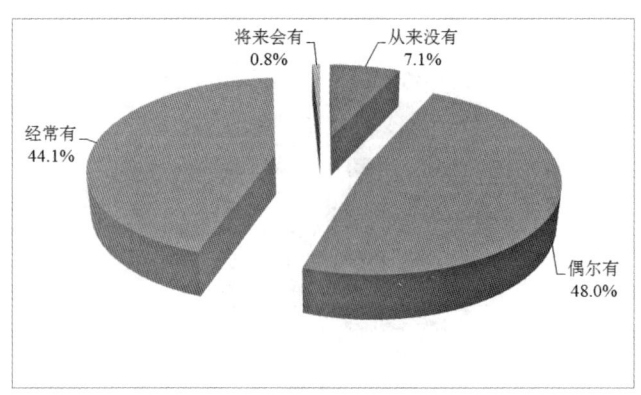

(4) 省外：

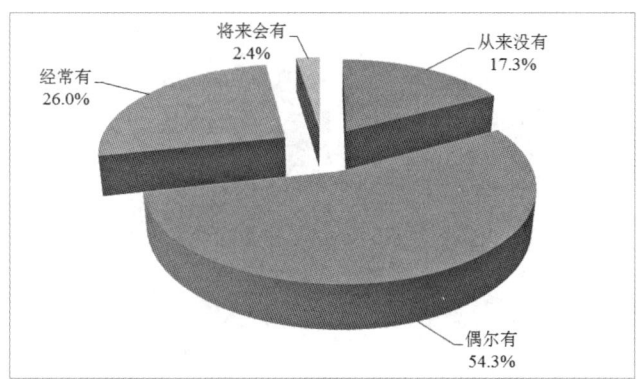

(5) 国外：

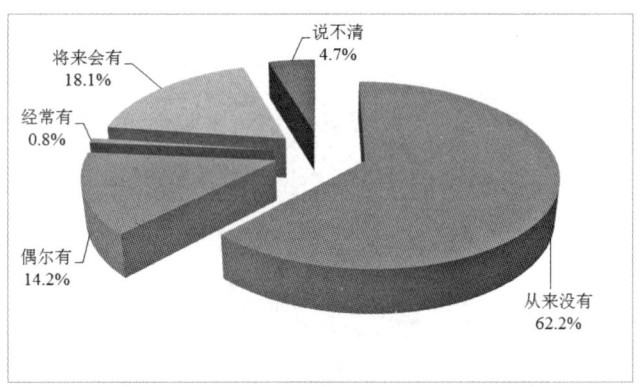

六、王杰村问卷调查基本数据

A1. 您的性别：_____。

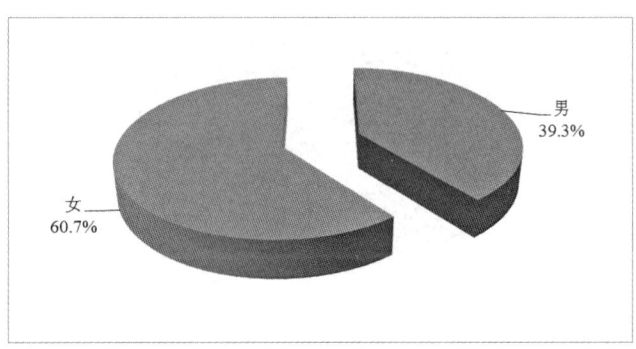

A2. 您现年多少周岁？_____周岁。

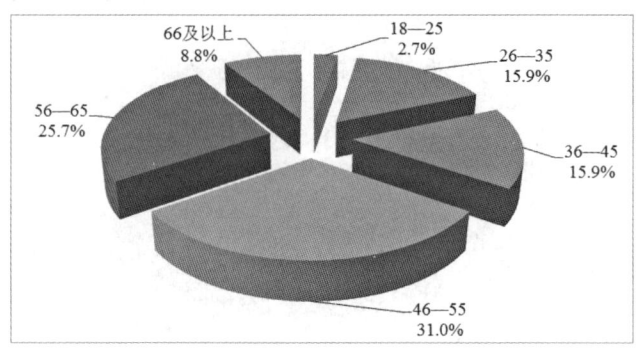

A3. 您当前的婚姻状况是_____。

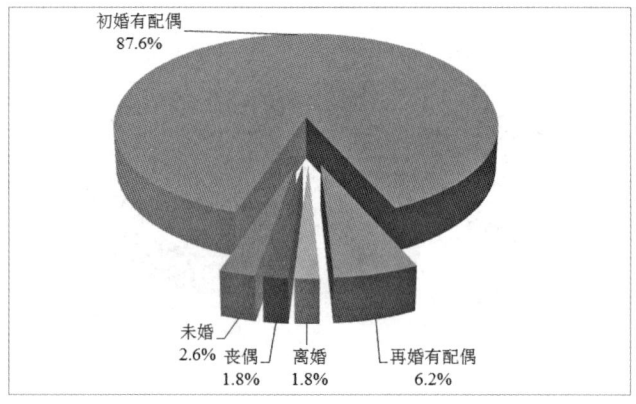

A4. 您的户口是_____。

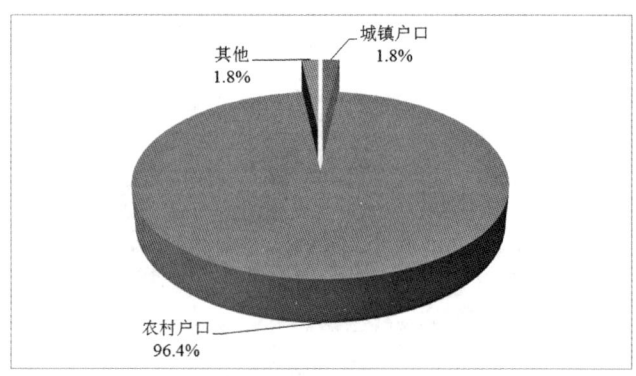

A5. 您的受教育程度是_____。

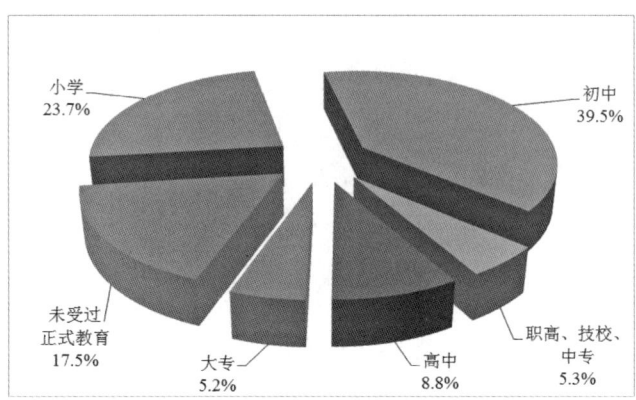

A6. 您的政治面貌是_____。

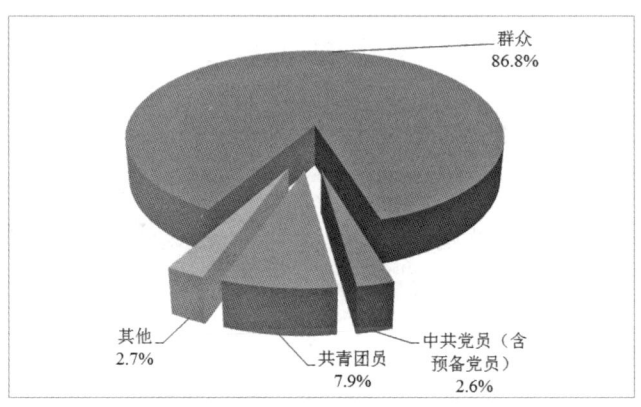

A7. 您的宗教信仰是_____。

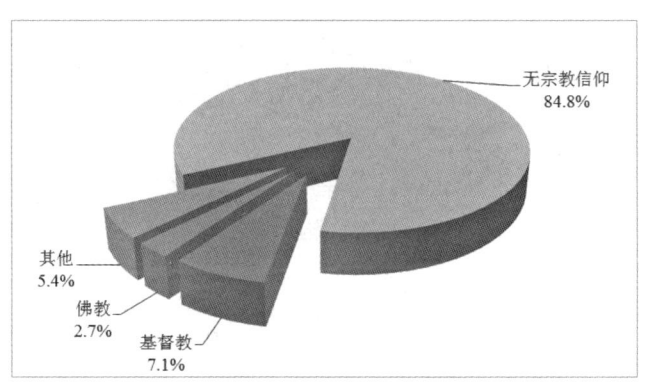

A8. 您的籍贯地在本地吗？

A9. 您的户口所在地在本地吗？

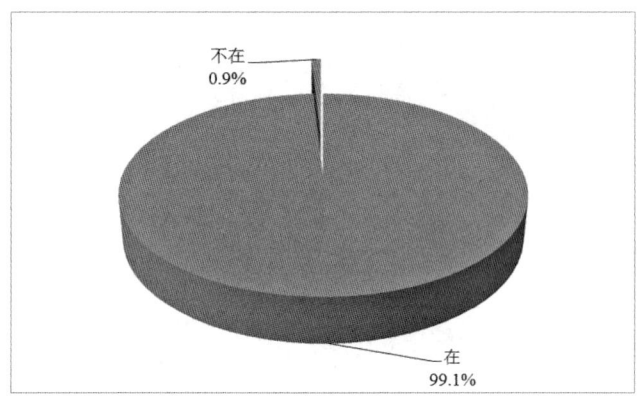

A10. 您目前的职业是_____。

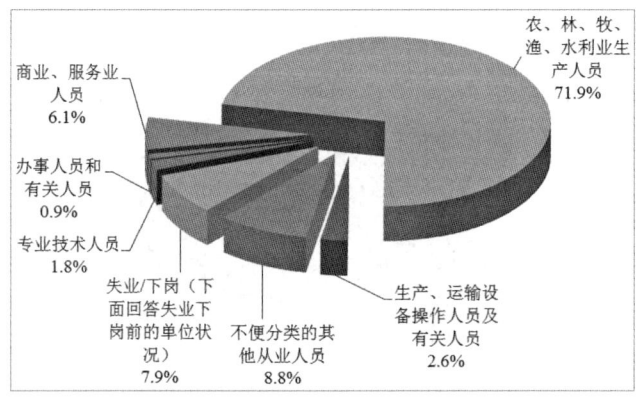

A11. 您去年全年的个人总收入大约在_____。（单位：元）

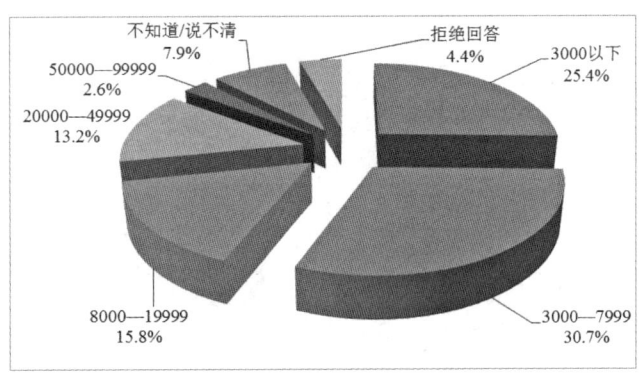

A12. 您今年全年的个人理想总收入大约是_____。（单位：元）

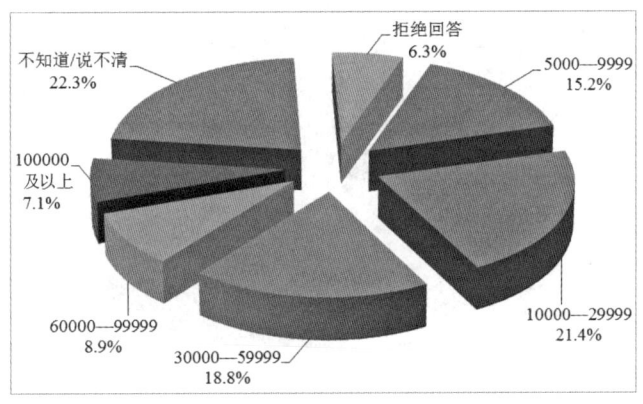

A13. 您家去年全年家庭各种收入大约在_____。（单位：元）

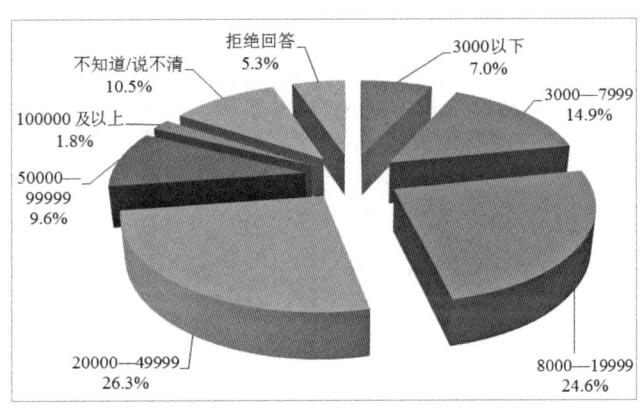

A14. 总的来说,您对目前家庭的收入水平是否满意?

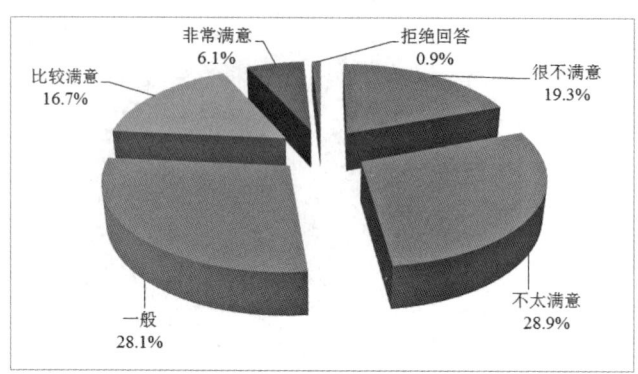

A15. 总的来说,您对自己的生活状况是否满意?

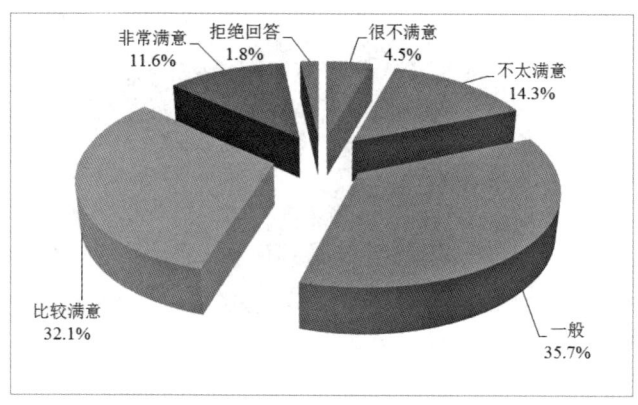

B1. 在下面的几种美德中,您认为哪个最为重要?

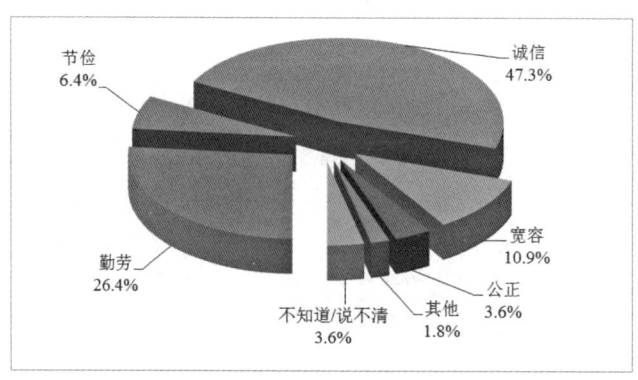

B2. 您与他人交往时最看重的是什么？

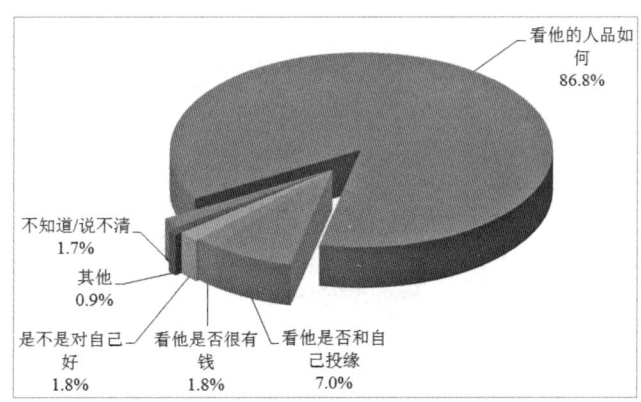

B3. 在现代社会，您认为个人成功最需要的是什么？

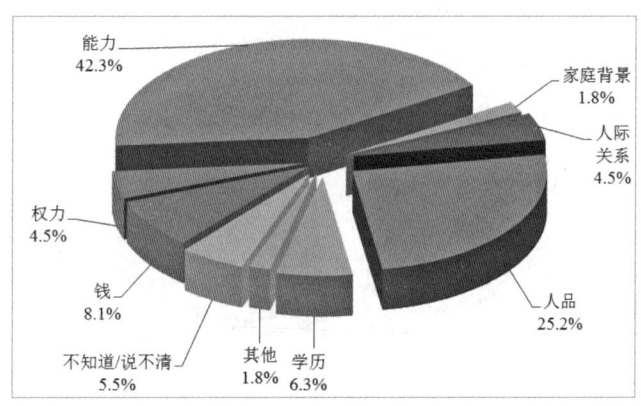

B4. 您认为这些年来，村里人变得如何？

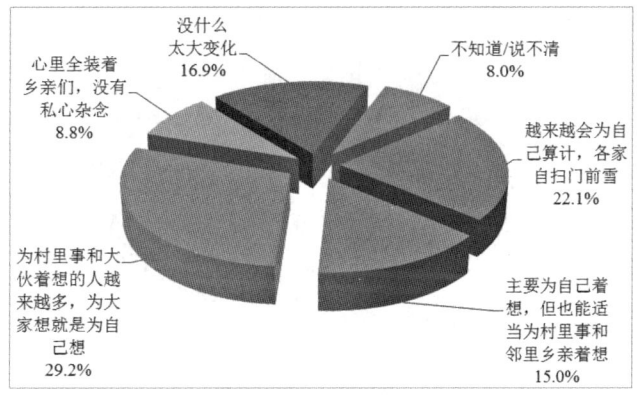

B5. 您对工作的基本态度是什么？

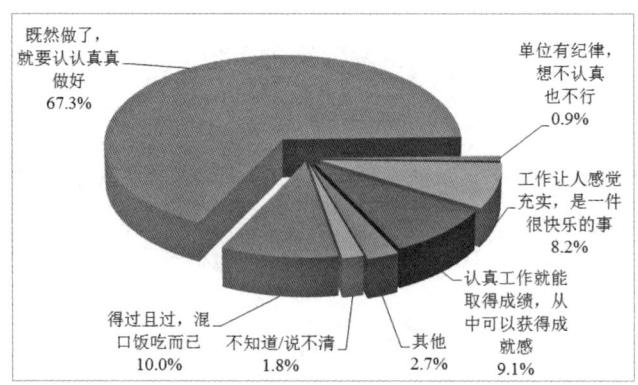

B6. 您选择工作时主要考虑的是什么？（最多选三项）

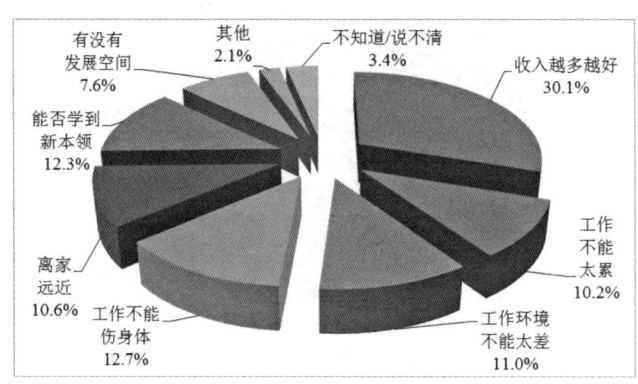

B7. 您认为最理想的职业是什么？（最多选三项）

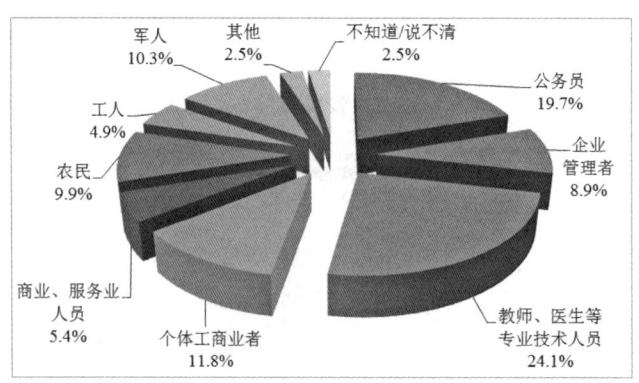

B8. 您觉得孩子读书有用吗？

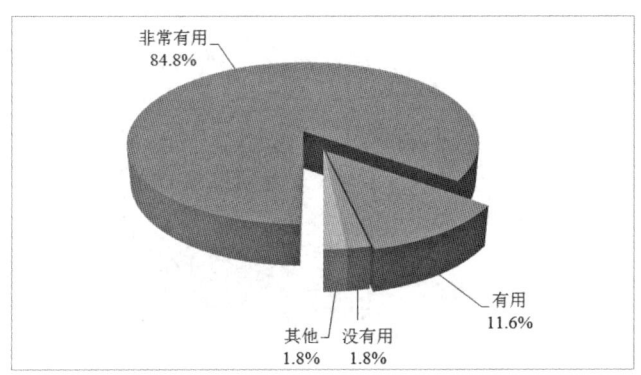

B9. 您打算继续在本村住下去吗？

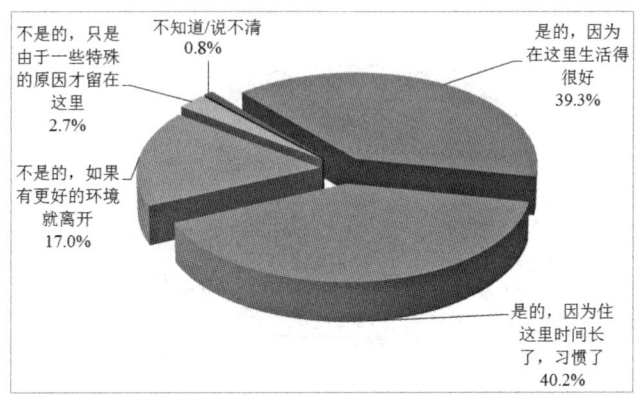

B10. 您平日里闲时都干些什么？（最多选三项）

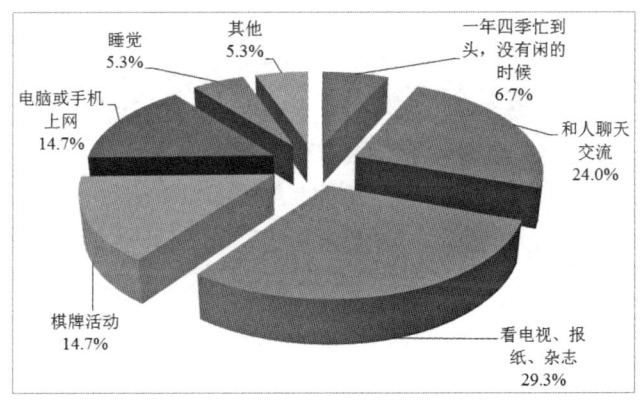

B11. 您在选择结婚对象时会主要考虑哪些因素？

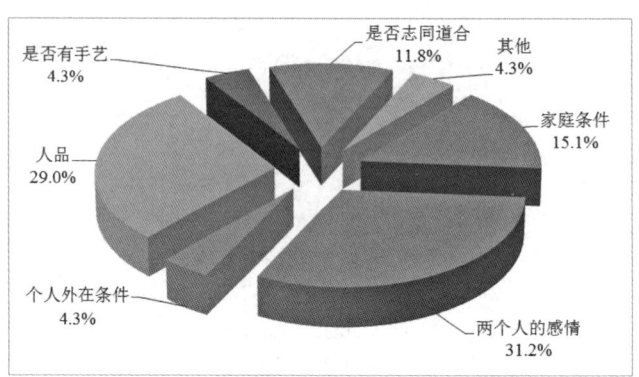

B12. 您认为恋爱结婚的主要目的是什么？

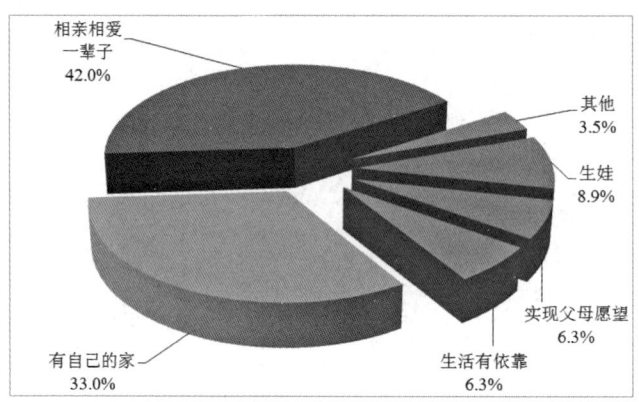

B13. 您认为影响夫妻感情的主要因素是哪些？（最多选三项）

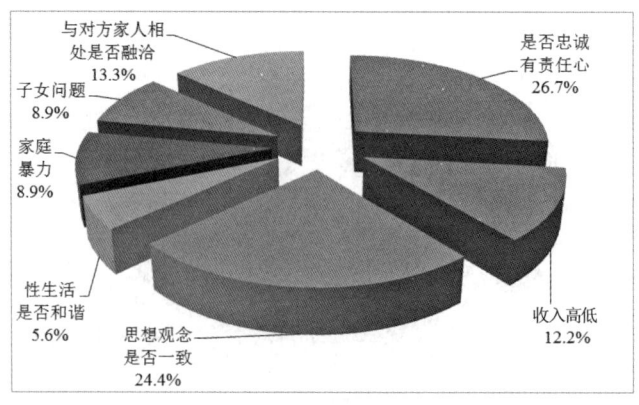

B14. 您认为理想的婚姻家庭是怎样的？（最多选三项）

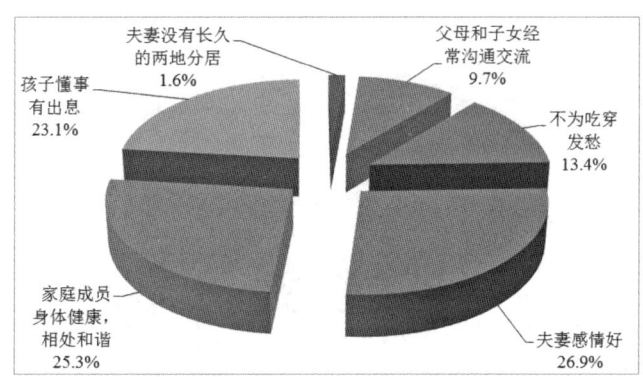

B15. 您如何看待婚前性行为？

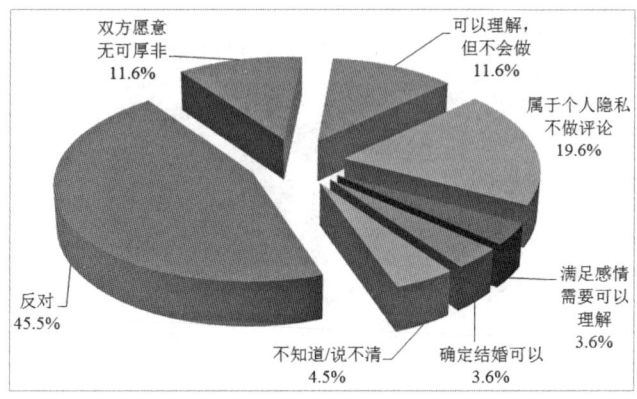

B16. 您如何看待婚外性行为？

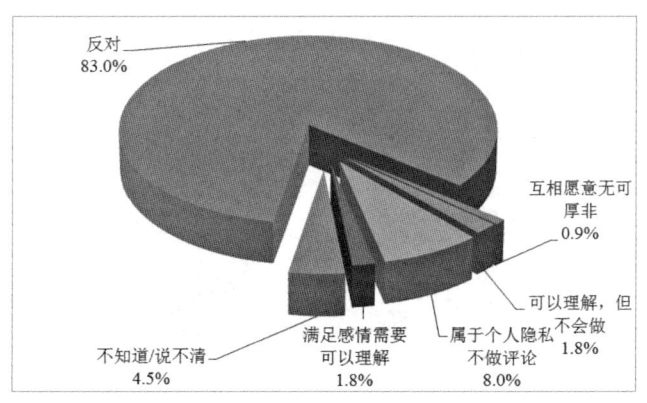

B17. 您认为生养孩子的首要目的是什么？

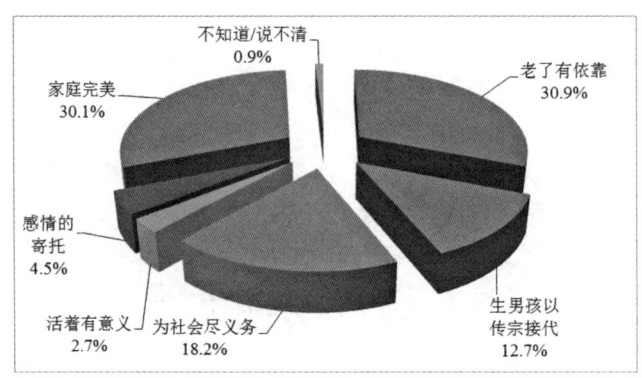

B18. 您认为农村小孩的家庭教育应重视哪些方面的内容？（最多选三项）

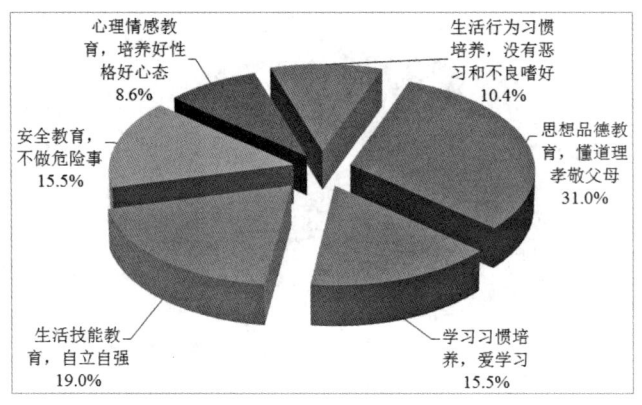

B19. 您觉得尽孝要做到哪些？（最多选三项）

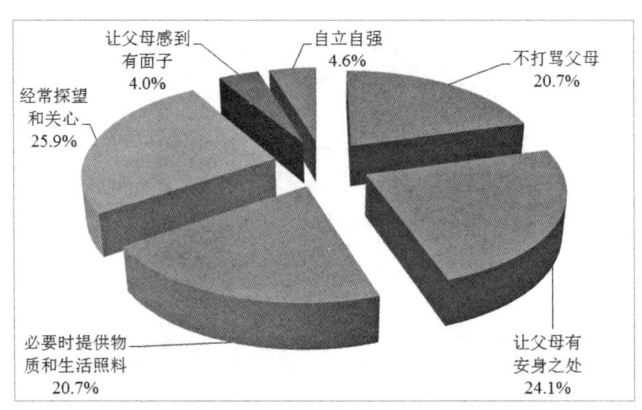

B20. 您家经济收入的主要来源有哪些？（最多选三项）

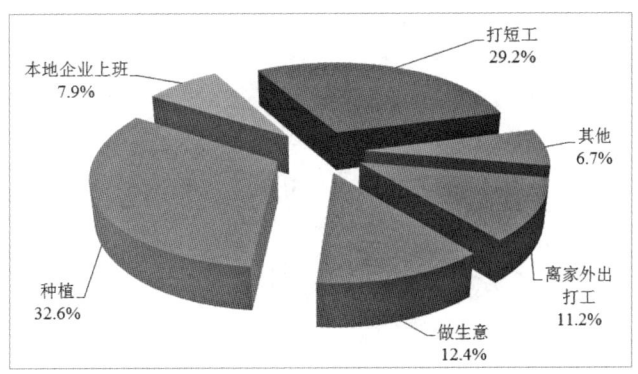

B21. 如果与他人发生了经济纠纷，您会怎么办？

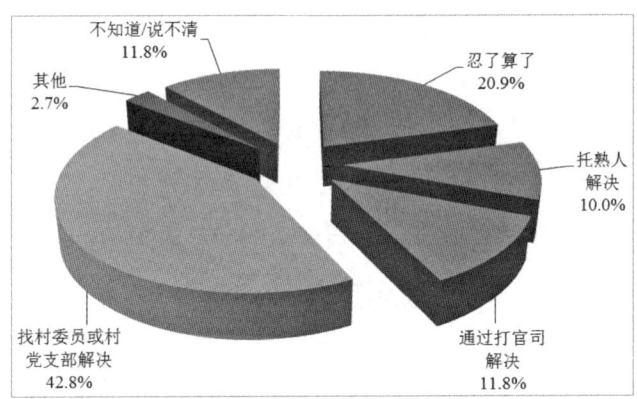

B22. 您家主要的经济支出是什么？（最多选三项）

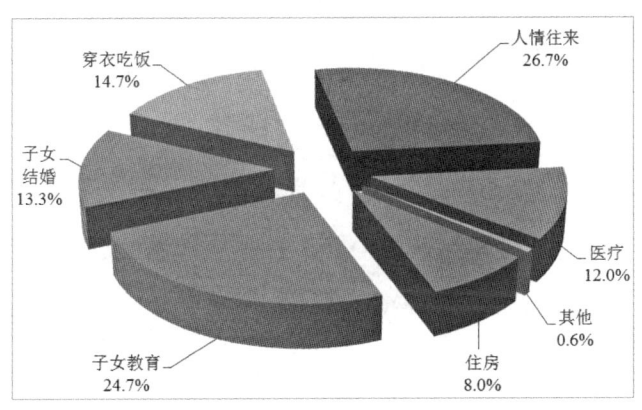

B23. 您对家庭支出的态度是怎样的？

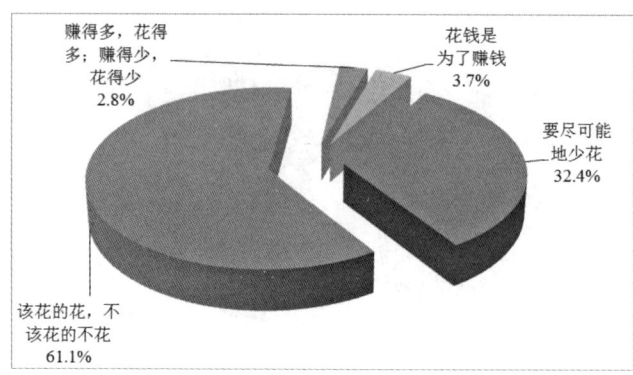

B24. 如果有可能赚钱的机会，您会如何做？

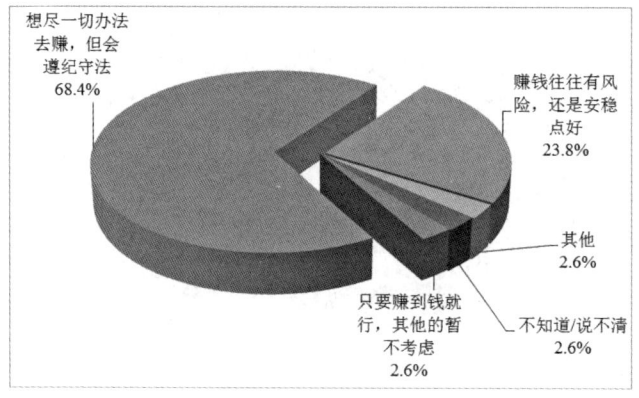

B25. 如果有人向您借一万元，您会借吗？

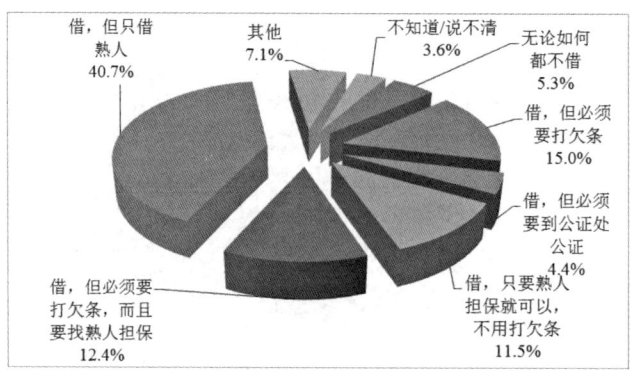

B26. 如果急需数目较大的一笔钱，您会怎么办？

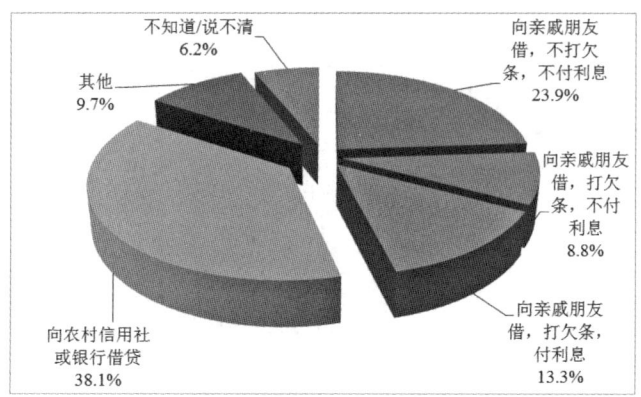

B27. 您对个人收入差距的看法是什么？

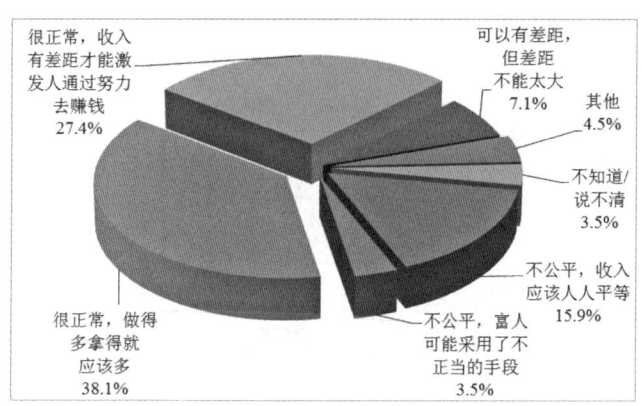

B28. 请问您种地的时候是否会大量使用农药和化肥？

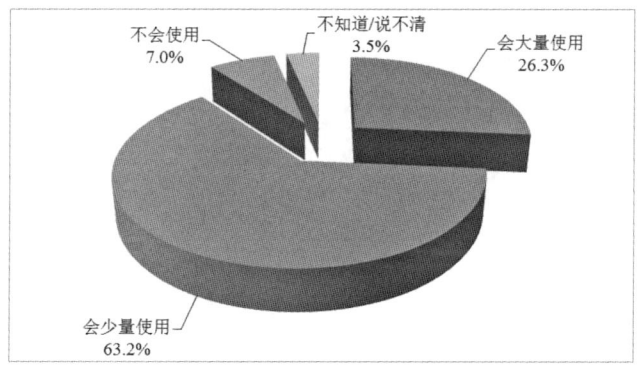

B29. 您在从事种地或养殖的时候是否会考虑环保、生态、健康等因素?

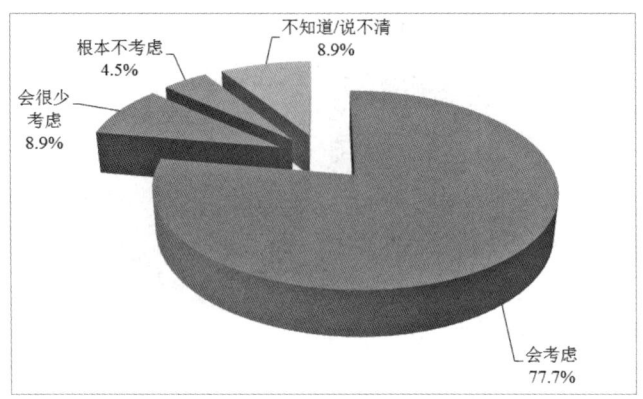

B30. 现在乡村是否有环保法规?

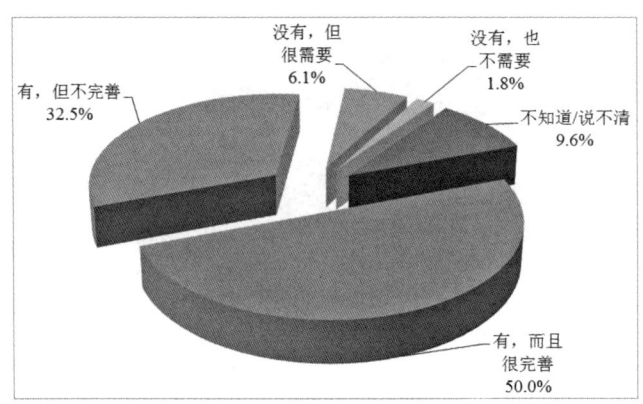

B31. 您认为环境保护和经济发展哪个更加重要?

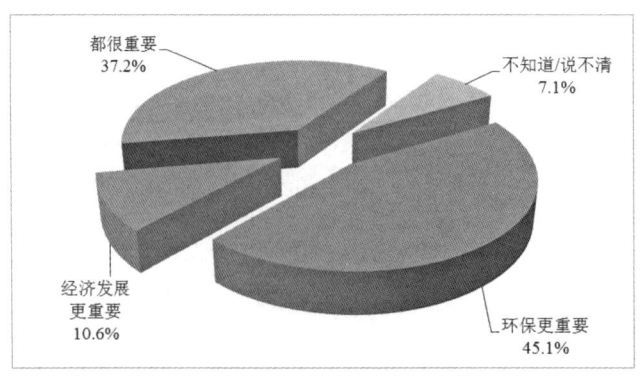

B32. 您认为可以通过建设美丽乡村（比如农家乐、有机食品等）实现致富吗？

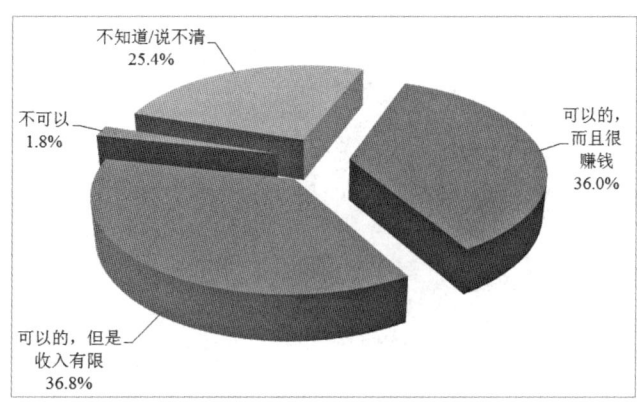

B33. 村里是否有关于环保的宣传？

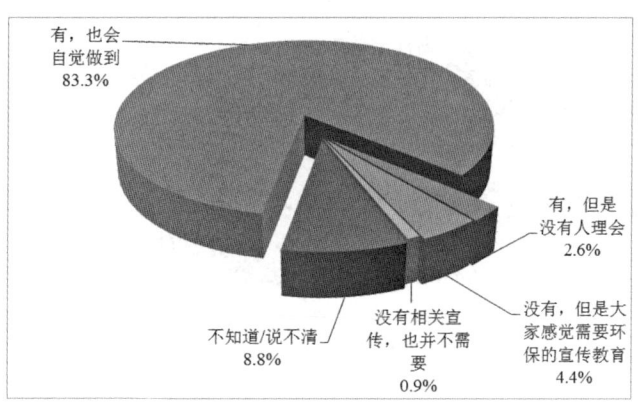

B34. 您能准确说出最近一次民主选举产生的村干部名字吗？

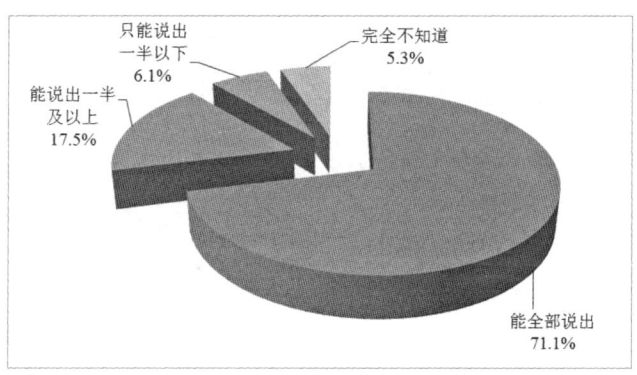

B35. 您主要通过哪些渠道了解村里的管理情况？

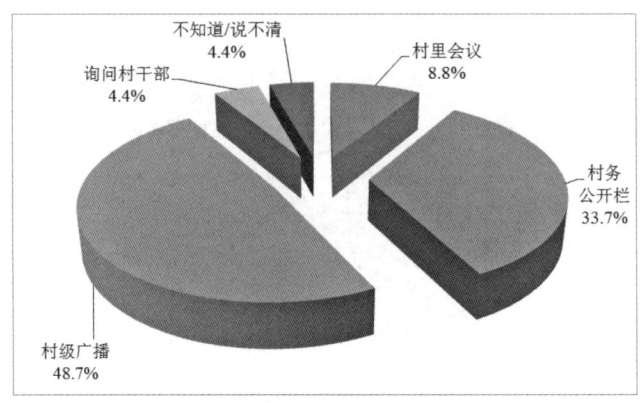

B36. 当村干部的决策损害您和大多数村民利益时，您通常会怎样？

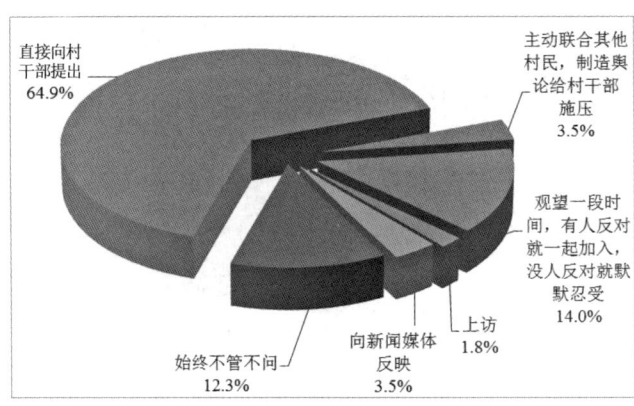

B37. 有关乡村发展的事情，你们村一般如何解决？

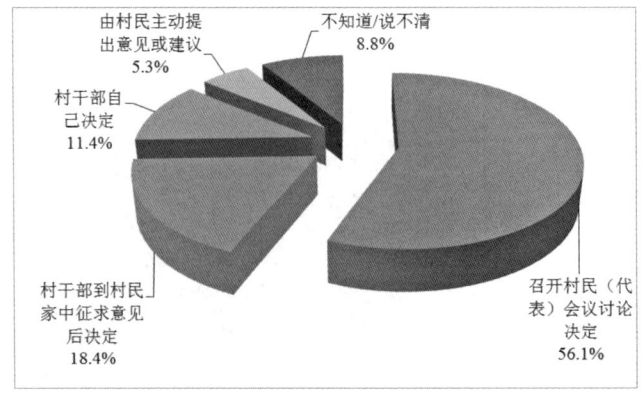

B38. 您认为在乡村日常事务中谁的影响力最大？

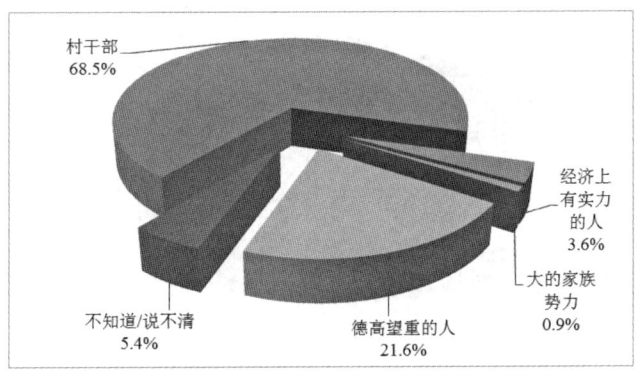

B39. 您认为一个好的村干部在哪个方面最重要？

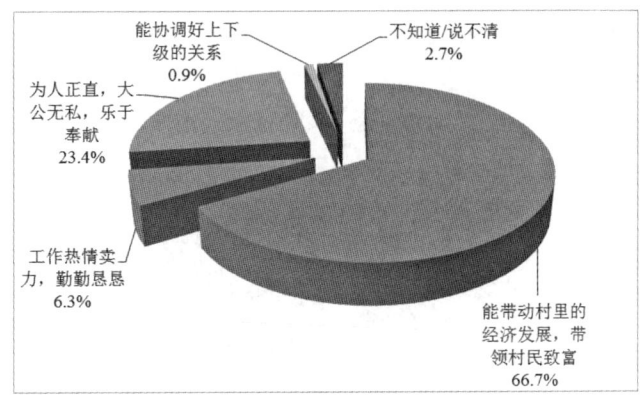

B40. 您认为国家三农政策在村庄得到落实了吗？

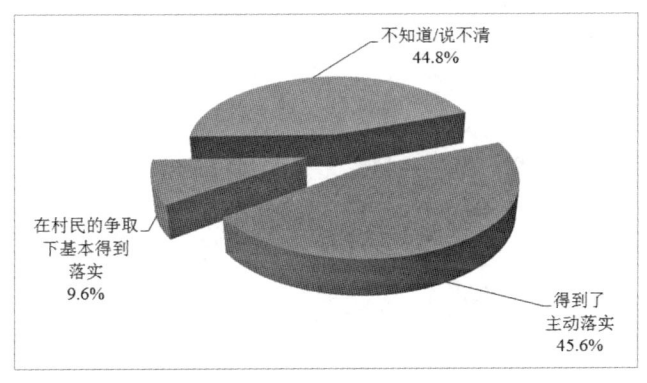

B41. 您村的村规民约对村民有约束力吗？

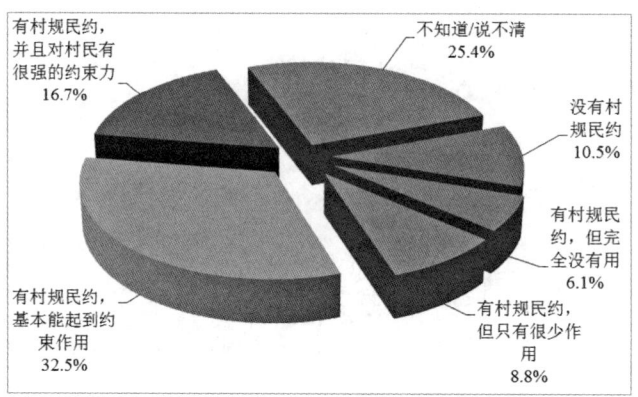

B42. 人们在社会生活中总要和不同的人打交道，下列成员，您在多大程度上信任他们？

（1）您在多大程度上信任家庭成员？

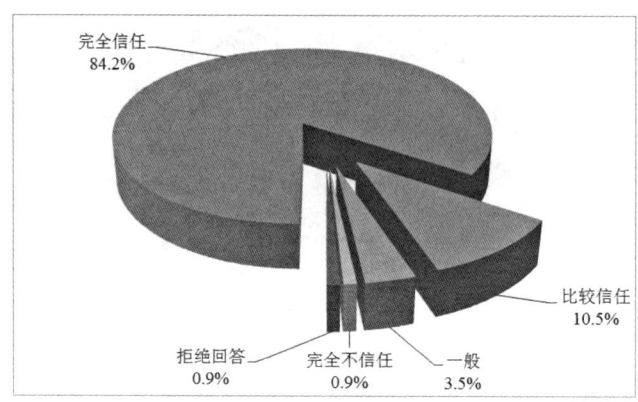

（2）您在多大程度上信任亲戚？

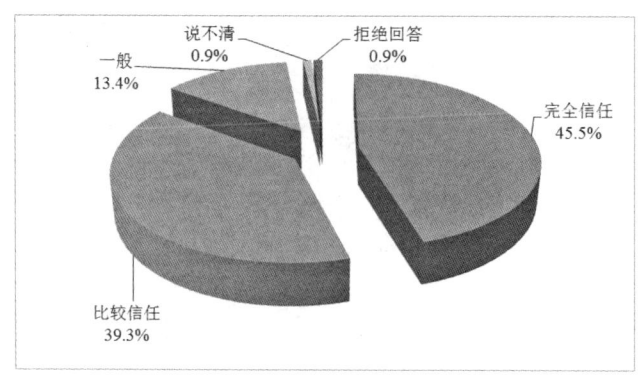

（3）您在多大程度上信任朋友？

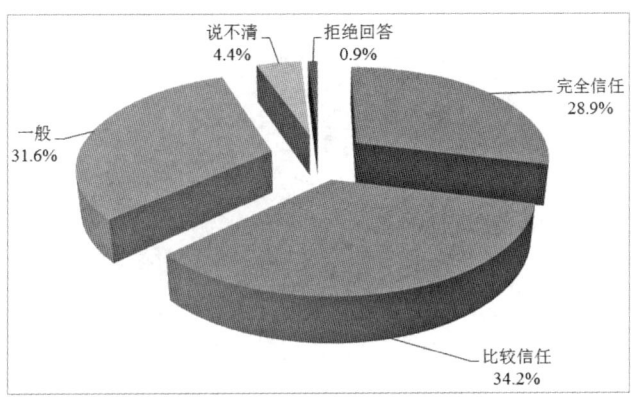

（4）您在多大程度上信任邻居？

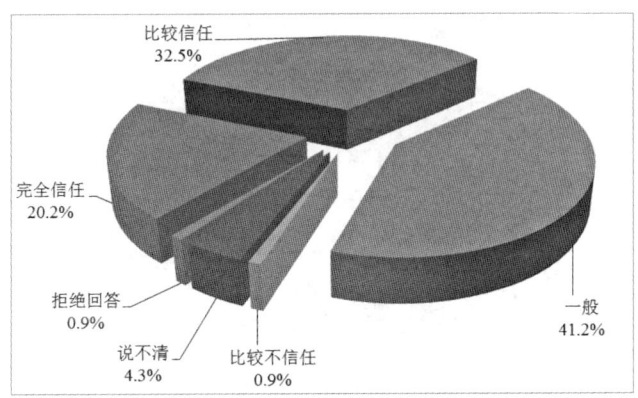

（5）您在多大程度上信任同事？

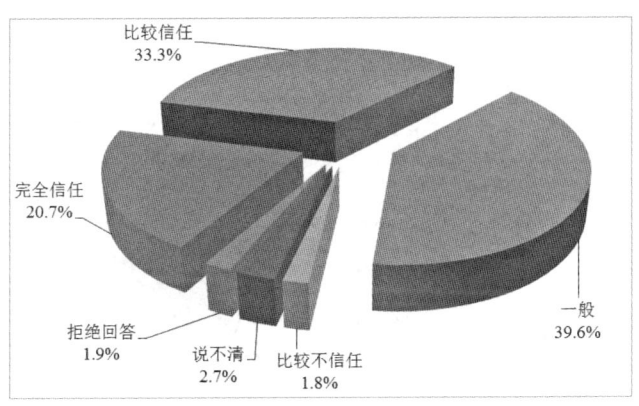

(6) 您在多大程度上信任单位领导？

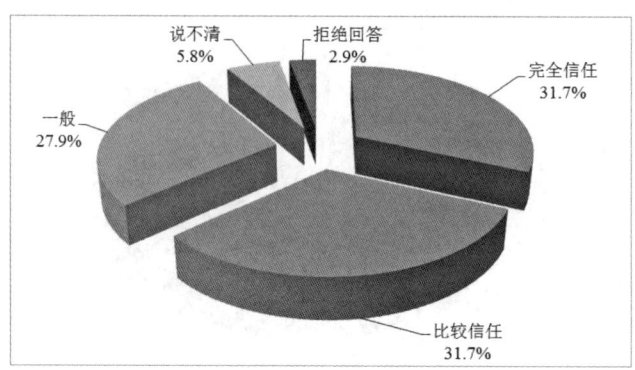

(7) 您在多大程度上信任村长？

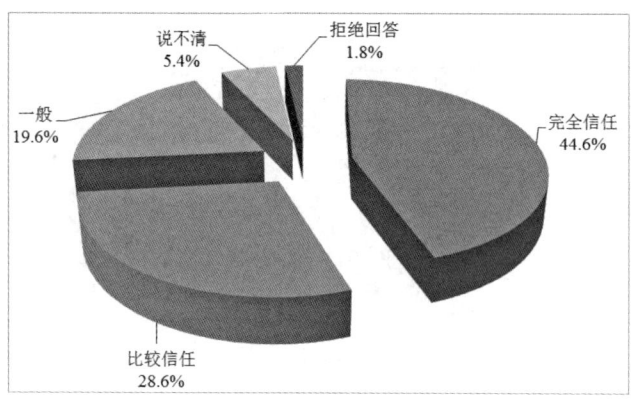

(8) 您在多大程度上信任同村人？

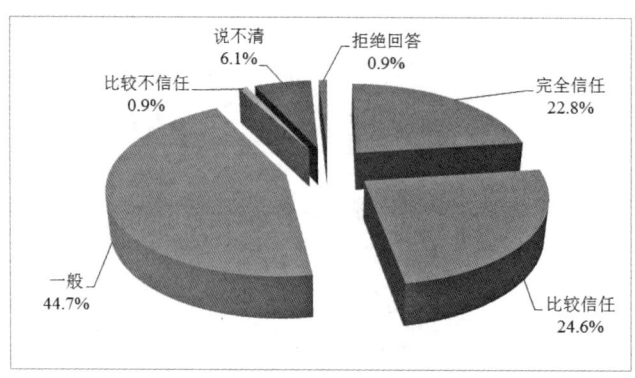

（9）您在多大程度上信任陌生人？

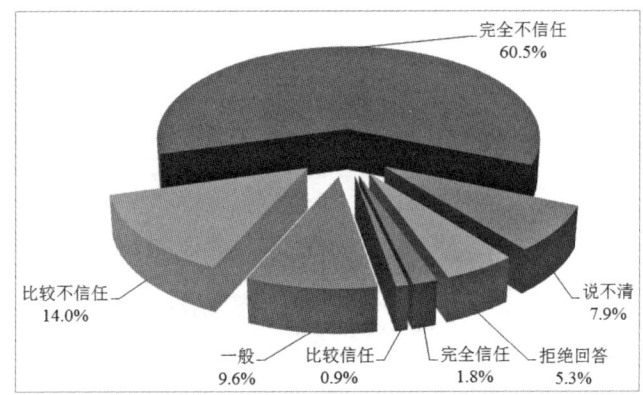

B43. 您是否有出村的经历？

（1）村外：

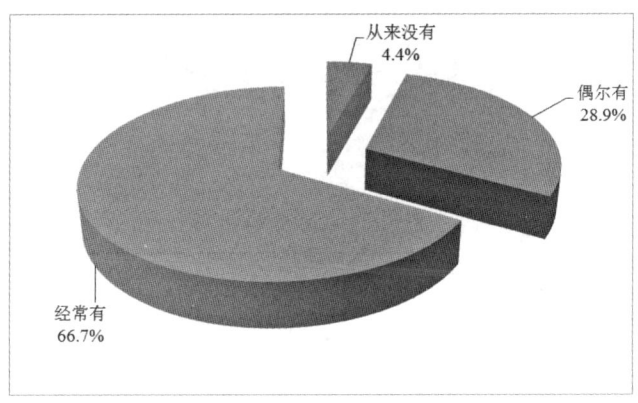

（2）镇外：

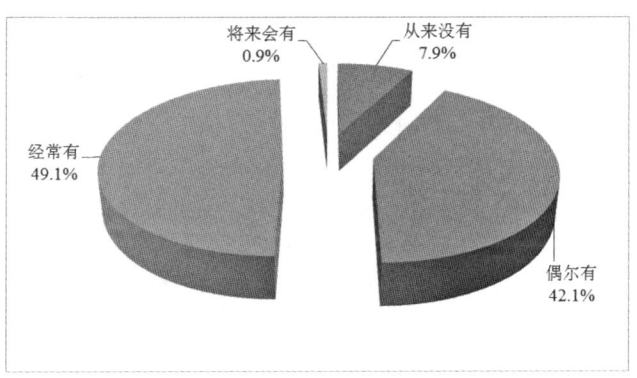

（3）市外：

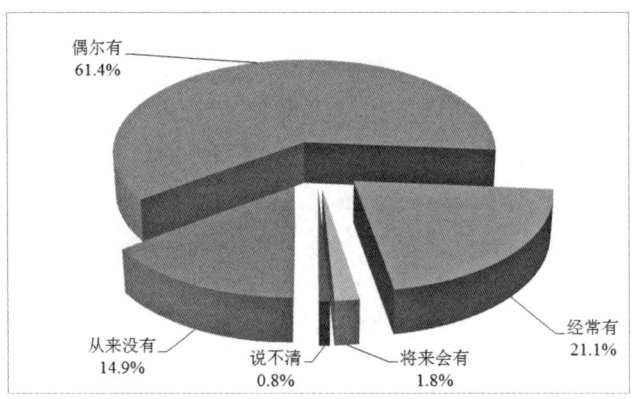

（4）省外：

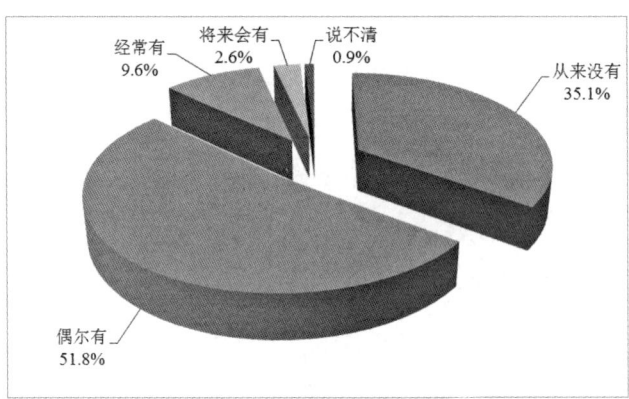

（5）国外：

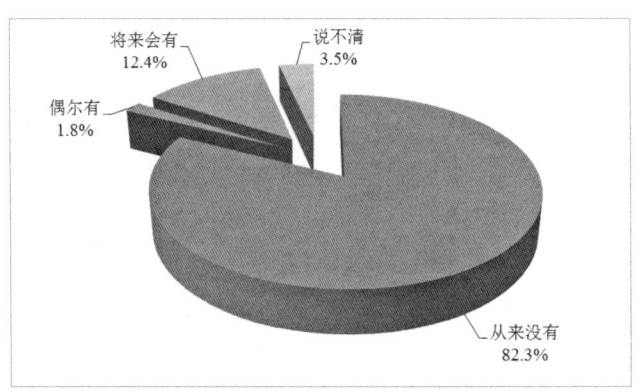

七、林屋村问卷调查基本数据

A1. 您的性别：_____。

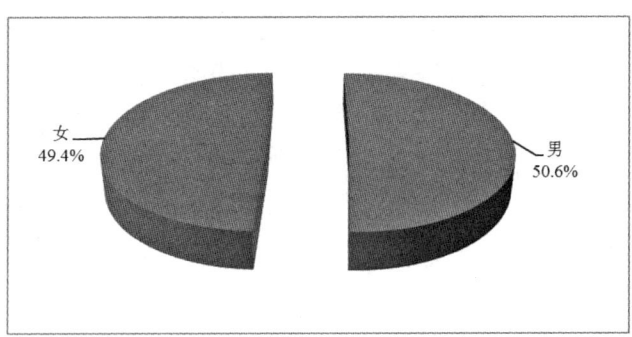

A2. 您现年多少周岁？_____周岁。

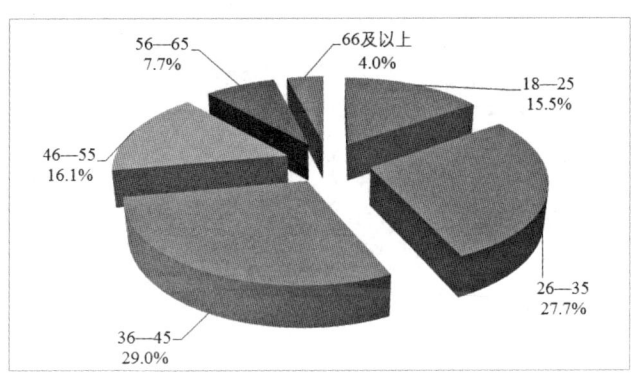

A3. 您当前的婚姻状况是_____。

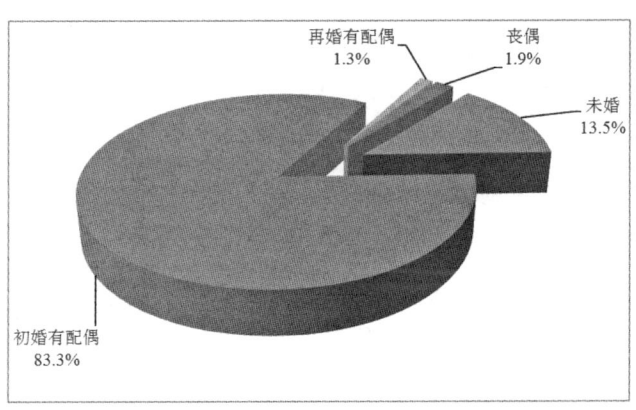

A4. 您的户口是_____。

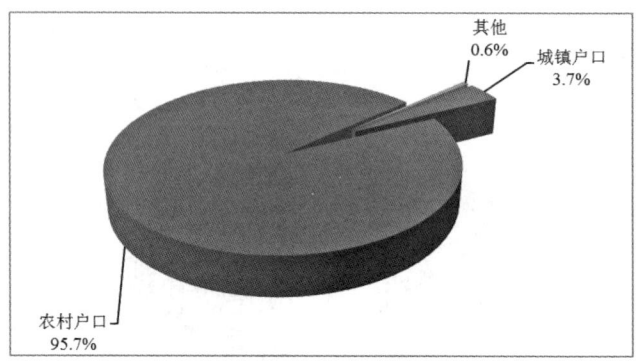

A5. 您的受教育程度是_____。

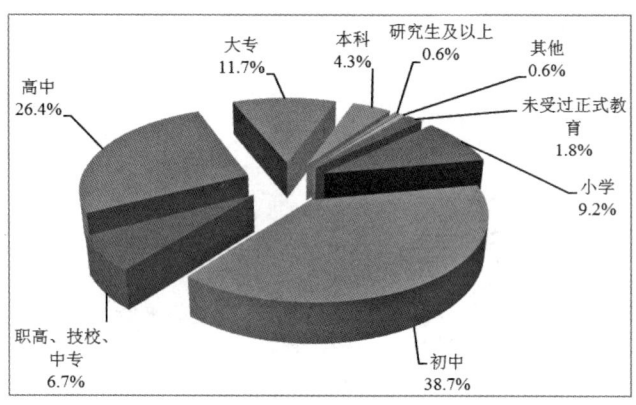

A6. 您的政治面貌是_____。

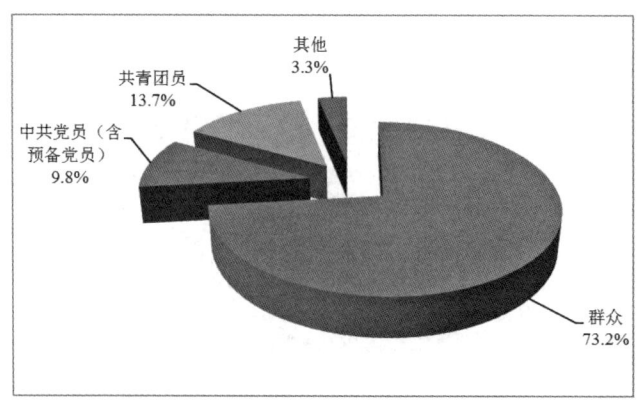

A7. 您的宗教信仰是_____。

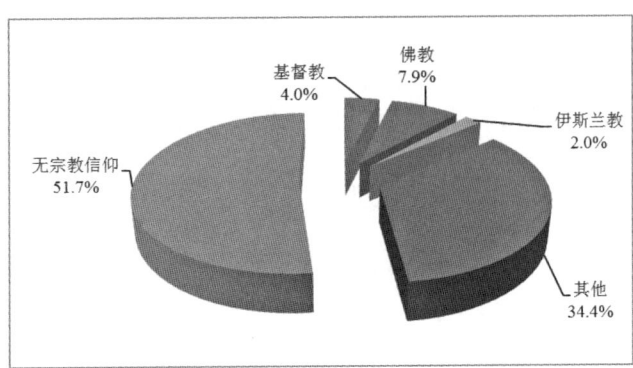

A8. 您的籍贯地在本地吗？

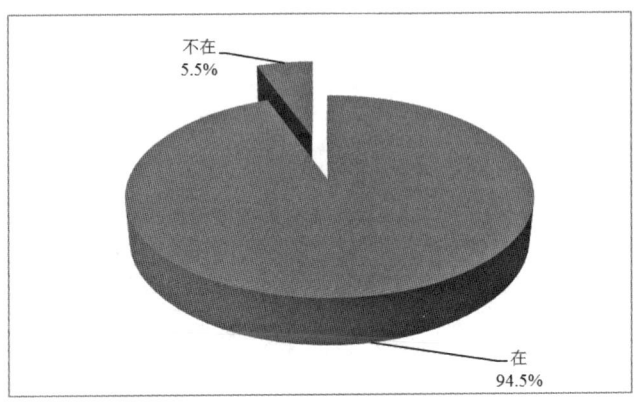

A9. 您的户口所在地在本地吗？

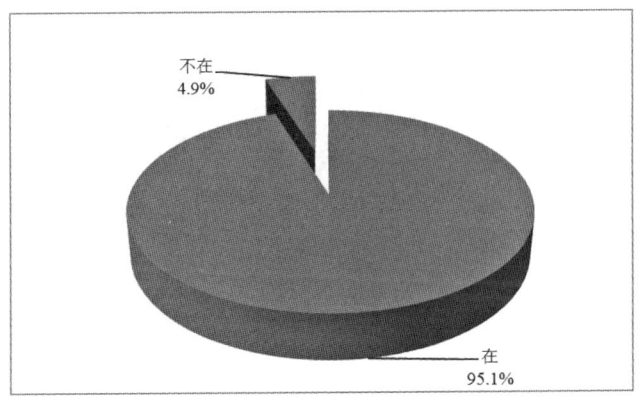

A10. 您目前的职业是_____。

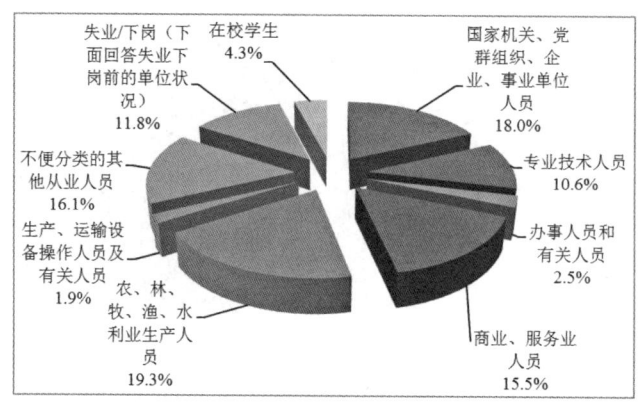

A11. 您去年全年的个人总收入大约在_____。(单位：元)

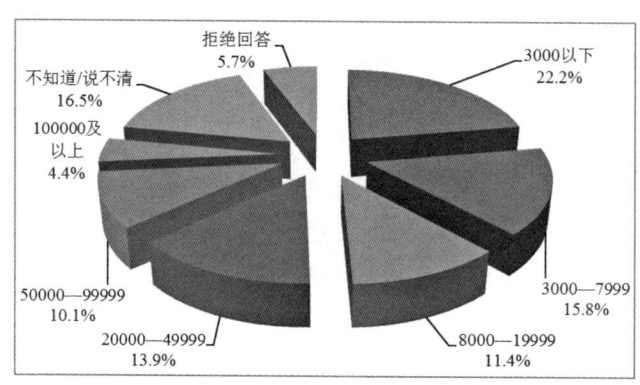

A12. 您今年全年的个人理想总收入大约是_____。(单位：元)

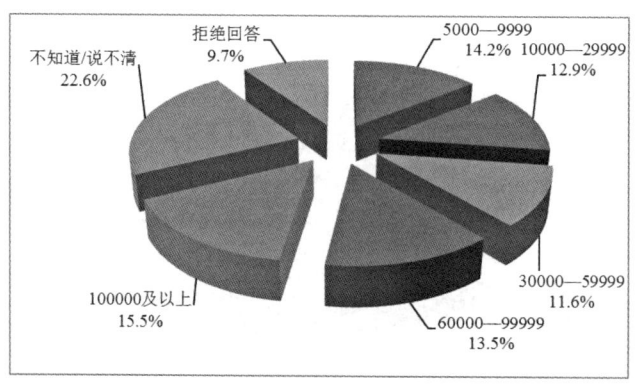

A13. 您家去年全年家庭各种收入大约在_____。（单位：元）

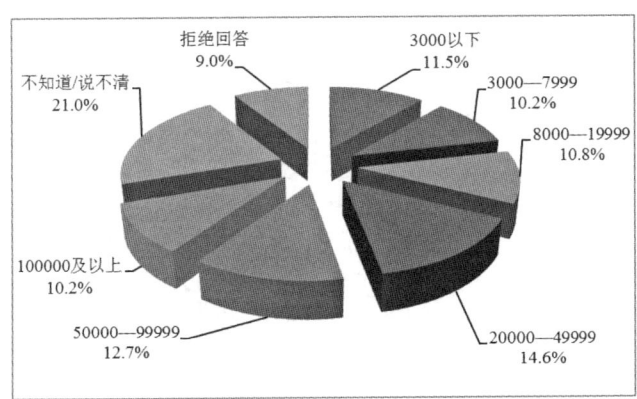

A14. 总的来说，您对目前家庭的收入水平是否满意？

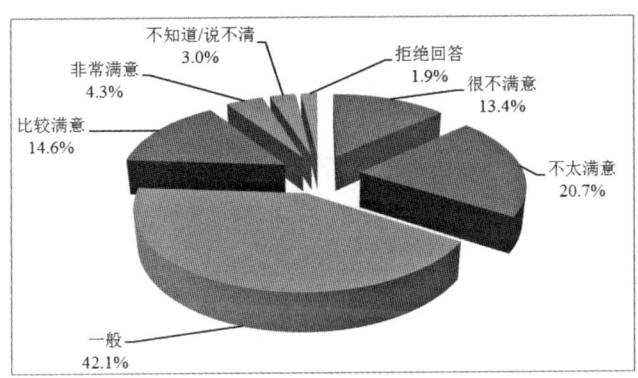

A15. 总的来说，您对自己的生活状况是否满意？

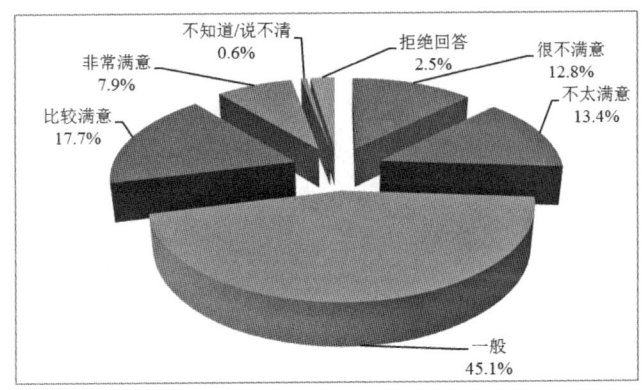

B1. 在下面的几种美德中,您认为哪个最为重要?

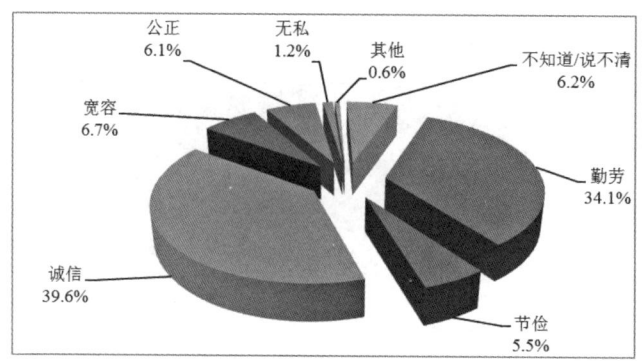

B2. 您与他人交往时最看重的是什么?

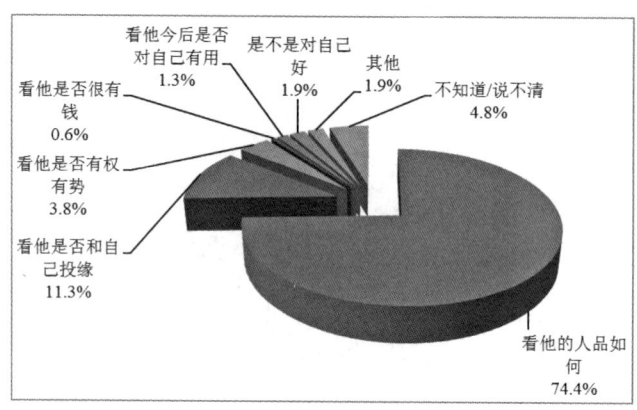

B3. 在现代社会,您认为个人成功最需要的是什么?

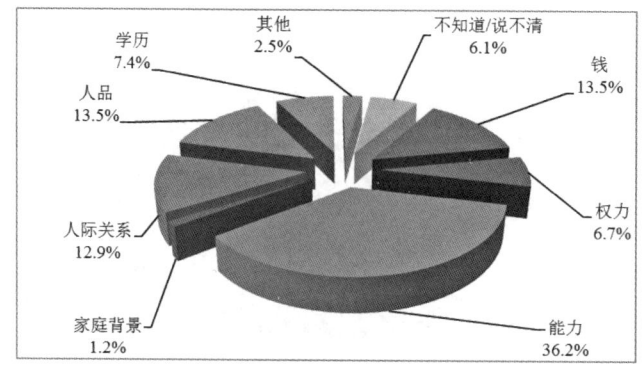

B4. 您认为这些年来，村里人变得如何？

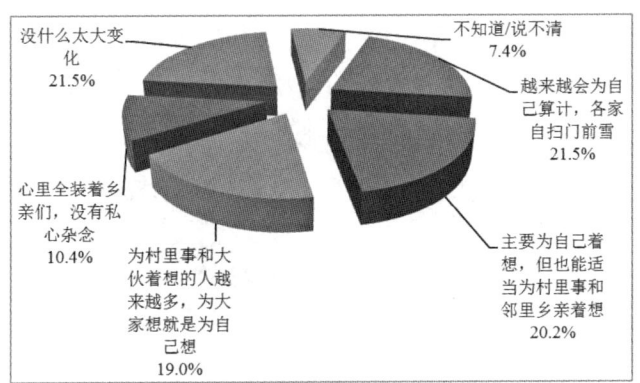

B5. 您对工作的基本态度是什么？

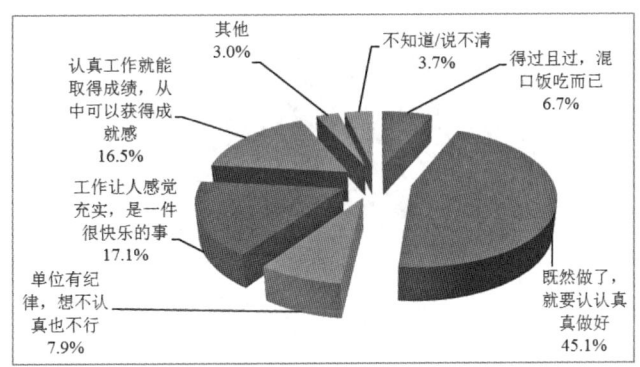

B6. 您选择工作时主要考虑的是什么？（最多选三项）

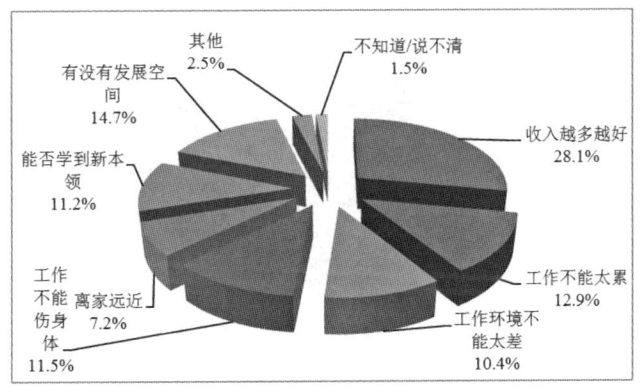

B7. 您认为最理想的职业是什么?（最多选三项）

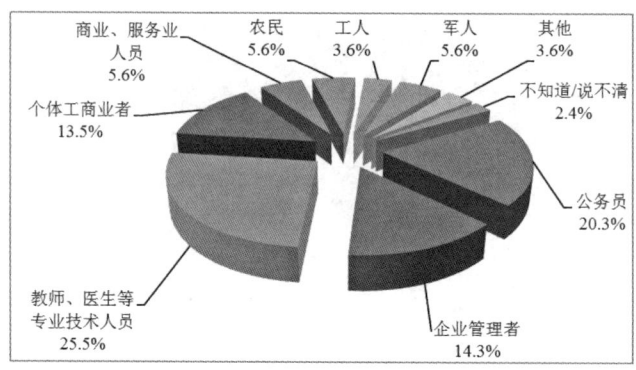

B8. 您觉得孩子读书有用吗?

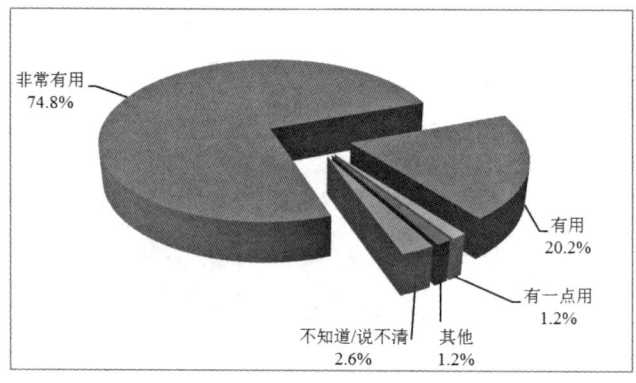

B9. 您打算继续在本村住下去吗?

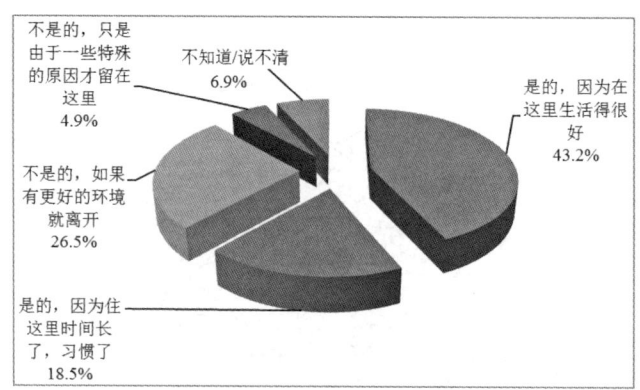

B10. 您平日里闲时都干些什么？（最多选三项）

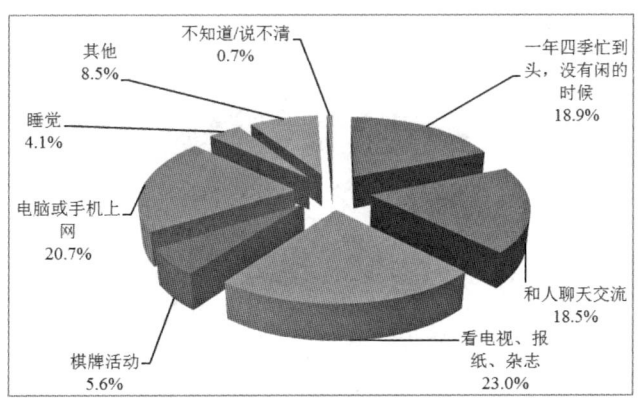

B11. 您在选择结婚对象时会主要考虑哪些因素？（最多选三项）

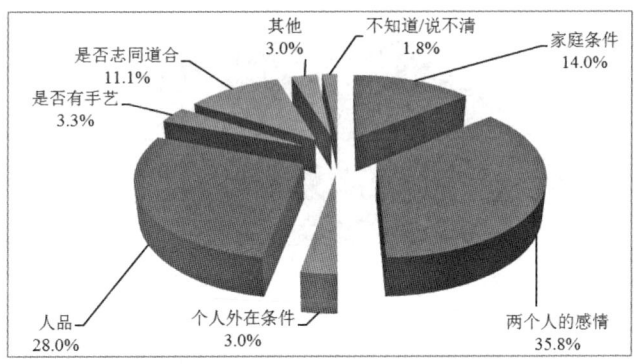

B12. 您认为恋爱结婚的主要目的是什么？

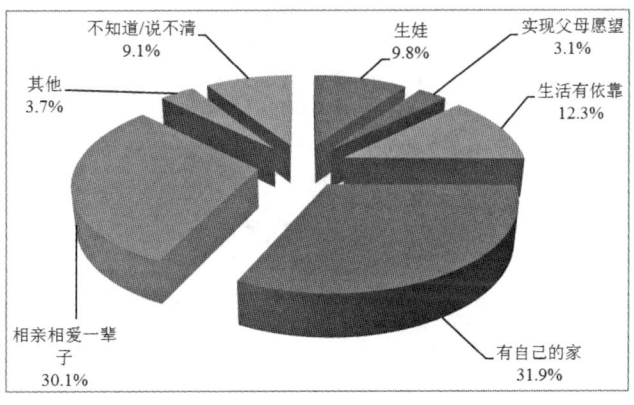

B13. 您认为影响夫妻感情的主要因素是哪些？（最多选三项）

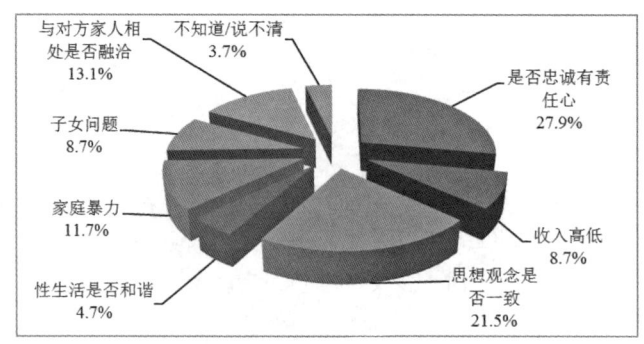

B14. 您认为理想的婚姻家庭是怎样的？（最多选三项）

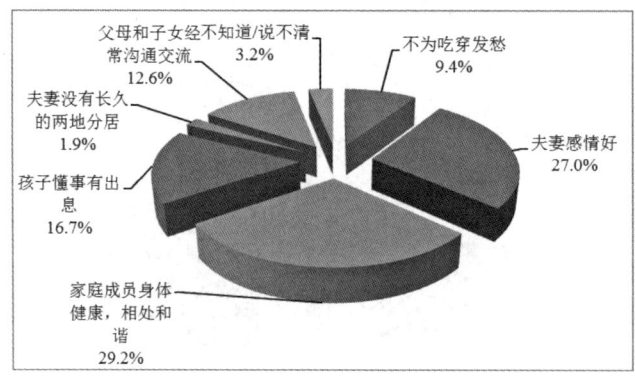

B15. 您如何看待婚前性行为？

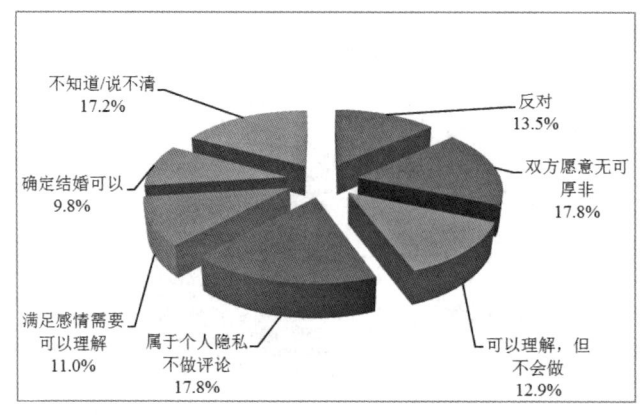

B16. 您如何看待婚外性行为？

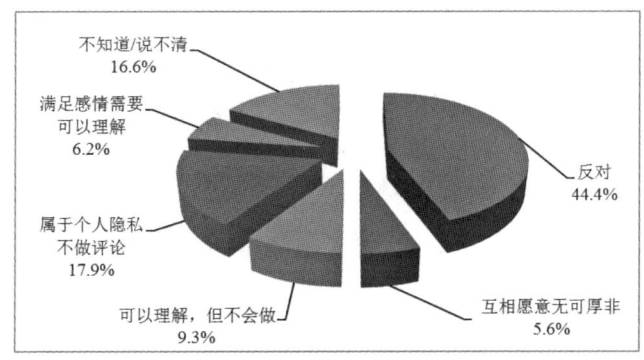

B17. 您认为生养孩子的首要目的是什么？

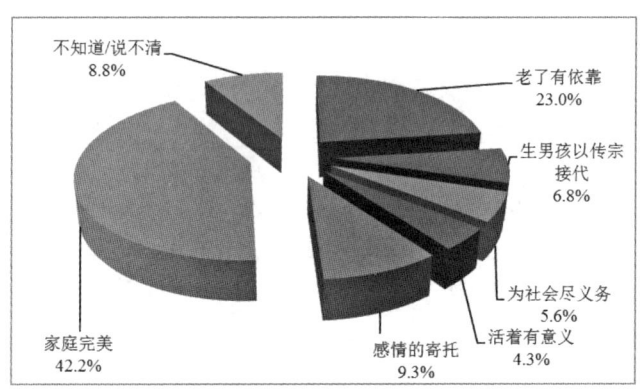

B18. 您认为农村小孩的家庭教育应重视哪些方面的内容？（最多选三项）

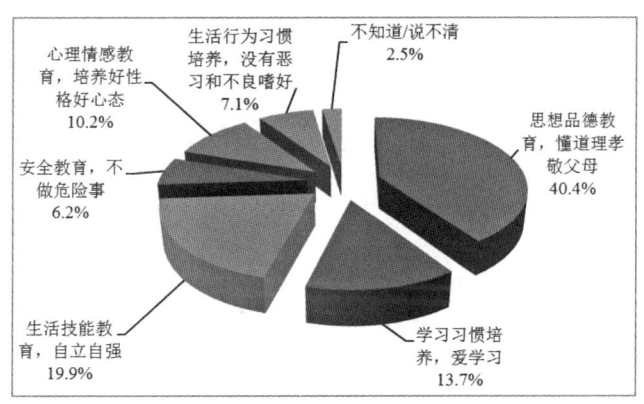

B19. 您觉得尽孝要做到哪些？（最多选三项）

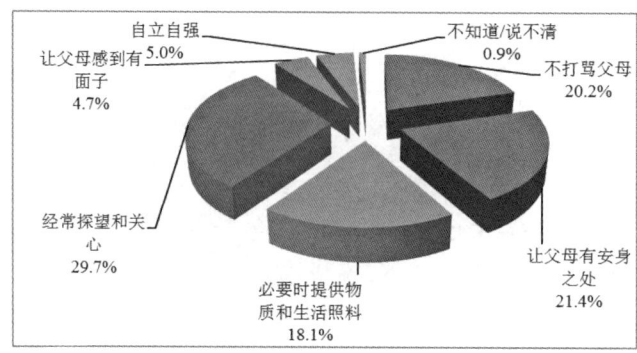

B20. 您家经济收入的主要来源有哪些？（最多选三项）

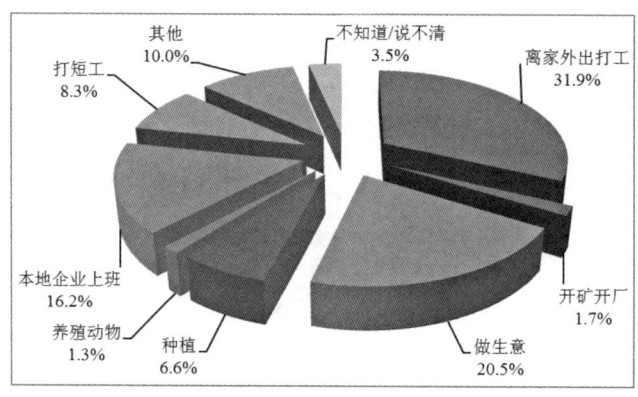

B21. 如果与他人发生了经济纠纷，您会怎么办？

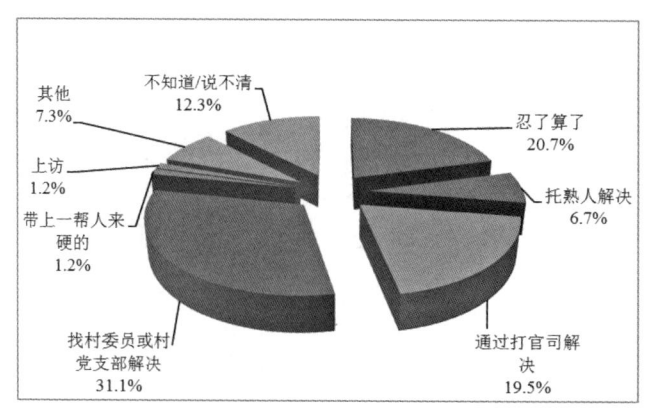

B22. 您家主要的经济支出是什么？（最多选三项）

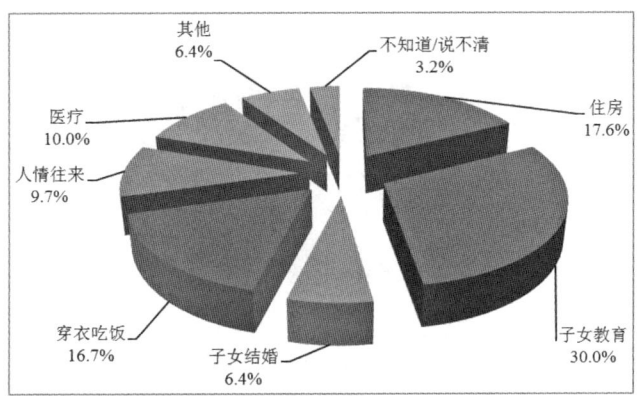

B23. 您对家庭支出的态度是怎样的？

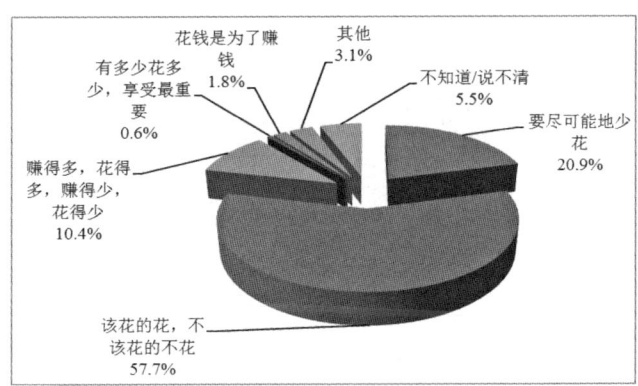

B24. 如果有可能赚钱的机会，您会如何做？

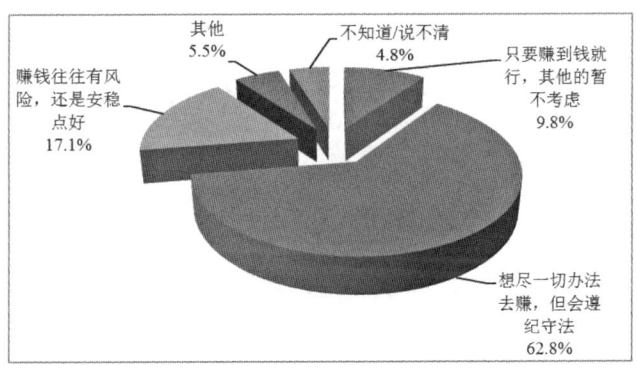

B25. 如果有人向您借一万元,您会借吗?

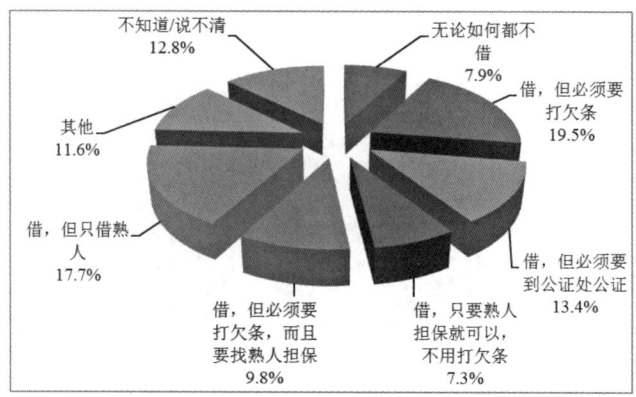

B26. 如果急需数目较大的一笔钱,您会怎么办?

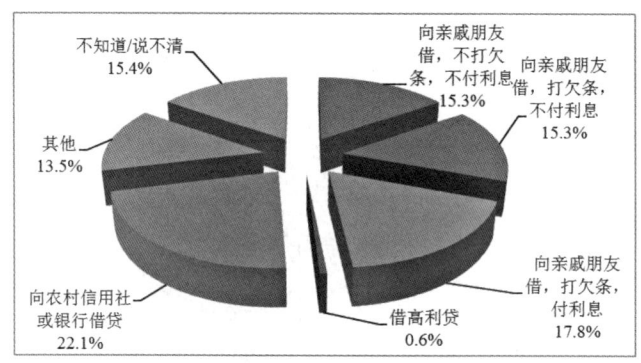

B27. 您对个人收入差距的看法是什么?

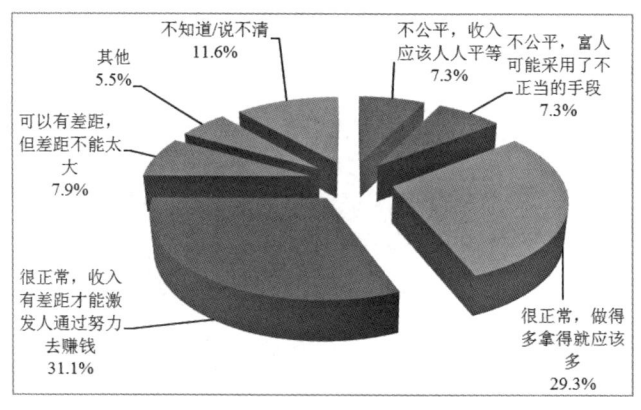

B28. 请问您种地的时候是否会大量使用农药和化肥？

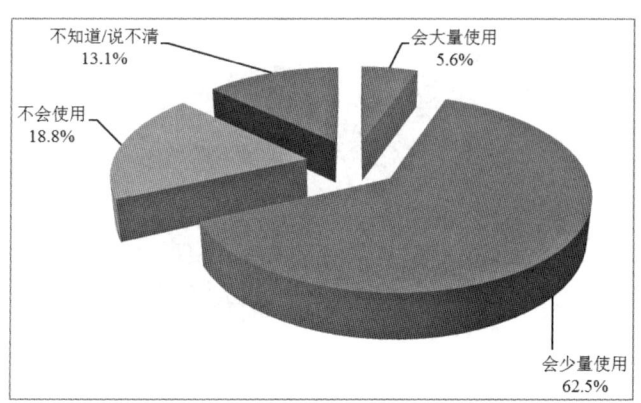

B29. 您在从事种地或养殖的时候是否会考虑环保、生态、健康等因素？

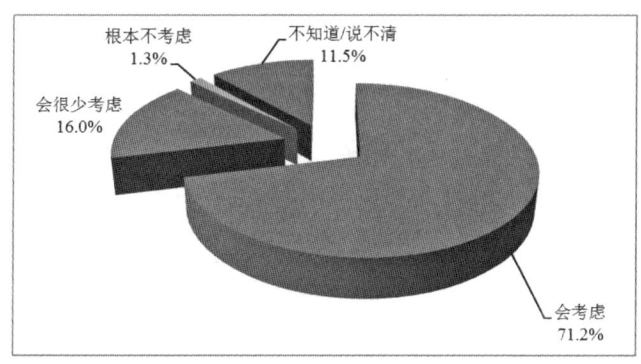

B30. 现在乡村是否有环保法规？

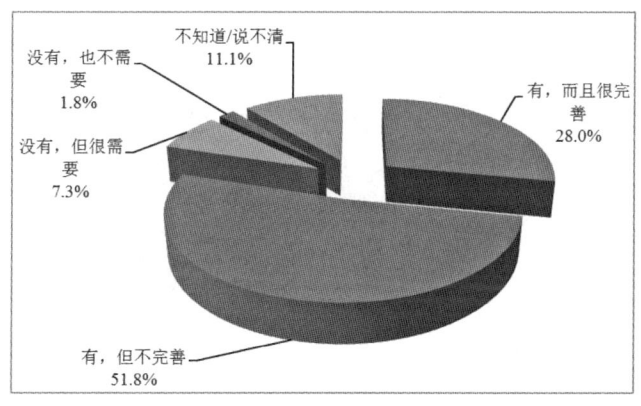

B31. 您认为环境保护和经济发展哪个更加重要？

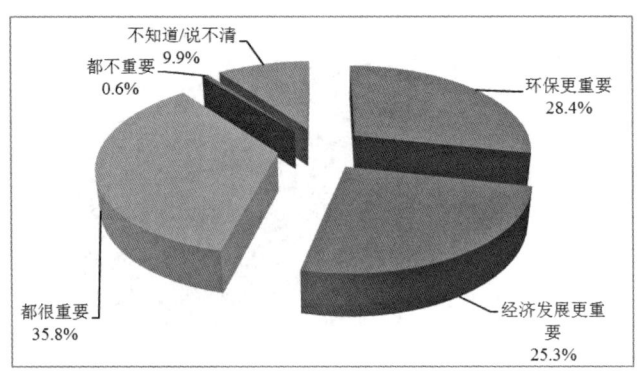

B32. 您认为可以通过建设美丽乡村（比如农家乐、有机食品等）实现致富吗？

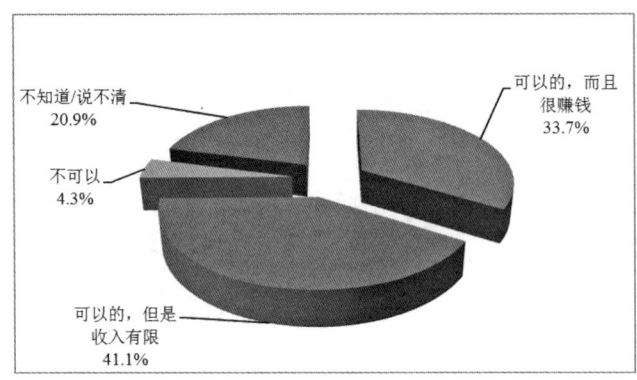

B33. 村里是否有关于环保的宣传？

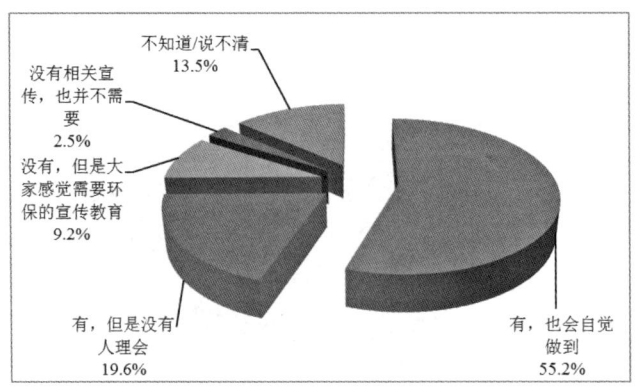

B34. 您能准确说出最近一次民主选举产生的村干部名字吗？

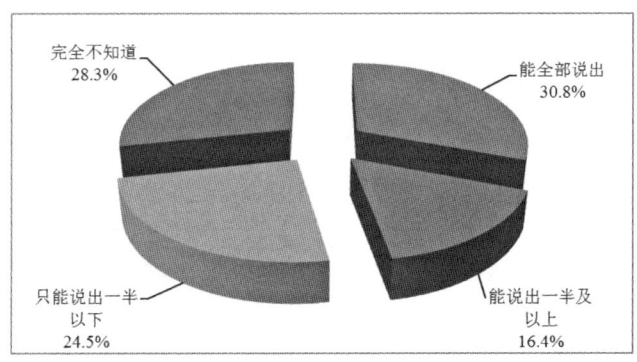

B35. 您主要通过哪些渠道了解村里的管理情况？

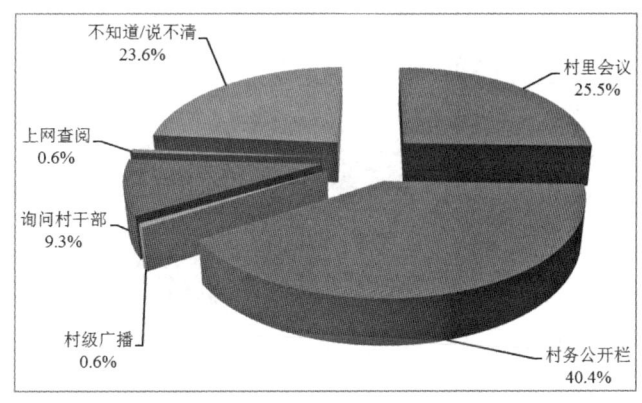

B36. 当村干部的决策损害您和大多数村民利益时，您通常会怎样？

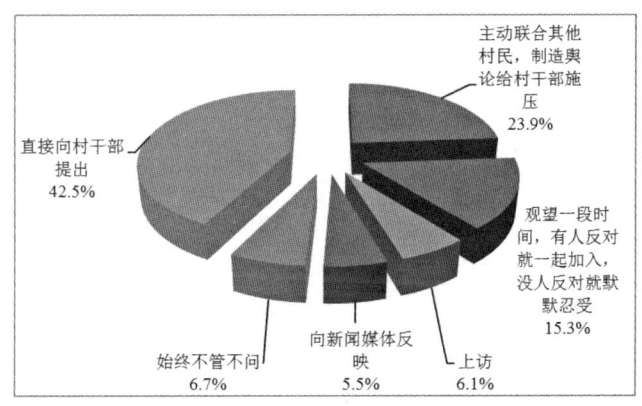

B37. 有关乡村发展的事情，你们村一般如何解决？

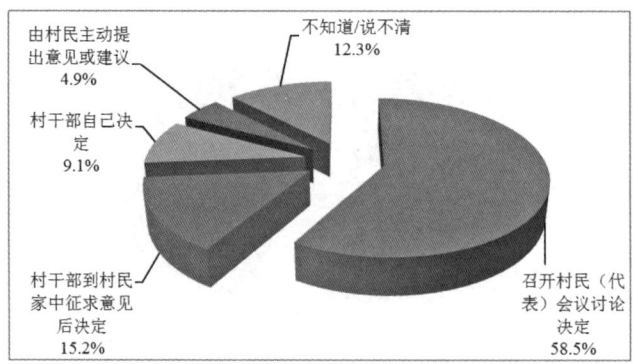

B38. 您认为在乡村日常事务中谁的影响力最大？

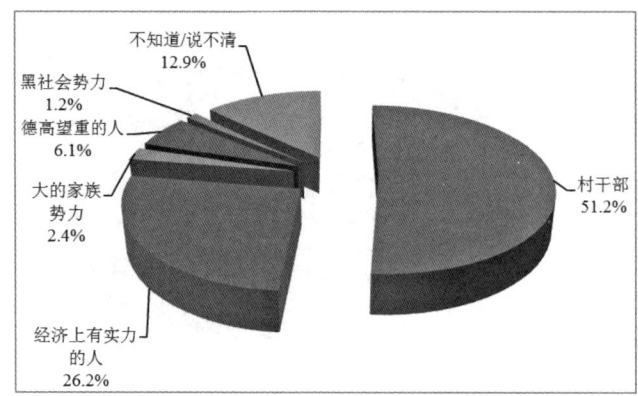

B39. 您认为一个好的村干部在哪个方面最重要？

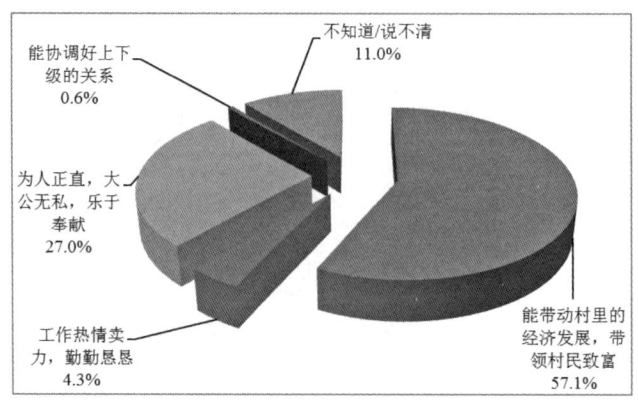

B40. 您认为国家三农政策在村庄得到落实了吗？

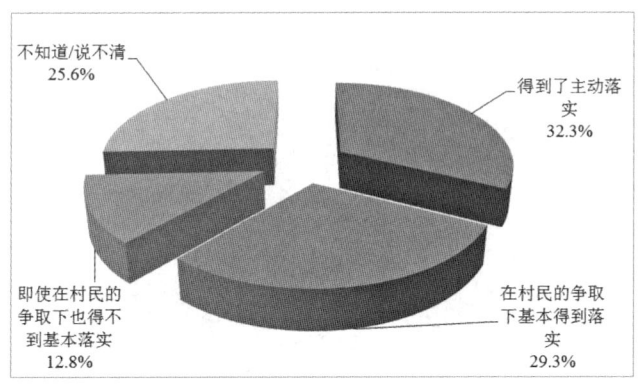

B41. 您村的村规民约对村民有约束力吗？

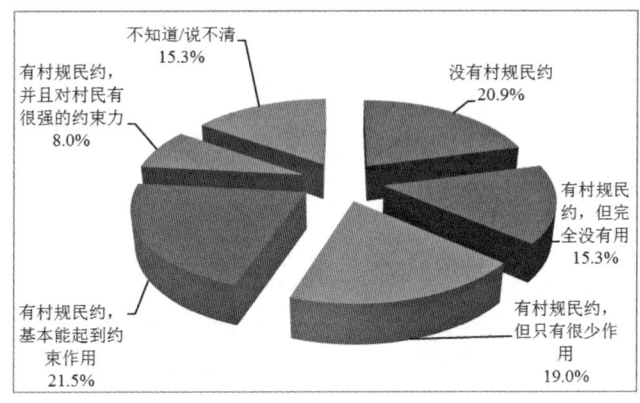

B42. 人们在社会生活中总要和不同的人打交道，下列成员，您在多大程度上信任他们？

（1）您在多大程度上信任家庭成员？

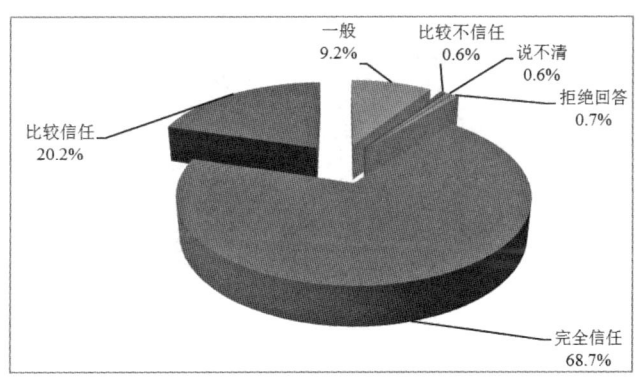

(2) 您在多大程度上信任亲戚?

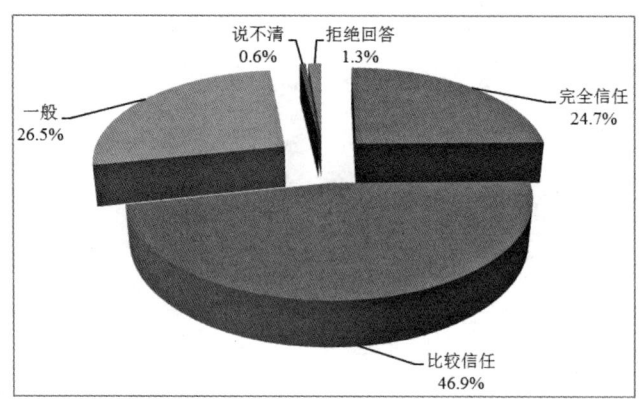

(3) 您在多大程度上信任朋友?

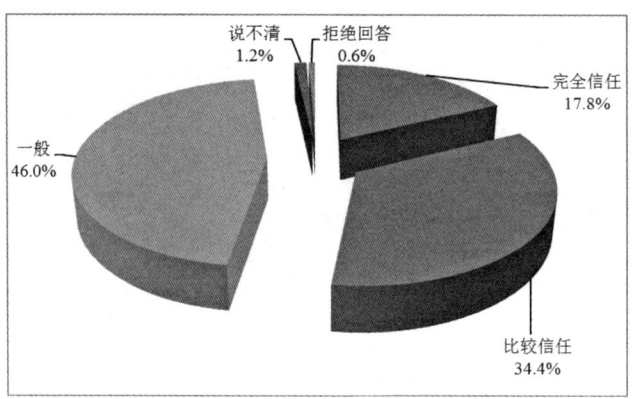

(4) 您在多大程度上信任邻居?

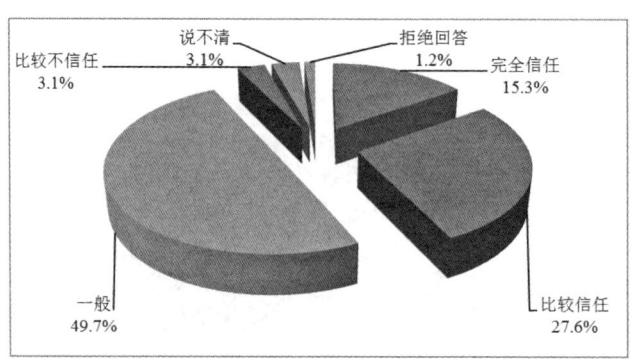

（5）您在多大程度上信任同事？

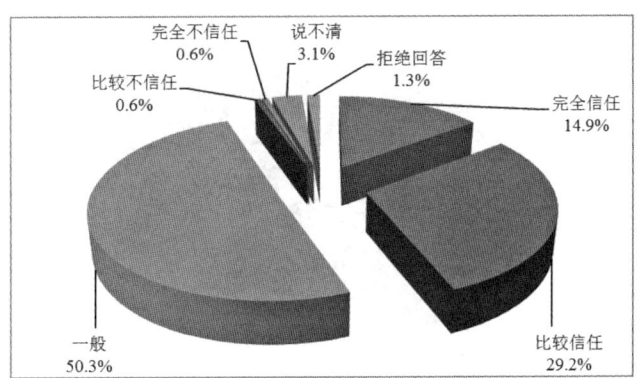

（6）您在多大程度上信任单位领导？

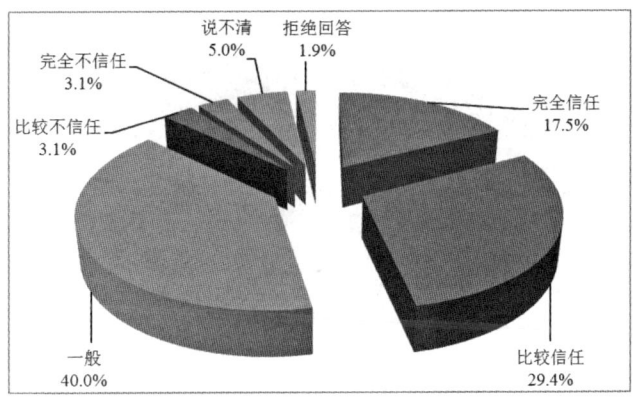

（7）您在多大程度上信任村长？

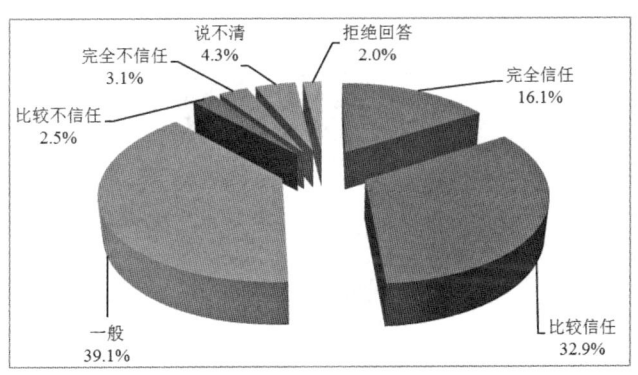

（8）您在多大程度上信任同村人？

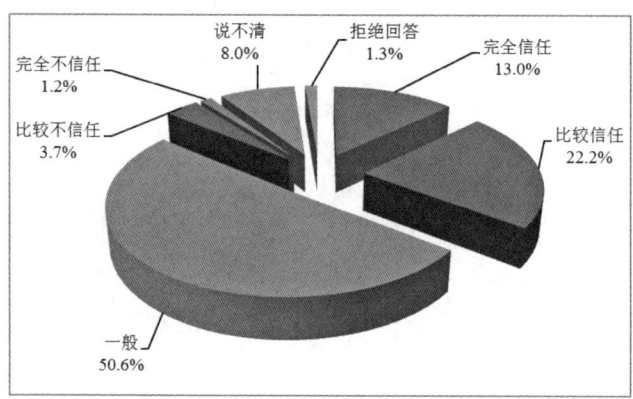

（9）您在多大程度上信任陌生人？

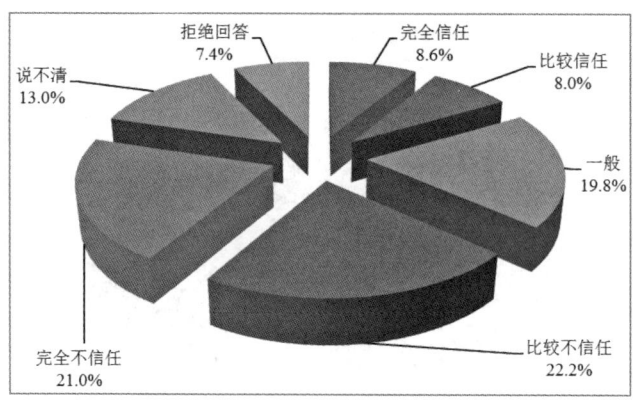

B43. 您是否有出村的经历？

（1）村外：

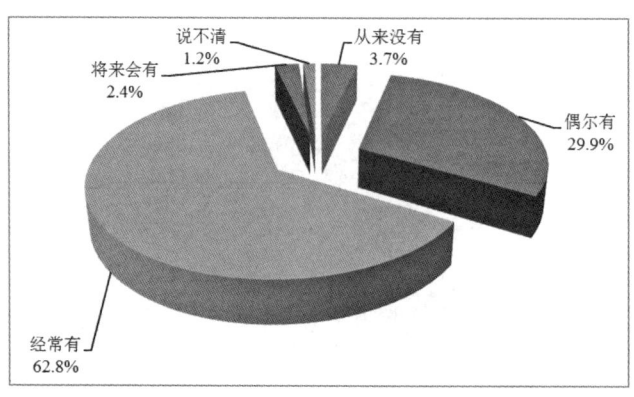

（2）镇外：

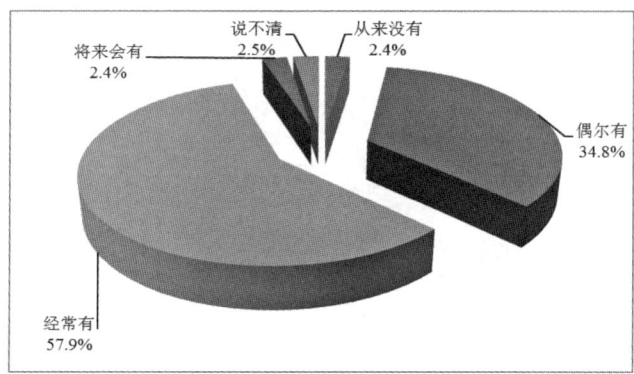

（3）市外：

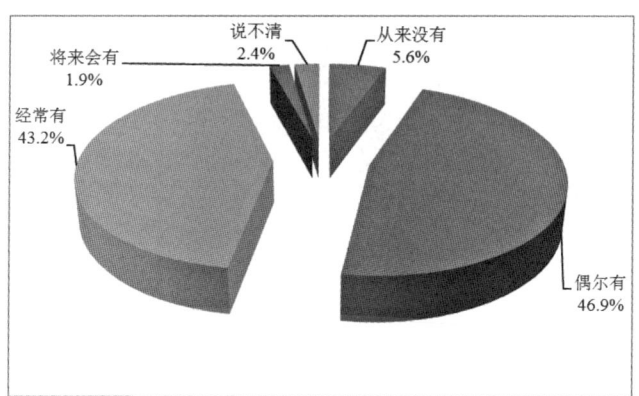

（4）省外：

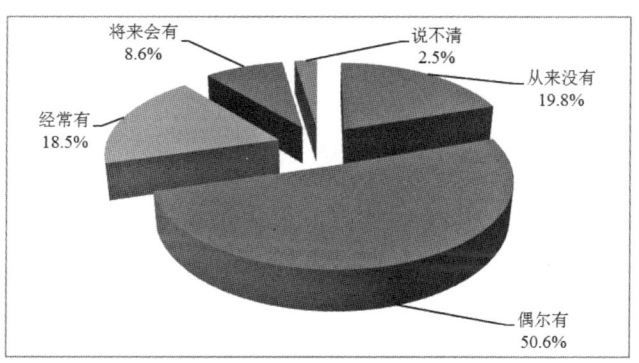

(5) 国外：

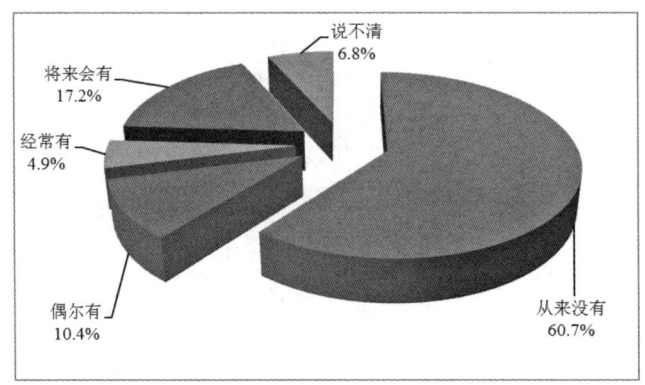